中国科学院大学研究生教学辅导书系列

世界技术通史

［加］安德鲁·埃德 著
刘 晓 孙小淳 郭晓雯 译

中国科学技术出版社
·北 京·

图书在版编目（CIP）数据

世界技术通史 /（加）安德鲁·埃德著；刘晓，孙小涪，郭晓雯译 . -- 北京：中国科学技术出版社，2025.5. -- ISBN 978-7-5236-1241-5

Ⅰ. N091

中国国家版本馆 CIP 数据核字第 2025YE9386 号

This is a Simplified Chinese Translation of the following title published by Cambridge University Press: Technology and Society: A World History 9781108441087

This Simplified Chinese Translation for the People's Republic of China (excluding Hong Kong, Macau and Taiwan) is published by arrangement with the Press Syndicate of the University of Cambridge, Cambridge, United Kingdom.

© China Science and Technology Press Co., Ltd. 2025

This Simplified Chinese Translation is authorized for sale in the People's Republic of China (excluding Hong Kong, Macau and Taiwan) only. Unauthorized export of this Simplified Chinese Translation is a violation of the Copyright Act. No part of this publication may be reproduced or distributed by any means, or stored in a database or retrieval system, without the prior written permission of Cambridge University Press and China Science and Technology Press Co., Ltd.

Copies of this book sold without a Cambridge University Press sticker on the cover are unauthorized and illegal.

本书封面贴有 Cambridge University Press 防伪标签，无标签者不得销售。

北京市版权局著作权合同登记　图字：01-2022-3025

策划编辑	郭秋霞　李惠兴
责任编辑	郭秋霞　关东东
封面设计	中文天地
正文设计	中文天地
责任校对	吕传新
责任印制	马宇晨

出　　版	中国科学技术出版社
发　　行	中国科学技术出版社有限公司
地　　址	北京市海淀区中关村南大街 16 号
邮　　编	100081
发行电话	010-62173865
传　　真	010-62173081
网　　址	http://www.cspbooks.com.cn

开　　本	710 mm×1000 mm　1/16
字　　数	373 千字
印　　张	22.5
版　　次	2025 年 5 月第 1 版
印　　次	2025 年 5 月第 1 次印刷
印　　刷	河北鑫兆源印刷有限公司
书　　号	ISBN 978-7-5236-1241-5 / N·340
定　　价	118.00 元

（凡购买本社图书，如有缺页、倒页、脱页者，本社销售中心负责调换）

前　言

技术史是我们理解世界历史非常重要的途径。它带领我们从远古进入现代世界，从打制石器和学会用火到全球运输系统和超级计算机。尽管今天使用的工具变得极其复杂，但我们与技术的关系却一如既往：我们运用技术来解决现实世界中的难题。

技术代表了人类心智所取得的一些最伟大的成就，也可能导致了历史上最黑暗的时刻。相对于技术在历史研究中的重要性，适合大学本科层次师生使用的教科书却乏善可陈。经过多年技术史教学，我在本书中综合了各种思想和方法来解释技术的问题，将其看作世界历史的关键部分，依据如下论点：技术是一套体系，而不是人工制品的集合。任何形式的技术都植根于人类社会，需要人类的活动才能成型，发挥作用，并在某些情况下被淘汰。锤子本身只是锤子，要想物尽其用，无论制造者还是使用者都必须理解锤子的用途。就锤子本身而言，它不是技术。只有将效用融合进概念，锤子才能成为承载技术的物件。还有一些技术形式，并不基于实在的物件。教育和政府就属于无形技术。教育是人类迄今创造的十分强大的技术，它能训练人们使用技术。

本书确定并讨论了世界历史上包含技术要素的关键时刻。同时介绍了一些对思考技术大有裨益的哲学观点，如技术决定论，以及阻碍技术变革的问题。

我要感谢我亲密的合作伙伴莱斯利·科马克对本书的帮助。还要感谢我的学生，特别是科学、技术与社会课程的学生，本书的写作受到了他们的启发。最后，本书还得到评议者的热情相助，他们的鼓励和宝贵建议为本书增色不少。

目　录

第一章　思考技术 ... 1
- 技术的定义 ... 4
- 发明的概念 ... 6
- 进步主义与现在主义 ... 7
- 社会应用技术抑或技术决定论 ... 11
- 其他技术观：宜居的房子还是新世界？ ... 14
- 其他声音 ... 16
- 技术变革的条件 ... 17
- 赢家与输家 ... 20
- 技术陷阱 ... 21
- "美元拍卖"和获胜价格 ... 23
- 公地悲剧 ... 24
- 技术、网络和通信 ... 24
- 小结 ... 26
- 论述题 ... 27
- 拓展阅读 ... 27

第二章　技术与我们的远古祖先 ... 29
- 考古时代 ... 33
- 器物揭示的文化 ... 34
- 火 ... 36
- 自画像或护身符 ... 37

旧石器时代晚期革命 ································ 38
　　　艺术 ·· 40
　　　冰人奥茨和新石器时代生活的证据 ···················· 41
　　　狩猎 ·· 42
　　　陶器 ·· 44
　　　论述题 ·· 44
　　　拓展阅读 ······································ 45

第三章　文明的起源 ···································· 47
　　　农业和战争 ···································· 60
　　　神圣之地 ······································ 60
　　　从定居点到帝国 ································ 61
　　　论述题 ·· 67
　　　拓展阅读 ······································ 67

第四章　东方时代 ······································ 69
　　　中国与东亚 ···································· 71
　　　马力 ·· 73
　　　冶金与新工具 ·································· 75
　　　水车 ·· 77
　　　中国古代的官僚机构与纸张 ························ 79
　　　火药 ·· 82
　　　中国的无形技术 ································ 82
　　　贸易和探险 ···································· 85
　　　中国技术的启示 ································ 87
　　　论述题 ·· 88
　　　拓展阅读 ······································ 88

第五章　从地中海世界到伊斯兰复兴 ······················ 91
　　　从地中海世界到伊斯兰复兴 ························ 93

关联阅读 阿基米德：发明家的形象 ········· 96
　　关于著名发明家生平的说明 ··············· 98
　　罗马 ····························· 99
　　道路：使帝国成为可能的通信网络 ············ 100
　　渡槽 ····························· 102
　　建筑 ····························· 103
　　工业管理 ··························· 106
　　罗马军队：军事力量成为机器 ··············· 107
　　罗马帝国的衰亡 ······················· 108
　　伊斯兰教的兴起 ······················· 109
　　伊斯兰农业革命 ······················· 111
　　论述题 ···························· 114
　　拓展阅读 ··························· 114

第六章　欧洲农业革命与原始工业革命 ············ 117
　　熙笃会：工业与宗教 ···················· 125
　　黑死病 ···························· 127
　　活字印刷 ··························· 127
　　横渡大西洋 ·························· 130
　　包买商制度与原始工业革命的起源 ············· 134
　　奴隶制 ···························· 135
　　原始工业时代的人口变化 ·················· 137
　　论述题 ···························· 138
　　注释 ····························· 138
　　拓展阅读 ··························· 138

第七章　工业革命和欧洲崛起 ················ 141
　　银行和专利 ·························· 145
　　纺织业 ···························· 148
　　理查德·阿克莱特：发明与社会流动 ············ 153

蓬勃发展的纺织业 ……………………………………………………… 155
　　纺织的自动化 …………………………………………………………… 156
　　卢德派 …………………………………………………………………… 157
　　关联阅读　新卢德派：对抗未来还是另谋出路？ …………………… 159
　　改良者 …………………………………………………………………… 160
　　工厂制 …………………………………………………………………… 161
　　约西亚·韦奇伍德：超越工厂 ………………………………………… 162
　　蒸汽动力 ………………………………………………………………… 164
　　蒸汽交通 ………………………………………………………………… 167
　　蒸汽机车 ………………………………………………………………… 168
　　钢 ………………………………………………………………………… 169
　　公司 ……………………………………………………………………… 172
　　1851年博览会 …………………………………………………………… 173
　　能源与化学 ……………………………………………………………… 174
　　工业革命的意义 ………………………………………………………… 177
　　论述题 …………………………………………………………………… 178
　　注释 ……………………………………………………………………… 178
　　拓展阅读 ………………………………………………………………… 179

第八章　大西洋时代 ……………………………………………………… 181
　　美国的棉花 ……………………………………………………………… 190
　　交通运输 ………………………………………………………………… 191
　　技术的冲撞 ……………………………………………………………… 191
　　美国内战：破坏性的新技术 …………………………………………… 193
　　全面战争 ………………………………………………………………… 194
　　可互换零件 ……………………………………………………………… 195
　　摄影 ……………………………………………………………………… 196
　　新的欧洲 ………………………………………………………………… 196
　　新工业时代的时间和地点 ……………………………………………… 197
　　关联阅读　查尔斯·古德伊尔：一个警示故事 ……………………… 198
　　作为发明代理人的工程师 ……………………………………………… 200

技术与通向大战之路 ……………………………………………………… 202
电 …………………………………………………………………………… 203
电报 ………………………………………………………………………… 204
商业电力 …………………………………………………………………… 206
关联阅读 托马斯·阿尔瓦·爱迪生：美国发明家的典范 …………… 208
福特和新工厂系统 ………………………………………………………… 209
石油世界 …………………………………………………………………… 210
军备竞赛与工业化战争的本质 …………………………………………… 211
"无畏"舰 …………………………………………………………………… 212
潜艇和声呐 ………………………………………………………………… 213
机枪 ………………………………………………………………………… 214
化学战 ……………………………………………………………………… 215
坦克 ………………………………………………………………………… 216
航空 ………………………………………………………………………… 216
战后世界 …………………………………………………………………… 217
论述题 ……………………………………………………………………… 218
注释 ………………………………………………………………………… 218
拓展阅读 …………………………………………………………………… 218

第九章　家用技术：让新技术普惠民众 …………………………………… 221

绿色革命 …………………………………………………………………… 224
火炉和烹饪 ………………………………………………………………… 226
电炉烹饪 …………………………………………………………………… 230
微波炉：发明家的机缘和预期 …………………………………………… 230
冷藏 ………………………………………………………………………… 232
缝纫机 ……………………………………………………………………… 234
城建 ………………………………………………………………………… 236
摩天大楼 …………………………………………………………………… 237
城市和汽车 ………………………………………………………………… 239
批量生产的房子 …………………………………………………………… 241
郊区：科技之梦还是与世隔绝 …………………………………………… 242

关联阅读 工业化与性别角色 …… 244
家用技术的悖论 …… 246
家用技术的意义 …… 247
论述题 …… 248
注释 …… 248
拓展阅读 …… 248

第十章　第二次工业革命与全球化 …… 251

劳工 …… 254
大众教育 …… 255
对未来的期盼 …… 257
在空中创造纪录：林德伯格和技术的推广 …… 259
陷入战争 …… 261
武器 …… 264
论述题 …… 274
注释 …… 274
拓展阅读 …… 275

第十一章　数字化时代 …… 277

数字设备的起源 …… 280
关联阅读 查尔斯·巴贝奇 …… 282
计算机Ⅰ：机电时代的源头 …… 284
电话Ⅰ：电气之声 …… 286
控制电力 …… 287
电话Ⅱ：电子时代 …… 288
无线电 …… 289
电视 …… 290
计算机Ⅱ：从电机到电子管 …… 291
固态电子学 …… 295
电话Ⅲ：融合无线电与电话 …… 296
交通运输 …… 297

机器人 300
　　计算机Ⅲ：固态计算机与个人计算机 301
　　关联阅读 格蕾丝·霍珀：为程序员编写程序 303
　　互联网 305
　　能量：让人依赖的电网 308
　　核能：曙光还是难题 309
　　关联阅读 人类世：在全球视野下理解技术 311
　　电池驱动的世界 314
　　万物一体 315
　　论述题 316
　　注释 317
　　拓展阅读 317

第十二章　总结：技术的挑战 319

　　技术引进 322
　　博帕尔事件：必然与灾难 322
　　关联阅读 崩溃：当社会失去技术体系 324
　　太空成为新的边境 326
　　人类成为技术 329
　　纳米世界 330
　　打印未来 331
　　物联网：人类黄金时代的先声？ 332
　　人工智能：技术摆脱人类控制？ 333
　　损益的考量 336
　　论述题 337
　　拓展阅读 338

参考文献 339

译后记 345

第一章

思考技术

一直以来，人类都在使用技术，如果不了解技术在我们共同的历史上所扮演的角色，人类的历史就会不完整。为了理解社会中的技术，我们需要对技术下个定义。这并非易事，自古希腊时代以来，思想家们便一直在争论它对社会的影响。技术不应与工具、装置或机器混为一谈。无论是石斧，还是超级计算机，都创造于特定的社会环境中，属于人类知识体系的一部分。当技术有了可行的定义，我们就可以思考学者们提出的几个关于技术与社会互动的最重要的问题，特别是技术决定论、促进发明的一般条件，以及技术在社会中的潜在问题。

作为人类，就要运用技术。从围着篝火讲故事到探寻宇宙的尽头，我们所做的一切都要利用技术完成。维持人类生活的技术网络已是无处不在，令我们时常只在它崩溃或是突变时才意识到它。它与人类的生存息息相关，以至于我们根据人们掌握的技术来区分不同的群体、将"工业化"国家与"发展中"国家相对照。我们甚至依据技术，划分人类历史的若干大分期，例如"新石器时代"，以及随后的"青铜器时代"。

一些学者将技术描述为制造工具的能力，而另一些学者则将其视为环绕我们周围的一种框架。本书主张，技术并不是脱离人类及其创建的社会而独立存在的事物。从根本上说，我们所掌握的技术体现了我们自身。换句话说，一部技术史就是一部人类社会的发展史，因此，本书将技术的社会环境放到显要地位。这并不意味着工具不重要。任何技术史都不能忽略发明史，但不管多么非凡的发明，都是在发明者所处的社会环境中被创造出来的。从历史上看，某种特定工具或装置，其成功或失败不仅仅由该项发明本身的质量或效用所决定，更取决于一系列的社会因素，例如社会对变革的接受程度，或发明者的社会地位。由于没有技术史可以涵盖浩如烟海的发明及其用途，我选取了一些例子，阐明技术与社会间的关系不可分割，它们是人类历史转折的关键所在。

技术的定义

定义"技术"一词的主要困难，在于它的日常用法较为模糊，且暗含着价值观。在日常使用中，该词意味着我们身边所创造的实物，而且人们明显感到新技术要胜过现有技术。我们经常把物件（object）看作技术，无论是广告中最新型的平板电脑，还是包含最新"护发技术"的洗发水。似乎还存在一类特殊的"高科技"。在广告中，"高科技"永远是最先进的——意味着它是最好的技术。这表明技术存在着等级划分，底层是落后的（通常是旧的或需要手工操作），而顶层是高级的（通常是电子的，并且越来越自动化）。

用日常含义来解释复杂的术语，会让我们曲解真实发生的事情。技术不是物件本身。一架飞机或一只勺子，只是一件人工制品（artifact）或人类建造和制作的产品，因此构成了技术的实物部分，但还不是技术本身。只有当这件产品投入使用，它才不仅仅是一堆材料。

更为精确的定义应该是，技术是一套系统，我们通过它来试图解决现实世界的问题。换句话说，技术呈现了一个知识、社会联系和行为的复杂网络，使我们有可能解决现实世界的问题。大多数时候，技术包含一件实物，我们用以与环境交互，但并非所有的技术都需要实体的物件。要理解为什么技术必须是一套系统，让我们思考一下白炽灯泡。灯泡是一种简单的物件，各部分全都固定，由玻璃、金属和陶瓷构成。如果仅作为一件实物，古埃及人就应该可能制造出来，但直到19世纪后半叶出现可控的电力后，它才被发明出来。灯泡是用来照明的，你家中的灯泡如果未接入电力网络，就无法正常使用。

虽然粗略了解玻璃制造、冶炼和陶瓷知识的人便可以造出一只能用的灯泡，但白炽灯泡实际上是一种批量制造的产品，同样也是庞大制造链的一部分，该制造链涵盖了矿山、精炼厂、运输、工厂和零售业务。灯泡制作的结构简单，成本低廉，实际上却是人类设计的最广泛和最复杂系统中的一部分。正是该系统才让生产灯泡成为可能，要使用灯泡就需要加入这个巨大的系统。不接入该系统，灯泡就只是一件人工制品或工业产品，而不是技术本身。

厘清技术和人工制品之间的区别非常重要，因为可能存在一种不需要实物或不生产产品的技术。例如，教育是我们创造过的最伟大的技术之一，但它不会像我们生产汽车或缝纫机那样得到最终物质产品。这些"无形技术"包括语言、教育和治理形式，并延伸到国家政府、企业和体育管理机构等。

一些人工制品似乎自成一体，它们的用途也显而易见。一把刀，无论是旧石器时期的石刀，还是今天制造的手术钢刀，似乎都应该被理解为切割工具。然而，即使是最简单的物件也必须被发明出来，人们代代相传如何使用它们。习惯使用青铜切割工具的古巴比伦外科医生，可以立即认出一把现代手术钢刀，然而一台心脏起搏器即使能够穿越时光传送回去，它也将成为难解之谜，完全无法使用。在一个思想实验中，我们可以将古巴比伦的外科医生带到现在，培训他使用起搏器，但这就意味着古代外科医生需要融入起搏器所处的知识网络。起搏器适用于我们当前的社会背景，包括社会中所有的教育、基础设施和知识概念。我们目前的医疗技术包括手术刀和起搏器，但巴比伦外科医生的世界中只包含手术刀，而没有任何用电的设备。

重要的是要记住，反之亦是如此。要真正理解巴比伦外科医生的世界，我们必须了解产生其技术的知识网络和社会背景。因此，巴比伦的刀具和现代手术刀都用作切割工具，是因为我们和巴比伦人的社会都有手术的概念，但要理解刀具的意义，以及古代外科医生如何使用刀具，我们必须了解外科医生受过的教育和社会环境，而不能仅仅注意到存在某种类型的刀具。两种社会都有现实的问题，因而创造出某种工具以解决那些问题。假定我们的知识自动地胜过或涵盖了古人的知识，就会低估我们的祖先并曲解历史。

发明的概念

一把刀无论由青铜还是由高碳钢制成,只要使用者将其列入可切割的一大类物品的范畴,一把刀就只是一把刀。实施行动者的脑海中一定具有了切割的概念。要制定这样的计划,需要具备辨识问题的能力,构想出期望的目标,并采取行动达到期望的结果。若从问题到解决方案的路径尚不存在,开辟新路的行动即为"发明"。和技术一样,大多数发明涉及创造新物品,但并不是所有发明都有实体。

发明的故事曾经是最悠久且流传最广的历史形式之一。我们已经创建了许多完备的博物馆,专门展示汽车、飞机、战争武器、陶瓷和鞋子等重要发明。我们的兴趣跨越各个时代。在中国古代,司马迁(约公元前145—前86)在其《史记》中记载了许多伟大的发明。亚历山大里亚的希罗(Hero of Alexandria,约10—70)记录了他的发明,包括一种名为汽转球(aeolipile)的蒸汽装置。他的著作于1000年前后被伊斯兰学者重新发现,接着又在文艺复兴时期被欧洲人重新发现,两次都对新的创造期有所裨益。德尼·狄德罗(Denis Diderot,1713—1784)出版的《百科全书》(Encyclopédie,1765—1772)是启蒙运动时代伟大的作品之一,包含了曾经出版过的对工具和机器最详细的描述。今天几乎所有重要的发明都有其专门的论著。即使像螺丝钉这样不起眼的物件,也让维托尔德·黎辛斯基(Witold Rybczynski)在《转动世界的小发明:螺丝起子与螺丝演化的故事》(One Good Turn: A Natural History of the Screwdriver and the Screw,2000)一书中做出一番探讨。

人们之所以如此关注发明,部分原因在于一个社会所拥有的工具与社会的实力之间存在着关联。因此,我们对发明史的兴趣远远超出对装置本身的迷恋,进而成为一项人类历史进程的研究,尤其在国家冲突、行业兴衰以及其他戏剧性转折点等重大时刻。

尽管不直接提及这些设备的发明者,人们也可以研究这些设备,但历史学家往往着迷于发明者。发明家的故事同样是历史的重要组成部分,特别是当一些新事物(大炮、收音机、一艘据说永不沉没的船)被指可以"改变历史进程"时。阿基米德、李春、约翰·古腾堡或托马斯·爱迪生等人成为偶像,经常夹杂着民族认同感并被奉为楷模。尤其是当发明家在创造改变世界的装置却遭到反对甚至被迫害时,情况更是如此。一些故事被几代人津津乐道,比如在市场上裸奔的阿基米德大喊"尤里卡!"约翰·古腾堡被迫卖掉了他的印刷机,在贫困中死去;约翰·哈里森(第一个实用航海天文钟的发明者)多年来一直领不到发明奖金。这些故事通常被当作道德课程教导我们:好奇心和坚持不懈的价值;只要具有坚定的意志,个人也可以有所作为;或者天才往往不容于自己的时代。至于许多最伟大的发明,它们改变历史进程的威力出乎意料,更增添了故事的浪漫色彩。

尽管本书要介绍许多发明家及其发明,但人类发明史和技术史之间仍然存在差异。发明史将工具和设备与其所创造的世界分离开来,并经常试图追溯发展的某种谱系。它将发明家塑造成英雄人物(也可能是遭误解或悲剧角色),游离于社会的规范之外。这并不是说没有伟大的发明家,而是说发明的行为并不等同于新技术的开创。成功的发明需要采用新技术,这就需要智识上的洞察力、技术上的实用性和社会上的接受度三方的协同作用。而且,尽管许多发明在某些技术水平方面优于竞品,却没有被采用;反之,也有一些发明远不如已有发明却仍被采纳。有些时期,社会抵制任何重大新发明,也有一些时期则被称为"伟大发明的时代"。

进步主义与现在主义

相信存在一种从原始到高度发达的发展趋势,这种观念称作"进步主义"。与之相关的"现在主义"(presentism)观念认为,过往的存在仅仅为了创造当下的我们,而且可以用现在的标准和知识来衡量过去。历史学家试图摒弃这两种主义,但对技术史家来说却难以做到。在消费文化中,特别是消费文化已经成熟的工业化世界,始终有一种压力在促使生产"改进"的新型号,部分出于工程师和设计人员创造新物品的职责,部分出于诱导消费者不断购买产品。因此,对消费品的任何历史考察都会明确揭示,产品质量存在着等级差异,从过去生产的初级设备到今天可用的改进型号,再到科学家和工程师为未来设计的卓越乃至神奇的产品。这种技术进步过程有一个完美的例证。最初是晶体管收音机,接着是真空管收音机,然后出现黑白电视机,再到彩色电视机,最后是带环绕立体声的数字高清发光二极管(LED)平板电视。尽管人们经常抱怨消费品质量的下降和手工技艺的消失，但对大多数实物商品而言，无论是可靠性、价格，还是实用性，现在的产品都要优于过去的产品。

尽管我们可以主张一种技术上的进步主义，但并不能认为人类历史建立在进步主义的意识形态之上。物质上的持续进步成为社会的组成部分，这种观念主要出现在现代西方文化中（指欧洲和欧洲人定居的包括北美、南美、新西兰和澳大利亚等地区）。在人类历史的大多数时期，各种社会的目标都是保持稳定，因为稳定意味着生存。我们祖先的工具箱都经过精挑细选，以适应当地的环境，帮助他们收获食物和其他所需的资源，但反过来，这些工具也是取材于他们生活所在地的可用之物。现代西方社会的一个重要特征是建立了长途贸易，这就带来了全球性的资源开发，也因此打破了人们及其当地环境之间的密切联系。尽管西方文化的力量首次开创了真正的全球经济，但这不是第一次因技术力量而导致文化扩张。像古埃及、古印度和古代中国等文明的崛起，都部分基于技术发展和长途贸易。伊斯兰开始在全球的扩张则是另一个历史时期，也包含很强的技术因素。然而在所有这些早期案例中，一段发明的活跃期之后，发明就会锐减或遭到顽强抵制，技术带来了过多的变化，就会引起社会的反作用，以恢复稳定。

本书对技术史的探讨最终聚焦于西方社会，是因为当前的西方产出了极为丰富的工具、机器和基础设施。在过去一段时间里，西方大国主导着国际关系，很大程度上是因为他们比其他族群拥有更多的技术优势。然而，随着西方国家领先的技术走向全球化，这种优势已经减小或消失。因此本书使用的西方社会和工业社会有区别：前者指地理上的以欧洲人为主的社会，以及西方扩张的殖民地，后者不仅涵盖西方国家，还包括已经创建大规模制造业经济的日本、韩国、土耳其、中国和南非等国。

西方力量的崛起使得人们很容易混淆技术力量与文化优越性这两个概念，但上的文化优越性不过是另一个版本的沙文主义，与声称可以按肤色、语言或宗教划分文化等级没有什么不同。从历史的角度看，就物质条件而言我们总体上要比我们的祖先富足，这让技术和文化的问题变得更为复杂。尽管这种获益并非均等，贫富之间的分化也不容忽视，但显而易见工业化世界（不仅仅西方）的人们是有史以来最长寿、最强壮、最聪明和最健康的一群人[1]。这并不是说工业社会就没有问题（实际上很多），但更需要指出技术的影响可以从不同的角度来看待。

反对技术社会观念的人通常认为，尽管工业世界在物质方面可能更富足一些，但所有这些技术并没有让我们变得更好。至于成为更好的人，在道德上很难衡量我们变好了还是变坏了，但以其他标准衡量，我们似乎干得不错。我们比过去的人更安全，因为暴力的总体水平（除现实战争之外）已稳步下降，人权概念随着工业化的增长而进步，而通讯和旅行能力的提高，让我们更有力量向全世界的人民表达同情并提供援助。一些哲学理想，如普选权、人权、公共教育和民主也随着工业化而得以实现。技术让我们有能力关心家庭或宗族之外的人，甚至成为必然。

你在阅读上述内容时可能已经疑惑，人们在看到赞颂技术优点的论据时，会不自觉地想：难道不是技术让我们获得了摧毁地球上所有人类生命的大规模杀伤性武器吗？难道不是我们发动了史上规模最大的两场战争将屠杀"工业化"了吗？我们的工业和生活方式正在破坏环境，消耗臭氧层，并导致气候变化。虽然我们拥有强大的医疗体系，但我们也在造成新的健康问题，如过度肥胖、糖尿病高发、环境过敏症和癌症。有些人甚至主张，我们已经被机器的指令所奴役，从我们对电话铃声的条件反射到依赖于能源、通讯以及工业这些维持当代社会运行的复杂系统。有一种活命主义者和"末日准备者"（prepper）的亚文化，正在为他们坚信即将到来的工业社会崩溃而未雨绸缪。流行文化中充满了关于黑暗未来的故事，那里潜伏着我们亲手创造的怪物，从第一部关于现代技术危险的伟大道德寓言玛丽·雪莱（Mary Shelley）的《弗兰肯斯坦》（*Frankenstein*，或 *the Modern Prometheus*），到电影《变种异煞》（*Gattaca*，又译《千钧一发》）和《终结者》（*Terminator*）。

以上对技术的回应也是技术的产物。

这正是历史学家所面临的挑战：如何在既不落入现在主义和进步主义的陷阱，也不采取相反立场而沦为彻底反技术的情况下讲述技术的历史。

---

[1] 人们通常认为，以长寿和健康为指标可以衡量工业技术带来的好处，但对智力也是该系统产物的观点表示质疑。然而，大脑发育在很大程度上受儿童营养和有无疾病的影响。健康的孩子拥有健康的大脑。

第一个答案是，历史学家努力主张所有的人类历史都有其本身的价值。我们探讨有哪些问题对当时的人们很重要，以及过去的人们如何设法应对这些问题。这有助于历史学家将过去与现在联系起来，而不是让过去看起来只是为我们准备好舞台。

第二个策略是要理解，人类社会总体的复杂性一直相对稳定。我们错误地认为相比过去的生活，我们身处一个更加复杂的社会中，因为我们生活的世界充满了复杂的器械，我们可以看到世界各地正在发生的事情，并且能够获取巨量的信息。从咖啡机到笔记本电脑，虽然我们花了大量时间学习如何在一个充满设备的世界里生活，但过去的人们同样整日忙于掌握狩猎和耕种技能，学会与世人和天地间的鬼神打交道。思考一下电视这种娱乐方式。电视节目的制作是一项极其复杂的活动，但观看电视节目只需要坐下并盯着屏幕，不费吹灰之力。而对于我们的祖先来说，家庭娱乐需要懂得如何演奏乐器，记住歌词、诗句和故事，学会游戏规则，以及参加宗教和典礼仪式等。所有这些活动都依赖相关人员的实际参与，而不仅仅是被动观察。

过往世界复杂性的另一方面与记忆有关。过去的人们要记住的东西远远超过文字社会的人们，因为后者可以将记忆转化为纸质或数字的形式。从重要事件到诗歌和音乐，对不会读写的人们来说，人类的记忆是唯一可用的记录方式。在文字出现之前的时代，人们能记住成百甚至上千行诗歌、数十个故事，或只听一次便能记住一首歌的歌词，此类事例并不鲜见。今天，这种记忆工作被视为一种特殊的才能，舞台演员需要下一番功夫才能记住部分台词。

除了认识到社会的复杂性并不能类比于工具的复杂性，我们还应该清楚地记住，技术永远不会一成不变。这些解决问题的工具、系统和方法分别来自不同时间不同地域，我们对其兼收并蓄。如果打开今天一名木匠的工具箱，你可能会发现一把锤子、一把尺子、一个水平仪、一把螺丝刀和一个带锂电池的电钻。这个小盒子里，有跨越了至少五千年技术史的工具，有来自不同地域、不同文化背景创制的设备。大卫·艾杰顿（David Edgerton）曾论及这种技术在时间和地理上的杂糅，特别见其《老科技的全球史》(*The Shock of the Old: Technology and Global History since 1900*)一书。他主张，当技术从一地转移到另一地时，它可能出现、消失、然后重现，同时可能发生转变。随着人们用不同的方法来解决问题，这就让"旧"技术与"新"技术结合到一起。

最后一个关于人类生活复杂性的观点来自尼尔·波兹曼（Neil Postman），他指出信息不等于知识。我们容易低估祖先拥有的知识，因为我们认为现在自己对世界的了解比过去的人要多。这实际上意味着我们掌握着更多关于这个世界的信息，而且往往更加准确，因为我们已经发明了精确的测量设备，能够接触到包含大量信息的系统，并利用实验等科学方法来获取那些信息。与其说他们在获取信息方面较为缺乏，不如说他们更善于使用地方性知识。他们了解自己的世界，更重要的是，他们知道自己所处的位置。过去的人们不是通过数据来看待世界的，而是把事物看作一系列的关联，经常超出身边的物质世界，与宗教或鬼神的世界相连。对于历史学家来说，一定要心怀警惕，不可假定我们获取的信息是一种更高明的知识。贴切的例子就是我们有一个完全错误的观念，认为过去的人们相信地球是平面的。从古巴比伦到中世纪晚期的大多数学者都认为地球是一个球体（the world was a sphere）。全世界的水手也都知道地球是一个球体。克里斯托弗·哥伦布起航是为了找到一条通往亚洲的新航线，而不是证明地球是一个球体。古代地理学家面临的问题，不是讨论地球的形状，而是它的大小以及是否有人居住在其他部分。如果我们武断地认为我们的祖先愚昧无知，那么我们对自己历史的理解就将错漏百出。

社会应用技术抑或技术决定论

社会之所以存在，是因为人们能够利用环境来获取生存所需的资源。而利用环境的唯一途径是运用技术，因此，社会无法脱离技术而存在。随着工具种类和人数与日俱增，技术及其使用者之间的关系变得越来越复杂。由于社会规则对技术既有维持也有制约，所以在使用技术的需要和遵守技术使用规则的需要之间，总是存在着张力。当引入新工具或新方法而改变了社会中人与人以及人与技术之间的关系时，这种张力就会尤为明显。

与技术在社会中的互动观相反的是单向模式的技术决定论。在最基础的层面上，技术决定论似乎是完全合理的。例如，自开天辟地以来人类就梦想飞行，但是，直到我们发明了内燃机，以至能够提供驱动飞机的力量，我们才能够真正地实现可控飞行（而不仅是悬浮或滑翔）。因此可以顺理成章地讲，人类的飞行取决于内燃机技术的应用。那么，现代航空工业，从喷气战斗机到远途包价旅游，只不过在某种特殊技术出现后才成为可能。

卡尔·马克思是较早运用技术决定论解释历史的人之一。他在《哲学的贫困》一书中提出了关于工具和社会分工之间关系的著名论断，他说："手推磨产生的是封建主为首的社会，蒸汽磨产生的是工业资本家为首的社会。"通过明确地将某种工具与社会结构相联系，马克思指出物质条件在历史变迁中的决定性作用。

这一思想经常被重复提及，尽管马克思关于技术的思想更直接针对着生产的方式和控制，而不是所使用的工具。1967年，历史学家罗伯特·海尔布隆纳（Robert L. Heilbroner）在一篇重要文章中通过提问"机器创造历史吗"，阐述了技术决定论的概念（Heilbroner，1967）。他的回答几乎和问题本身一样复杂，但部分结论认为，技术对社会的影响程度取决于技术引进时的社会状况。因此，最大限度的技术决定性发生在资本主义最自由的时期："技术决定论故而是某段历史时期所特有的……期间技术变革的力量已经被解放，但控制或指导技术的机制尚处于初级阶段。"

我们思考技术决定论，如果立足于我们在现实世界中能做到什么，那么它似乎无懈可击。但如果我们将该理论应用于我们该如何做，或我们之间如何互动，它就会失灵。

技术决定论观念最深刻的一项应用，就是认为现代大众民主的兴起依赖于大众传媒的发展，特别是1450年前后约翰·古腾堡发明的活字印刷术。该结论的推理基于这样一种思想，为了创造民主，人民必须了解问题，并能够以实际行动参加讨论、计划和报告。候选人必须能够和选民沟通。如果缺乏与广大民众沟通的能力，就不可能实现这种协调。在大规模印刷出现之前，民主只有在较小的群体中才能运作，选举人能够通过出席会议或以个人方式对议题和候选人有所了解（这也是参与者获取必要信息的唯一途径）。因此，民主可以在雅典这样的城邦中以有限的方式发挥作用，但对一个大国来说则行不通。

按技术决定论的说法，大规模印刷解决了交流的问题，候选人不再需要亲自与选民互动就可以获得他们的支持。它还提升了识字率，加快了思想交流的速度，提高了人们对参政的期望。毫无疑问，现代民主国家的确是在古腾堡的印刷机传遍欧洲和进入美洲之后才出现的。

这个论点并非无懈可击。如果说存在严格的技术决定论，那么印刷必然会导致民主，但事实显然并非如此。一些最强大的极权政体恰恰是在引入印刷术之后形成的，而且他们利用大众传媒创造并维持对人民的控制。即使印刷世界又增加了电子媒体，极权政府仍然存在。诺姆·乔姆斯基（Noam Chomsky）在《制造共识：大众传媒的政治经济学》（*Manufacturing Consent: the Political Economy of Mass Media*, 1989 和 2000）中提出了一个强有力的观点：大众传媒（从印刷品开始）会被权贵用来控制社会以谋取私利，而不是推进民主。因此，从历史的角度看，我们可以说印刷术使大众民主成为可能，但民主并不是印刷术的必然产物。古腾堡的发明作为一种简单的设备，并没有给我们现代的民主，而是在某些社会中人民掌握了印刷的能力，就可以追求他们民主改革的政治目标。

严格技术决定论的另一个问题是，它假定存在着一种追求效率和功用的内在驱动力，扎根于技术和使用技术的社会。尽管大多数技术决定论者不是目的论者，因为他们不相信历史有一个特定的最终目的，但他们通常有一个潜在的信念，即演化系统会迈向某些完美的形式。这种想法与一种技术观有关，它认为技术在某种意义上会自然而然地发展，并遵循一种演化范式，即技术从简单的形式演化到复杂的形式。这个模式还表明，技术发生变革，增强我们对自然环境的控制，是通过完善我们关于自然的知识（因此科学被认为服务于技术），然后将这些知识纳入系统，以便从自然中获取我们想要的东西。

毫无疑问，从长远来看技术将变得更加高效和复杂，但是决定论模型并没有解释人类历史上抵制技术变革的时期，实际上，它倾向于将这些时期描述为反常或衰退的时期。因此，技术稳定的时代等同于某种失败，甚至是违反常态。决定论由此假设人民是技术的被动消费者，这从历史上讲是错误的。决定论还假定唯物主义是判断一个社会成功与否的最佳而且可能唯一合法的方式，这也备受争议。

解决这个问题的最重要思想家之一是雅克·埃吕尔（Jacques Ellul，1912—1994）。他在《技术社会》（*The Technological Society*, 1964）一书中提出了"技艺"（technique）一词，并将人工制品从这个体系中分离出去。他将技艺定义为"在人类所有活动领域中，理性地达到并具有绝对效力（就给定的发展阶段而言）的方法总和"（Ellul, 1964: xxv）。这种效力的实现是以我们对彼此的关怀为代价的。埃吕尔作为一位基督教神学家非常担心，虽然追求技术的完善给我们带来越来越强大的工具和系统，但代价却是我们的人性，甚至可能是我们的灵魂。尽管他的立场表现出很强的技术决定论，但其技术具有道德意蕴的观点还是值得铭记的。

其他技术观：宜居的房子还是新世界？

本书哲学论点的形成，得益于两位专业思想家的见解：科学家兼哲学家厄苏拉·富兰克林（Ursula Franklin，1921—2016），教育学者兼媒体评论员尼尔·波兹曼（Neil Postman，1931—2003）。

1989年，富兰克林以《技术的真实世界》为题，在梅西系列讲座发表了六场广播演讲（Franklin, 1999）。梅西讲座邀请各个领域的杰出知识分子向公众谈论他们的研究领域。富兰克林是材料科学研究的开创者，她对技术改变人类生活的方式深感困扰。她担心，如果我们把技术和社会混为一谈，也就是说，如果我们成为技术决定论者，我们实际上就放弃了控制技术的能力和权利。她用一个类比开始了她的演讲，提出科技好比我们居住的房子。随着时间的推移，我们越来越多的活动发生在房子里，直到对其中许多人来说，房子是我们所知的唯一世界，我们也日益失去对外面世界的感知。在富兰克林看来，这意味着技术为人类生存所必需，却与人相分离。随着新部件的增加和旧部件的改造，"房子"一直不停地在建造，但只要我们懂得它是身外之物，就有能力控制建造的进程。

按富兰克林的说法，控制技术的问题，部分在于我们对周围世界的感知是由我们用来与世界互动的技艺（雅克·埃吕尔定义的术语）塑造的。例如，设计石油钻井平台的工程师可能会提到"海冰区"的危险，而环保主义者则可能大谈"石油钻井海区"的危险。从某种超然的意义上讲，这两种观点都不能说是对或者是错，但它们都代表了可能不可通约的观点。如果工程师和环保人士无法理解彼此，问题就变得非常难以解决。富兰克林提醒我们，如果忽视了技术是建构的这一事实，就会认为它是不可或缺的，从而在某种程度上是正当的或天经地义的。如果某些技术被视为不可或缺的，那么关于解决问题的其他观点和可能的方法就将被排除在外。在富兰克林看来，人类社会建造的技术之屋存在一个"外界"。外界就是自然，由于人类也是自然的一部分，为了用公正的态度平衡和维持技术，人类必须铭记并珍惜自然世界。

尽管富兰克林认为技术与社会的分离程度比我认为的要深，但她关注的所谓技术盲区仍是一个重要概念。如果我们把技术视为一种自主的存在，而不是社会中相互依赖的组成部分，我们就会基于技术超越社会控制的信念来创建社会关系。这将造成危险的后果，特别是在应对技术时的无助感。

关于技术与社会之间的区别，另一种不同观点来自波兹曼，尤其是其著作《技术垄断：文化向技术投降》(Technopoly: The Surrender of Culture to Technology, 1992)。波兹曼讨论了语言和教育等技术的重要性，即所谓的"无形技术"，它不会产生实体的人工制品，我在本书中全面地运用了这个思想。

和海尔布隆纳一样，波兹曼认为技术对社会的塑造程度取决于你所观察的历史时期。在遥远的过去，工具是个人的设备，旨在减轻人类生活的困难。技术在早期只是扩展了我们本来的能力。我们制作了这些工具并掌控着技术。工业革命以来，技术从社会控制中获得了一定程度的自主权，新机器的建造和控制变得过于复杂，只有具有专门知识和技能的人才可胜任。这就需要一类新的技术人员，如机械师和工程师，来创造和使用这些新设备。我们依然在很大程度上控制着技术，因为它依然基于通过观察而得到的机械原理，尽管比手工工具更加强大有力，但仍不过是肌肉力量和手工灵巧的延伸。波兹曼主张，随着电气和计算机时代的到来，技术已经获得了几乎完全的自主权，我们现在被迫需要改变社会，甚至改变我们的人际关系来适应它。掌握新技术需要大量的训练，而有些系统已经变得非常复杂，以至于没有一个人能完全理解它的方方面面。设备的工作方式也不再显而易见，甚至难以观察。理解这个问题的最简单方法，就是去观察一架水车和一台计算机的内部。水车的工作原理，一个人通过观察便可一目了然，弄清楚它的所有部件如何运作。而计算机的工作原理却不是显而易见的，没有经过专门培训的人甚至不能确定每个零部件在运行中扮演的角色。他将最新的时代称为"技术垄断"，并警告我们，在技术垄断中设备和系统获得了相对社会的自主权，从而降低了我们的自决权，压缩了人际关系。

对波兹曼来说，技术不是附加的，而是变革性的。当引入了一项新技术，我们不是在技术之屋中增加新房间，而是在改变整个系统。换言之，它不是在原有社会中添加汽车，而是变成新的社会。因此，要理解技术的影响，就需要理解整个社会，这包括下列事项：一个时代的主流哲学思想（保守主义或自由主义、扩张或内敛），引入技术所处的社会结构（种姓制度、神权政体、民主制度），以及社会经济（物物交换制度、封建税费、放任型资本主义）。换句话说，如果技术是一套系统，而不仅仅是最终的实物产品，那么要理解为什么技术出现在特定的时间和地点，以及新技术带来的变革，就需要理解系统间的相互作用，而不仅仅是与新发明相关的直接条件。

虽然波兹曼提出了一些有力的见解，但他低估了社会采用和适应技术的能力，即使是在一个有着专家和复杂系统的时代。例如，在计算技术发展的初期，没有人会预测到社交网络将是计算机最强大的用途之一。我们可能不理解计算机的内部运行，但总体而言我们似乎懂得计算机可以被用来解决问题。

其他声音

优秀的历史不仅仅是成功的记录。它着眼于斗争、冲突和失败，以及参与发起事件并反受事件影响的一批人的作用。这种基础广泛的社会文化史扎根于年鉴学派和新史学运动的哲学思想。尽管这种史学方法并没有一套统一的哲学规范，但认同这种看待历史方式的社会和文化历史学家主张，历史不只是由帝王将相和教皇等"大人物"创造的，而应该反映民众的现实。在有文字记载之前的史前时期，出现的发明并没有明确的发明者，很容易就可以看到器械的社会和文化效用。而随着离现今越来越近，我们往往把技术史看作由特定人士创造的一系列成功。尽管那些有创造力的人非常值得赞扬，是他们用发明改造了社会，但是人们也容易被这些发明一叶障目。

尝试运用社会影响来平衡后续创新问题的方法之一，就是要认识到存在着另外的声音，而它们在传统的历史记载中没有充分体现。具体来说，直到最近，妇女、非欧洲人和土著民众在西方历史的论述中几乎完全销声匿迹。寻找和呈现其他历史声音的问题对技术史提出了一项特殊挑战。虽然在早期技术史上构成主体的不是欧洲人，但随着工业革命的开始，欧洲人的兴趣和后来的美国发展随之占据主流地位。这一时期的技术并没有全盘西化，这么说虽然显得有点言不由衷，但技术的传播并不是一路畅通或没有冲突。这些冲突和创新一样，都是技术史上的重要部分。

妇女或土著民众在历史上的作用可能更难去阐述，因为相关记录通常很少，这就需要历史学家尽量推断历史。考虑一下女性发明家的问题。从个人心理学的立场来看，女性和男性对世界同样好奇，同样有创造力。事实上，一些考古学家主张，妇女可能是主要工具的首先使用者。对黑猩猩的观察表明，雌性使用工具获取资源的次数多于雄性，雌性后代比雄性花费更多的时间观察它们的母亲。没有理由认为石器或用火都只是男人发现的。然而，在历史记载中很难找到女性创新者，因为男性开始主导公共领域，而发明则通过公共领域传播。此外，大多数历史记载的编撰都由男性负责，在父权制社会男人控制着所有资源，包括女性家属的知识产权。随着工作专业化程度的提高，妇女和土著民众无法成为机械师、工程师或技术员，从而难以获得必要的技能、联系和资金渠道，以将想法转化为可销售的产品。在重工业领域，出于保护妇女免于危险和强体力劳动的观念，妇女被排除在外。即使机械化和安全标准早已改善了生产场所，这些仍然是用来搪塞的借口。今天，在硅谷（那里最繁重的体力劳动是拿起一个笔记本电脑和一杯咖啡）女性仍主动或被动地排除在实权和权威的职位之外，因此在计算机时代的发明中，她们的作用被埋没了。

这个问题的部分解决方案是尽可能地把稍有代表性的人物也包括进来，于是像计算机先驱之一格蕾丝·赫柏（Grace Hopper）等人的故事就成了历史的一部分。另一种实现些许平衡的方法是要认识到，尽管特定的群体控制着技术的传播，但每个人都受到技术的影响，技术史也不仅仅记载新制品的发明。它必须涵盖技术的介入和使用所引起变革的影响，无论正面还是负面。

技术变革的条件

技术史家曾经非常关注技术发展及其被社会接受所必须具备的条件。有时它似乎经过多年甚至几代人的演变，但在另一些时候，新设备或工具的出现似乎只需瞬间。在世界历史上，显然有发明和创新屡见不鲜的时代，也有很少或根本不寻求新技术思想的时候。世界上不同地区对技术创新的接受程度也不同，且随着时间推移而变化。情况往往是，具备有利于创新的条件，却无法保证创新一定会发生；或在条件不太有利时，创新则不会发生。创新率较高的时期，往往具有三个变量条件：

1. 竞争
2. 鼓励新奇的文化取向
3. 社会柔韧性

竞争

竞争可以是类似军备竞赛中的形式，冷战期间的武器发展刺激了大量的创新，但从历史上看，战争实际上并不是创新竞争的最佳形式。战争时期的大多数创新往往不过是针对现有武器的改进，原因很简单，战斗双方无法投入大量时间、金钱或智力资源，用于研发性能尚不确定的设备。第一次世界大战中飞机的出现就是一个很好的例子。固定翼飞机的使用是这场战争的一个重要方面，战争期间做出了一些创新，如机身装载机关枪、轰炸机等，但战后几年里军用飞机的研发成果要多得多。

这种似乎促成最多创新的竞争，可以被称作共同文化背景下的思想市场。这些条件的天时地利都具备的例子存在于：柏拉图时期的希腊城邦、伊斯兰黄金时代的诸帝国，以及工业革命期间英国的企业制度。所有这些时代都以文化、学术和技术的蓬勃发展而闻名。在每一个案例中，创新都发生在一片拥有文化共性的地区，哪怕政治上没有统一。例如，使用同一种语言，可以让思想的传播更易更快。

鼓励新奇的文化取向

对历史学家来说，讨论某个时代的思潮或精神总是一个棘手的议题，但实际情况的确是，那些对新事物更感兴趣的社会似乎喜欢技术上的创新。在维多利亚时代的英国和西欧，人们对新奇事物充满兴趣，富人和中产阶层都有珍品陈列柜，里面通常陈列着来自遥远国度的珍奇鸟类标本。与此同时，机械学会等组织成立，以教育劳动人民，开设讲座，并向公众演示科学上的最新思想。从19世纪40年代起，法、英、美三国都举办了广受欢迎的博览会宣扬技术。从自动织布机到街灯，再到未来厨房，所有这些都在博览会上向公众展示。工业革命的高潮与公众对新事物的着迷交织在一起。

对新事物不感兴趣的文化似乎抵制创新。中国自郑和下西洋以后的向内转向，以及伊斯兰黄金时代的结束，都是这些地区创新衰落的时期。有时创新能力的下降是因为经济下滑，或持续的政治动荡和战争严重扰乱了社会，以至于新事物根本没有市场。还有一些更不明确的原因，一些社会有时似乎认为"我们已经做出了足够的改变"。未来学家阿尔文·托夫勒（Alvin Toffler，1928—2016）首次使用"未来冲击"这一术语，来描述持续且快速的技术变革所带来的心理影响。尽管他在《未来冲击》（*Future Shock*，1970）一书中关注的焦点是快速变革和信息过载对个人造成的潜在损害，但这些观点对社会似乎同样适用。

社会柔韧性

社会柔韧性意味着，社会中没有僵化的阶层，并且社会地位在某种程度上取决于功绩，但这并不是说，高度阶层分化且流动性低的社会就天然比平等主义的社会更缺乏创新性。一名受过教育的精英，比如中国古代的高级官员或者埃及的祭司，能够很有创造力，特别是如果他们负责解决工程问题的话。从更普遍的意义上讲，社会柔韧性意味着人们不会简单因其阶级而被阻止创新。它也表明提出新观点的人能够从他们的成果中直接受益。早期伊斯兰世界的农民做出了许多重要的创新，但他们大部分依然保持着农民的身份。这些创新确实意味着更多人不必留在田间，因此农民的儿子能够成为学者、手工艺人或者商人。从长远来看，社会柔韧性意味着社会能够适应由新技术触发的变革。柔韧性更强的社会往往能经受更多的创新。

同样，也存在与低水平创新相联系的条件，比如由经济崩溃或战争所导致的剧烈社会动荡。由于创新可能会威胁到统治者的权威或社会的总体稳定，推行社会道德规范高度统一的政权往往缺乏创新。社会柔韧性程度较低也往往与教育水平低有关。缺乏受教育的民众，特别是在后工业革命时代，可能与技术发展不足有关。这并不是说教育水平低的人没有创造力；相反他们往往需要有很强创造力才能克服日常困难。实际情况是，局部创新的传播速度缓慢，很难发展成为商业活动。

与之相关的问题是，创新是否可以按指令实现。在工业化国家，过去的300年里各国政府一直关注着创新，于是他们试图通过支持教育、提供奖励（如英国政府悬赏海上测量经度的方法）、向研究提供拨款和贷款、设立"创新中心"或为新兴公司提供税收减免等方式，促进技术的研究。各国政府还进行直接投资。在某些情况下，这些策略已经奏效，因此，为找到计算海上经度的方法设置悬赏，的确引导人们认真和成功地解决了现实世界的问题。俄国沙皇也通过引进专家，借鉴他们在法国、德国和英国找到的模式创建机构，以移植技术体系，效果还算差强人意。蒸汽机车、航空航天工业、计算机、手机和转基因农作物都是现代创新的范例，得到了政府的大力支持，但这些支持并不能保证技术突破会随之而来，也不能保证社会能够欣然接受新技术。试图为战略防御计划（所谓"星球大战"防御系统）开发的X射线激光器浪费了巨额经费，就是一个很好的例子，说明打算通过命令来创造新技术是行不通的。而直接尝试刺激创新的结果喜忧参半，每当社会创造出某类技术专家，无论是文艺复兴时期的机械师还是1794年成立的巴黎综合理工学校的工程师，都总体上带来了创新的增长，并更加依靠工具来解决社会面临的问题。

赢家与输家

几乎所有技术领域的评论家都会同意一件事，即任何新技术的引入都会造成赢家和输家（即那些设法受益或利用新技术的人和那些无关的人）。最简单的一方面与就业相关，装备滑膛枪的士兵就不再依赖那些制作弓箭的人。当印刷术广泛传播后，对抄写员的需求就很少了，而更近一些，构成大公司打字部门的大量文员，在台式电脑闯入商业领域后便消失了。有时候关于岗位流失的情况是可怕的，因为那些社会上备受尊敬并且贡献卓著的人们突然发现自己一贫如洗，就像发明动力织机后的纺织工人所经历的那样。在某些情况下，那些被新技术所取代的个体会走上其他工作岗位，但是他们也有很多人会陷入贫穷和失业。

尽管个体失败者的经历会十分痛苦，但新技术创造的就业岗位往往比它们所消除的要多。当一个使用犁的农民能完成三四个无犁农民的工作量时，基于犁的农业剩余产品至少可以养活那些不再需要耕种田地的人数。每当有一名纺织工人被蒸汽织机所取代，制造业就会创建新的工作，更不用说运输、销售、广告和管理等工作岗位。对于某些强烈支持技术的人来说，社会和未来工人获得的长期收益将大大超过失业工人的短期痛苦。

技术世界中的赢家往往是那些因善用新技术而致富的人。工业革命期间很多磨坊主赢得了堪比古代最富有君主的钱财，而今天高科技领域涌现出成千上万的百万富翁。新的雇员阶层已经随着新技术的出现而产生，他们大多精通技术且薪酬颇丰。

然而关于赢家和输家的问题有着更深层次的意义。从更广泛的意义上讲，新技术已经创立了赢家和输家的区域和文化。驱动殖民主义的部分原因，就是为满足西欧日益壮大的工业经济对廉价原材料的需求。从那时起，奴隶制和当地人口流离失所带来的后果仍然困扰着我们。技术变化所带来的不仅仅是工作岗位的消失。部分或全部的文化，已经因这种变化被抹除。军事力量已经被用来夺取土地和奴役人民，并实施种族灭绝，用可能最直接的方式摧毁社群和文化。而通过更微妙的方式，例如大众传媒，已导致全世界数百种甚至上千种语言的消失。随着大规模生产和大众媒体提供的颇具吸引力且廉价的产品，旧有生活方式被替代，将社群凝聚在一起的工作、信仰、艺术和家庭等纽带往往也已经消失。那些拥有最强大技术的人，可以有意或无意地将其文化强加于周边的人。正如失去粮食作物的遗传多样性会导致潜在问题一样，文化多样性的消失也会带来相同的问题。

在某种意义上，任何技术史都是胜利者所讲述的历史，因为那些没有搞清楚自己技术问题的社会，或者那些没能利用切实可行的方案（无论是技术或其他手段）解决现实世界问题的社会，已经被历史淘汰了，只留下考古的遗迹。我们当下的全球化社会也概莫能外。

技术陷阱

技术让我们具备能力，做到原本无法企及的事情，无论是用燧石长矛击倒一头乳齿象，还是乘飞机前往遥远的度假胜地。然而，技术也需要我们让渡一些东西。人类驯化动植物的同时，也是在驯化自己。我们选择了农民的定居生活，而放弃了狩猎采集者（或觅食者）的自主性和灵活性。当我们建造以汽车为主要交通工具的现代城市时，我们就已经将自己封锁在社区中，那原本不是根据人类尺度或人力活动范围而设计的。

技术陷阱的根源在于，某些设备和技艺的完善，似乎是合理秉承了发明的初衷，却导致意想不到或负面的后果。例如，在旧石器时代，石矛尖、箭头和石刀越来越锋利，意味着一切都围绕着狩猎。结果，许多大型动物被赶尽杀绝。在某些地方，猎人实际上让整片区域无物可猎，才被迫迁移否则挨饿。人类可能已经走遍了全球，因为他们在吃光用尽某地的物产后，就不得不继续前行。当我们学会了耕种，一些文明借助灌溉这项伟大的发明而崛起。它使得农产品的激增，随后人口增长，但它是一个陷阱，因为灌溉使盐分沉积在土壤中。如果不精心管理，盐就会把农田变成不毛的沙地，农业和社会的崩溃将随之而来。一些文明能想出的唯一解决方案是发明更好的灌溉系统以及灌溉更多的土地，这可以苟延一段时间，但从长远来看会让破坏变本加厉。

关于木材也有类似的故事。几乎所有早期文明都需要大量木材用于建筑，且更多地用作燃料。当地的树木用完后，就会通过一些运输系统将远处的木材送到定居点，但是如果没有对资源的统筹，最终会用光所有值得运输的可用木材。最极端的例子来自拉帕努伊岛（Rapa Nui，即复活节岛）。这里曾经是一个林木茂盛的热带天堂，而人类的到来让这里变成了不毛之地。在这块弹丸小岛上，很显然所有的树木都可能消耗殆尽，但人们仍然砍伐了每一棵树，让整个社会毁于一旦。一些古代文明，从美洲到亚洲，之所以从盛到衰，就是因为人们变得过于擅长利用资源（即他们完善了榨取资源的技艺），以至于他们的人口增长超出了土地合理使用所能支撑的限度。有时这意味着社会的崩溃和沦亡。另一些时候，则会导致领土扩张和帝国的创建，但从某种意义上说，如果对资源的榨取速度仍旧大于承载环境所能更迭的速度，一切不过是苟延残喘。

今天，石油的利用为我们呈现了一个完美的技术陷阱。现代工业如此高度依赖于碳氢化合物产品，不仅用作燃料，还包括润滑油、塑料，以及成千上万种产品的基础原料。石油峰值论（peak oil）不仅关乎我们汽车燃油的花费上升，而且关乎如何让现代生活的方方面面持续下去。我们几代人都知道石油会耗尽，但我们在石油文化上投入了巨量资金，以至于我们的社会积重难返。我们为利用石油制品而创造了近乎完美的机器，并在没有节制或考虑未来的情况下生产了数十亿台。难道我们会像复活节岛的岛民那样，不作未雨绸缪就用完最后一滴石油吗？

"美元拍卖"和获胜价格

1971 年，经济学家马丁·舒比克（Martin Shubik）发表论文描述了一个游戏，阐述为什么人们会在竞争中陷入过度花费（Shubik, 1971）。美元拍卖游戏很简单，1 美元以 5 美分的增幅出价进行拍卖。规则只有两条：①最高标价中标；②所有其他投标均被没收。

起初，这笔钱看来好赚。5 美分的出价可能会得到 95 美分的利润。随着出价上升，潜在奖励下降，直到第二条规则浮出水面，开始真正决定人们的行为方式。如果 A 人士出价 90 美分并输给出价 1 美元的 B 人士（收支相抵），A 人士将损失 90 美分。为了减少损失，A 必须出价 1.05 美元，那样只损失 5 美分。在游戏的真实试验中，人们总是出价超过一美元，有时出价 10 美元来赢取这一美元。事实上，唯一获胜的策略是不出价。

舒比克等人想指出的是，美元拍卖迫使人们根据潜在损失而非潜在收益来将超支合理化。这种想法在现实世界中则表现为军备竞赛（无畏舰与核武器）和政治斗争（冷战）。它还对技术的采用和传播产生影响。以两家有线电视供应商之间的竞争为例：阿尔法通信和欧米伽有线。为了实现盈利，一家供应商需要获得 60% 的市场份额。由于每家公司可用的设备相同，提供给客户的服务也相差无几，因此要扩大市场份额难于登天，但每家公司只占 50% 的市场份额，这种僵局意味着两家公司都赔钱。唯一的选择是以更低的价格提供服务，掀起价格战，每家公司都以低于实际成本的价格提供服务（相当于竞标 1 美元的出价超过 1 美元）。欧米伽有线的投资者财大气粗，所以它赢了，而阿尔法通信赔光了投资，最终破产。拥有了 100% 的市场份额，欧米伽失去了创新的动力，而可以通过提高价格来获得丰厚的利润。这种竞争的实际例子从电信行业到超市屡见不鲜。

公地悲剧

关于技术对社会的影响，另一个意味深长的观点是公地悲剧。这个术语来自威廉·福斯特·劳埃德（William Forster Lloyd）的一本经济学小册子（Lloyd, 1833）。劳埃德指出，牧民经常在无主或公共土地上放牛。如果一些牧民自私，让过多的牛在公地上吃草，超出土地的承受能力，那么尽管短期内他们会受益，但长期来看，每个人都将承受损失。1969年，生物学家加勒特·哈丁（Garrett Hardin）利用劳埃德的论述指出，同样形式的问题也可以在污染控制、立法禁酒尝试、核军备竞赛，以及最重要的人口过剩中找到（Hardin, 1969）。今天，我们可以把气候变化、毒品交易和互联网中立性作为现代版的争夺公地物品事例。

从本质上讲，哈丁主张，自由以及利己的逻辑注定了人们要破坏自然和社会。唯一的解决办法是运用"相互胁迫"，也就是说为了集体的利益，我们将相互同意限制自我的自由。哈丁的论点在很多方面受到攻击，但其中心思想仍然铿锵有力：自然是有限的（在此处意指自然资源），但需求却随着人口而增长。技术在公地悲剧中扮演着复杂的角色。一方面，世界的工业化加快了资源消耗的速度，加剧了污染。另一方面，我们又经常找到解决问题的技术方案，降低我们对自然世界的影响。伦敦不再有致命的雾霾，替代能源（尽管并非完全没有影响）的使用和功效都在稳步增长。

技术、网络和通信

技术研究中反复出现的一个主题是通信。技术从来不会脱离孕育它的社会而存在，但技术如何被当时的人们传播、使用和看待，很大程度上取决于信息流动的方式。信息传递得越快，技术变革就可能前进得更快。在现代世界，我们已经习惯于迅捷的信息系统，以至于超过24小时的新闻就几乎被认为失去了印刷或广播的价值。我们用来传送信息的系统，从文字的发明到互联网，已经成为技术发展中最重要的领域之一，各种各样的发明已经引起了世界的变化。

尽管各种通信技术非常重要，但通信并不仅是简单的传递信息。历史学家、哲学家，以及最近的媒体理论家，都试图弄清楚通信方式如何影响我们对世界的理解。这些理论家中最著名的有马歇尔·麦克卢汉（Marshall McLuhan，1911—1980），他把大众传媒研究发展为大众传媒学科。他在《理解媒介：论人的延伸》（*Understanding Media: The Extensions of Man*，1964）一书中精辟地指出："媒介即讯息。"麦克卢汉关于媒介的思想非常复杂，但其部分观点认为，信息的传播方式塑造了我们对信息的反应。传播手段和历史变革之间似乎也存在着历史性关联，因此，新教改革和法国大革命之所以可能发生，部分原因是印刷革命导致了大众传媒（书籍、手册、海报和报纸）的出现。

除了麦克卢汉关于媒介的思想，学者哈罗德·英尼斯（Harold Innis，1894—1952）曾述及通信在文明创造中的重要性，特别是在帝国形成时期。在《帝国与传播》（*Empire and Communications*，1950）一书中，他追溯了文明可用的各种通信手段（如口头、石刻或纸张）之间的关系，是如何有助于塑造那些帝国。他最深刻的论述之一，尼罗河不仅仅是一个交通系统，而且是一个通信系统。谁控制了尼罗河，谁就控制了帝国的信息流，因此控制帝国不单要靠法律和武力，还需要支配人们的认识和想法。

就技术史而言，许多最重要的发现和发明让创建新形式的网络成为可能。罗马帝国的大道，工业革命中的电报，现代的无线电广播、电视和手机，都是网络的例子，这些网络使得更大的社会结构得以形成。如果英尼斯和麦克卢汉是正确的，那么社会的形态至少部分地取决于当时技术所能提供通信网络的类型。

尽管有几十种形式的网络，但许多最常见的网络在拆解成各个组分时就大同小异了。封建等级制度和配电系统有许多共同的要素（图1.1）。每个圆表示一个信息生成的节点，该节点与其他节点间有正式或直接的链接。以封建制度为例，这些链接是基于社会关系，而在电网中，它们是电线和电力需求。还有一些非正式或间接的信息通道或隐或现。一位君主如果不注意农奴阶层的民情，可能会陷入麻烦。但只通过正式渠道听取筛选过的民情，事实真相可能被歪曲，于是君主便会利用密探或常规社会结构之外的非正式接触，甚至微服私访。

对于电力系统而言，电力需求是一个近乎完美的信息传输形式。早晨，随着企业上班、学校上课和商店营业，电力需求上升，发电厂的运营商悉知这些需求，很快提高输出电量以满足需要。明智的电力运营商希望联系上终端用户，以决断是否存在问题，规划业务的扩充，甚至了解天气状况。

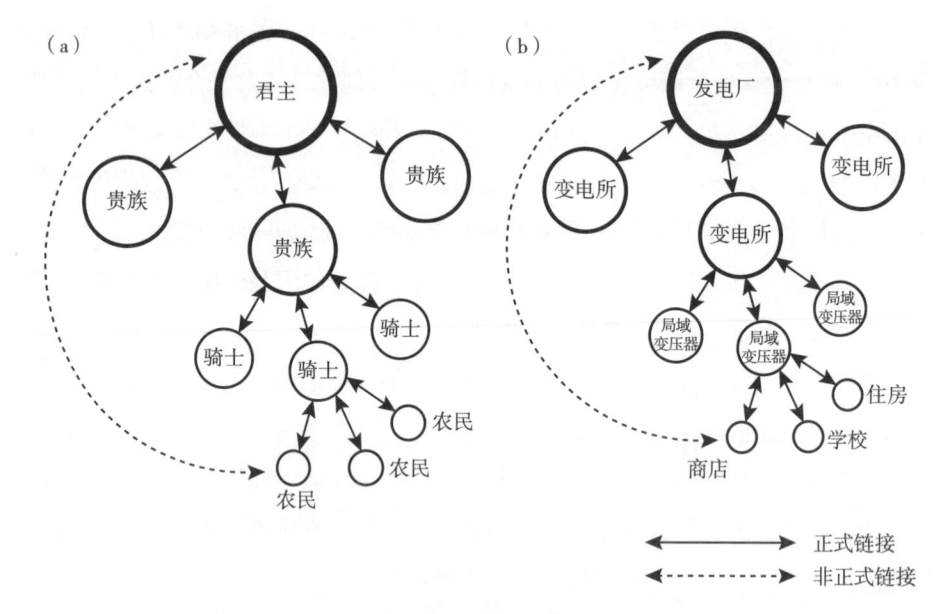

图1.1 两种交流网络

每种网络都有正式和非正式的链接。在封建等级制度中（a），对于君主，正式的链接有廷臣，但为了避免孤陋寡闻，君主可能会接触平民或使用密探。在电力系统中（b），正式的链接由电网决定，在那里创建了一套信息链接，通过监测需求来增加或减少电力生产。电力生产商的非正式链接，可能是与市议会讨论城市发展带来的电力需求增长。

小结

　　这本技术史并不打算详尽研究每项重要发明，而是考察技术如何塑造了人类历史。有时候，本书着眼于特定发明家的生平，他们对历史的影响与他们制造的设备同样重要。而在另一些场合，又重点讲述设备的工作原理，因为理解这些"钉钉铆铆"（nuts and bolts，一个伟大的技术短语，意指"具体细节"）有利于洞察发明的历史地位。本书的首要论点是，文明与技术相互交织，技术改变着社会，同时社会也在创造条件，促进新技术的开发。

论述题

1. 教育和政府属于"无形技术"的类型,其他还有哪些不是基于实物的技术案例?

2. 你在多大程度上相信技术决定了历史事件的进程?

3. 你是同意厄苏拉·富兰克林所主张的技术像我们居住的房子,还是同意尼尔·波兹曼所讲的技术与社会之间没有差别?

拓展阅读

关于技术哲学和技术史学的文献种类繁多且不断增长。虽然本书着眼于技术的历史,但借鉴了一些关于技术本质的哲学观点。关于技术哲学的导论,可以从《斯坦福哲学百科全书》中马尔腾·弗兰森(Maarten Franssen)、格特-扬·洛克霍斯特(Gert-Jan Lokhorst)和伊博·范德波尔(Ibo van de Poel)的"技术哲学"条目开始。在唐·伊德(Don Ihde)的论文《技术哲学来了吗?——关于前沿的评论》(2004)中可以找到关于技术哲学现状的更具体的讨论。每个技术史家都知道罗伯特·海尔布隆纳1967年的文章《机器创造历史吗?》,这篇基础性文章分析了卡尔·马克思关于技术在社会中作用的影响深远的观点,并以一种可能对历史学家有用的方式提出了技术决定论。同样,刘易斯·芒福德(Lewis Mumford)的重要著作《技术与文明》(*Technological and Civilization*, 1963)仍然是技术史阅读书目上的扛鼎之作。厄苏拉·富兰克林的梅西系列讲座,1999年以《技术的真实世界》为名出版,以及尼尔·波兹曼的《技术垄断》(1993)中,展示了关于技术在社会中地位的两种不同观点。两本书都给出了技术的定义,并讨论了生活在技术社会的好处和危险。关于技术在社会中功能的讨论,大卫·艾杰顿的《老科技的全球史》作了重要的补充,指出了技术的使用和发明者的意图之间存在着区别。他的"以使用为中心"进路,将人工制品所植根的系统,与关于我们如何集成现有("老")技术与新技术的思想联系起来,并对简单的技术进步主义提出挑战。

第二章时间线

约 330 万—270 万年前　　石器
约 150 万—70 万年前　　学会用火
40 万年前　　长矛
30 万年前　　智人出现
30 万—20 万年前　　人形雕像
17 万年前　　衣物
11 万年前　　更新世冰期开始
7.5 万年前　　首饰
3.2 万—2.9 万年前　　洞穴艺术
2.5 万年前　　装饰艺术
1.5 万年前　　冰期结束
1.4 万年前　　农业
1 万年前　　陶器
0.8 万年前　　弓箭

第 二 章

技术与我们的远古祖先

我们对远古祖先的认识主要建立在那些幸存至今的器物上。这种骨头、石器、洞穴壁画和陶器的记录，讲述了一个关于创造力和社会的故事，它超越了工具本身，向我们展示出人类祖先的智力水平及其社会关系。工具扩展了人类身体的能力，但早期使用工具的技术只存在于人类社会的语境之下。规划、教育、材料认知、实验和经验分享都成为技术的要素，才能打出一件燧石斧。技术史上最伟大的转折点之一是人类掌握了用火，它改变了人类操控物质的能力，给了人类不同的时间感，并促成了人类身体的进化。

讨论技术的最初发展总是具有一定风险，因为任何论述都可能被某项新发现所推翻。考古学家和人类学家不断地构建我们远古祖先的生活图景，每项发现都让我们共同的历史更加丰富和充实。例如，最近的发现将我们古人类远亲使用工具的时间推得更久，发掘了全新的定居点。在 DNA 证据的帮助下，已经开始绘制一幅更细致的人类全球扩散的编年地图。随着研究的推进，我们对遥远过去的了解将会与日俱增。因此，历史学家的写作必须保持警惕，须知下周或明年的发现就可能从根本上改变我们对过去的理解。

尽管一些细节可能随着研究的进展而发生变化，但我们对过去某些方面的理解却因最新发现而更加巩固。技术，尤其是早期使用工具的形式，是我们远古祖先生活的关键部分。这点极为重要，也因此多年来独有人属，特别是从能人到智人，被认为拥有制造和使用工具的能力。即使有人展示乌鸦、黑猩猩和海獭等其他动物也会使用器具来完成任务，但研究人员仍然坚持，它们的区别不仅在于工具的使用，还在于工具的创造。换句话说，海獭可能会找到并使用石板来砸开贝壳，乌鸦可能会用一根长刺挑出一只幼虫，但只有人类会活用材料来满足自己的需要。随着越来越多的非人类使用工具的案例被发现，很明显人类并不是独一无二的，而是自然界中工具使用者谱系的一个极端例子。真相倒是，会用工具的动物离开工具也能生存，而大多数人如果离开维生的工具就会活不下去。

我们对工具的依赖，让工具使用的起源问题成为人类发展研究的一个关键问题。比起大多数动物，人类面对野外严酷环境似乎装备不足。我们没有巨大的牙齿，锋利的爪子或结实的毛皮。我们的视力不错，但我们的听觉和嗅觉不如其他大多数哺乳动物。如果没有工具，人类将沦为多数大型食肉动物的"美味点心"。工具不仅代表着一种延续且必要的遗产，连接着古今，而且帮助定义了人的意义，代表着这个物种的存续。

除了基本的生存，工具的使用还与人类的演化有关。我们古老的人类祖先使用少数几种工具来突破他们身体的局限，但在工具的复杂化和多样化，以及我们人类近亲的智力水平之间，似乎存在着联系。事实上，考古学上一个重要的问题便是"脑容量增大而学会使用工具，或使用工具而让脑容量变大？"可能经历共同进化，但考古记录表明，在工具设计和使用方面曾有过突然变革的时期，表明存在某种触发因素。

关于最早工具的出现，以及这些工具告诉我们哪些古人类祖先和我们的事情，尚存在持久有时甚至激烈的争论。我们可能永远不会知道确切的时间或地点，我们的祖先捡起一块石头，并把它变成工具。可能在相当长的一段时间里，工具的使用不过是投机取巧；那时人们理解了使用石头或棍棒来完成任务的概念，但并没有专门创造一件工具且随身携带，以供日后使用。因此，工具的使用很可能先于工具的制造相当长的一段时间，但迄今确定并断代的真正打制石器最早是在270万年前至250万年前。一些科学家提出有三四百万年前的石器，但这些说法仍需要探究。

毫不奇怪，最古老的工具来自发掘最早古人类化石的地方。迄今发现的最古老化石来自东非大裂谷地区。该裂谷北起亚丁湾，经埃塞俄比亚、肯尼亚和坦桑尼亚，以及乌干达、刚果和赞比亚等国家，南抵莫桑比克。由努比亚非洲构造板块和索马里板块分离而造成的这个裂谷仍继续缓慢下降，在地质时代尺度上最终会被淹没，板块之间出现海湾。虽然还不能完全确定大裂谷就是古人类祖先的诞生地，但在远古时期，大裂谷提供了丰富的自然资源和适宜古人类生存的温和气候。地质条件也让化石和人工制品得以保存至被我们发现。

考古时代

传统上，考古学家把史前时期分为几个时代，如旧石器时代（270万年前至2万年前）、中石器时代（2万年前至公元前8000年）和新石器时代（公元前8000年至公元前3500年）。

这些时代的划分基于每个时间段发现的石器风格，因此是从技术上决定的，但对于划分的时间点和表征代际过渡的器型，仍存在巨大争论。分类系统还有一些问题，因为这种更迭在各地并不一致，所以建造埃及大金字塔的人可以被归入新石器时代或青铜时代早期，而同时英国巨石阵的建造者则在技术上属于中石器时代。即使到最近，考古发现又将一些最早的日期向前追溯了几千年，未来的发现还可能会进一步改变我们已有的认识。

目前确认最古老的石器出自埃塞俄比亚的戈纳地区，由南康涅狄格州立大学的迈克尔·罗杰斯（Michael Rogers）及其团队发现。它们被断代为270万年前至250万年前。它们所在土层的上方覆盖着火山灰，下面则是含磁铁矿的物质，这使得科学家可以结合使用氩同位素测年法（可用于火山岩）和磁极地层学来确定这些石头的年代。其他由火山岩制成的工具，如黑曜石，已经被直接断代。那个时期曾经生活着南方古猿阿法种或另一种尚未发现的同期物种，因此它们是我们最早使用工具的近亲。

早期的石器很小，通常只有几厘米长，形式有刮削器、切割器和尖状器。它们的形制不同于岩石互相撞击而形成的碎石，比如在湍急溪流中找到或在岩石滑坡中掉落的石头。我们之所以知道这一点，是因为我们已经学会了打造石器（一个被称为"打制"的过程）的方法，可以复制现场发现的器物。制造优良石器所需的技能并不简单，挑选和加工石头都需要经验，才能不断地制作出好用的工具。我们在采石坑附近发现的许多石器碎片，往往是下脚料，或有某些缺陷而舍弃的废品。

除了石器，其他东西也常常被用作工具，如兽皮、木材或其他难以久存的材料，但除了骨器以外，没有任何有机材料能保存千年以上以待我们收集。在较近的古代遗址中，发现了使用如骨、贝壳和牙齿等较硬材料制成的器具和装饰品，但我们可以合理地推测，任何能够制作刮削石器的古人类，都能用它削尖木棒，也会用一根木头或贝壳掘土挖洞。尤其是削尖的木棍用作长矛，比现存石器的历史还要久远。这一猜想部分基于人们发现了一些黑猩猩也会制作长矛来狩猎。最早使用长矛的直接证据来自大约40万年前，带有用火烧硬木尖的长矛产生于25万年前。而将石尖头和长矛结合起来则费了一段时间，直到约8万年前才出现。

石器为我们的祖先铺平了一条通向更好生活的道路。特别是，切割器和刮削器让我们可以获取更多的食物。切割动物或打开野果变得更加容易，从最根本层面上讲，这意味着更高的卡路里摄入量。充足的食物意味着更多的能量，儿童生长更快，对疾病和伤害的抵抗力更强。它也可能促进了大脑的发育，因为大脑发育的主要决定因素之一就是儿童时期的饮食。除了营养方面的收益，石器还让我们更充分地利用动物，比如切割兽皮，以及钻穿骨头。

器物揭示的文化

石器对我们的祖先来说固然重要，但它们除了表明操纵石头能获得更多食物，实际上还能告诉我们一些更重要的信息。石器代表着文化活动。尽管我们对旧石器时期文化某些方面的理解，来自人类学观察到的幸存至今的觅食者社会，因此一定程度上带有假设性，但这些工具告诉我们的那些事情是确凿无疑的。首先，石器向我们表明，人类祖先过群居生活，共同劳作。群体的大小很难确定，但无论是人类还是许多其他灵长类，都是由亲属关系和家族构成基本群体，所以可以合理地假设其他古人类也形成了这样的群体。与石器制造相关的技能似乎也必须在这些群体的成员中传播。如果只有一名成员会制造石器，那么当他死去或丧失制造工具的能力后，整个群体就会面临极大的危险。这并不意味着不会以某人为主承担石器制作任务，但为了方便和安全，技能必须分散开来。反过来也就意味着，这些技能必须由经验丰富的工具制造者传授给其他人，并代代相传。因此，教育是人类祖先经验的一部分，因为学习掌握工具制作的技艺需要观察、记忆和练习。

在心理层面上，工具制造者必须牢记某种实用标准，或者对石器应有的样子胸有成竹。这揭示了诸如分析和记忆等心理活动的线索。为各种石器创建的心理模版非常强大，特别是在旧石器时期，石器的型制历经许多代人而保持不变（图2.1）。这种心智和社交的技能一旦形成，就会应用于工具制造以外的活动。

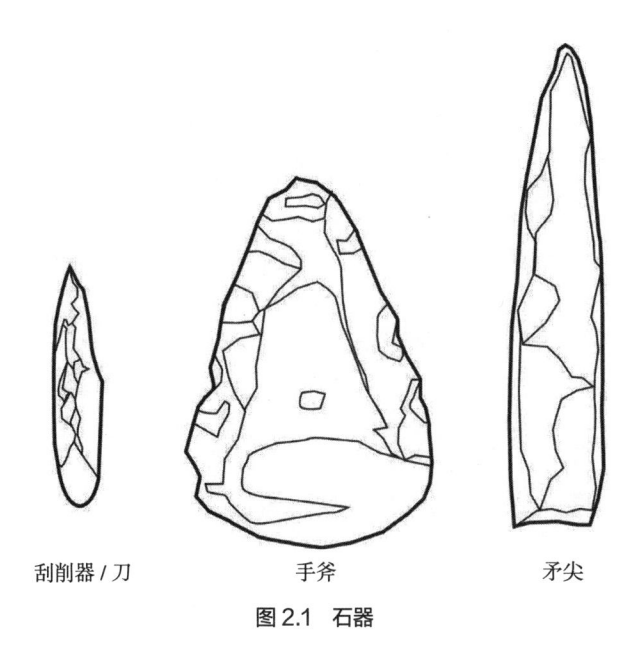

刮削器 / 刀　　　手斧　　　矛尖

图 2.1　石器

总而言之，石器向我们展示了一个可以合作、交流（即使还不是通过我们所使用的语言能力）、分享技能并将其传给下一代的社会，这个社会同时具有身体和智力上的技能，利用各种不同的材料批量制作石器。尽管石器可能让古人类活得更好，但制造工具所需的技能，才真正让我们的祖先得以生存并繁衍。

火

利用工具的下一个重大阶梯是学会用火。最早的事例可能出现于 150 万年前。1988 年，开普敦大学的鲍勃·布雷恩（Bob Brain）和安德鲁·西伦（Andrew Sillen）首次描述了在南非约翰内斯堡以北斯瓦特克朗（Swartkrans）发现的烧焦骨头。样品随后用电子自旋共振法检测，以确定它们灼烧时所遇到的热源。由于丛林火等天然火燃烧的温度（300—400℃）比篝火低，而检测发现这些骨头曾被置于 600℃以上的火中，显然表明这是特意用火，而非遭遇天然火灾。这些证据尽管有趣且颇具启发性，但也只是间接的。更复杂的是，由于该地区已经发现了这一时期南方古猿和直立人的化石残骸，尚不清楚是哪一种古人类使用了火。

100 万年前至 79 万年前种子和果实的炭化残留物，为人类特意用火提供了更有力的证据，直立人似乎也会使用火。到 25 万年前，欧洲、非洲和中国的考古遗址都清楚地表明火已经被广泛使用。

像石器一样，学会用火为我们的祖先带来了一些直接用途和一些不那么明显的好处。火让我们可享用的食物范围变得更大，同时让食物尤其是肉类，食用更加安全。从营养角度，烹饪食物会减少维生素的含量，但也会大幅增加可吸收的蛋白质，特定营养素的损失可以通过增加食物的摄入量来弥补。生物人类学家理查德·兰厄姆（Richard Wrangham）指出，食用生鸡蛋可以获得其中 51% 的蛋白质，而食用熟鸡蛋则可以获得 91%（Wrangham, 2009）。除了获得额外的能量，我们还节省了时间。我们的灵长类近亲花大量的时间咀嚼和消化生的食物，而人类的消化系统相对身体是所有灵长类动物中最小的。我们之所以进化，可能就是因为煮熟的食物更容易消化，从而提供更多的能量。

由于食物要被带回固有营地，或者在猎获现场生火处理，享用食物变成了一项更加复杂的活动。人类社会就是围绕着火源和用餐而形成的。通过干燥和烟熏，火还可以让食物更容易腌制，这反过来又使食物更便于携带，保存时间更长，从而扩大了一些活动的范围和持续时间，包括狩猎、迁徙，以及储存食物备荒。火提供了温暖和光明，拓展了地球上可以居住之地。它还让我们的祖先免受捕食者的伤害。

而用火带来的隐性好处是，它教会我们材料的转化、燃料的使用，以及生火和用火的禀赋。火的转化力量，涵盖从最简单的小心加热使木材硬化或变形，到神奇地让矿石转化为金属。经过代代相传，我们的祖先很可能曾将身边的各种材料和物件扔进过火里，以观察会发生什么。在很多情况下，结果平平无奇，尽管烧热的石头可以让皮囊中的水沸腾，或充当简陋的平底锅。而在另一些情况下，结果则令人惊叹，如石头碎裂，鸟蛋凝固，某些植物的烟让人迷醉，或陶器烧制。

火源必须精心照料，这就需要一番组织来维持燃料的供应。随着人们希望保持篝火不灭，火光照亮了夜晚，人们对时间产生了异样的感觉。反过来，这又增加了社交活动的时间，人们在白天活动之后和睡觉之前，会围火欢聚几个小时。燃料消耗意味着维持篝火需要计划和筹备。燃料必须提前收集，而这让我们明白，消耗材料的数量意味着一段时间的长度。很可能为了减少木材的消耗，减少整晚照看篝火的需要，人们学会了火种的保存（用灰土覆盖热炭，以留稍后使用），从而增加了一项火源管理的职责。

自画像或护身符

火的特性也很容易与魔法和宗教相关联。有证据表明，先民们会特意焚烧一些植物，以产生熏烟和用以致幻，表明存在仪式性活动，而关于诸神赐火为礼的久远传说，无疑可以追溯到史前时代。很难确切地知道我们的祖先举行过哪些宗教活动；例如，有描绘动物和人的黏土、骨质或石质物品，但这些形象是否只是简单的工艺品或护身符，还是具有更深的宗教意义，尚难以断定。特别是各种各样被称作维纳斯雕像的女性形象，一直是有关女神形象崇拜（特别是与孕育和出生相关联）的种种猜测的基础。尽管这种说法仍存在争议，但最早的一例可能是贝列卡特蓝（Berekhat Ram）维纳斯，断代于30万年前至20万年前，而最著名的维伦多夫（Willendorf）维纳斯，断代于公元前2.4万年至公元前2.2万年。1908年在奥地利克雷姆市（Krem）附近发现的维伦多夫雕像，用石灰石雕制，赭石着色。制作这些雕像所需的时间和技能表明，它们是重要且具有很高价值的物件，但无论它们或是程式化刻画并用于祭拜的女神，或是象征孕育或顺利分娩的护身符，或是真实人物的肖像，或还有其他意义，我们永远不得而知。

然而，创造这种形象所必需的技能，却向我们展示了一个重视这种艺术追求的社会，愿意且能够投入时间和精力从事这样的活动。到目前为止最早的个人装饰品，小贝壳钻孔并串在一起制成项链或手链，来自约公元前7.5万年。2004年克里斯托弗·亨希尔伍德（Christopher Henshilwood）及其团队在南非的布隆博斯洞穴发现了它们。在布隆博斯洞穴还发现了一小块刻有精细线条的赭石，这有力地表明，艺术和装饰技能在我们远古近亲的生活中发挥了重要作用。这些物品也告诉我们，创造者有能力预先计划，并愿意出于实用和美学的原因而改造物体。

旧石器时代晚期革命

人类活动的增多，部分原因是末次冰期的结束。从地质年代来看，有很多温度波动的时期，更新世的温暖期结束于约11万年前，直到大约1.5万年前，地球才恢复冰期前的温度。关于气候剧烈变化和早期人类历史之间的关系，仍存在很多争论，但大约3万年前，突然出现了工具发展方面的创新和社会变革的证据。我们的直系祖先已经存在了大约25万年，在此期间基本的工具种类也有变化，但在末次冰期结束后变暖之际，工具种类和其他物品突然变得繁多，而且地理分隔的人群之间，工具类型出现了显著分化。相比之下，同期的所有尼安德特人群体，无论生活在什么地方，似乎都还在使用同样的工具。曾经"一刀走遍天下"的情况开始让位于为特定环境和特定任务而专门设计的工具。

这场变革有时被称作"旧石器时代晚期革命"。相关的一些飞跃包括工具的装饰，洞穴艺术的出现，珠子加工，以及其他早前似乎不存在的装饰品等。关于变革发生的时间、地点和具体内容尚存在争议，特别是随着早期艺术活动的发现，使用工具的社会开启艺术领域的时间也一再提前，但最具争议的问题是，比起之前的长期稳定，人类文化活动为何会发生突然而深刻的变革。除了工具更加多样化，包括鱼叉和其他渔具的出现，还有葬礼之类社交活动证据的显著增加，使用缝针制作衣物，首次利用计数骨筹或象牙来记事的迹象，远距离贸易的证据，以及装饰艺术的大量出现。研究人员提出了两种观点来解释这种飞跃。第一个理论是，环境的变化迫使人类的行为多样化。气候变化分隔了不同的群体，改变了他们生存所需的条件。这种多样化可能一直保持隔离，但随着地球变暖，人们迁往新的地区，那些为满足各地条件而形成的活动和发明就被传播到更广泛的社群，从而导致新的改进。

第二种理论认为，有一个基于智人大脑变化的生物诱因。"新大脑"理论认为，大脑结构和功能的变化导致了概念化世界的能力有了天壤之别，特别是在抽象思维方面，加强了对未来事件的规划和对过去事件的记忆。部分争论还基于人类及其近亲使用语言的程度。人们普遍认为，语言水平（尤其是交流抽象思想的能力）越高，语言运用得越多，讲话者的文化就越复杂。

关于语言的争论也是人们讨论尼安德特人和智人之间关系的一部分。这两个古人类群体在时间上有重叠，在基因上也有密切联系，但人类并不是尼安德特人的后裔。这两群人都使用工具和火，集体狩猎。尽管尼安德特人身体更强壮，却消失在历史长河中，留下智人成为人属唯一幸存的古人类。多年来，有一种观点认为尼安德特人缺乏产生语言的身体结构，接着推论尼安德特人可以达到一定的社会和技术水平，却难以再进一步。新的解剖研究表明，尼安德特人确实具有发出语音的结构，尽管无从得知他们是否也像我们那样使用语言。

这两种理论可能都包含部分的答案，因为环境因素和遗传之间、文化活动和生存之间，都存在着联系。自然变异可能产生过基因转变，改变了智人的大脑，使他们更好地适应当地环境，而与此同时，环境变化所创造的条件又允许携带这种新基因的人群更易繁衍。尽管对于为什么会出现"大飞跃"可能永远没有确切的答案，但显而易见我们的祖先发展出日益提升的技术思维，这种思维展现出了操控物质世界的强大能力，创造出新的工具、武器和装饰物品。技术思维为人际交流、社会组织和艺术领域开辟了新的视野。

关于尼安德特人的遭遇有各种各样的理论。尽管基因检测表明，在某些现代人身上有尼安德特人的DNA痕迹，但智人似乎不太可能通过杂交而取代尼安德特人。考虑到人类普遍好斗的本性，很容易想到人类和尼安德特人之间的直接对抗至少是他们消失的部分原因，但这方面的证据非常有限。人类确实接管了尼安德特人曾经的领地，但这些地方早已空置还是征伐而来，我们不得而知。我们唯一确定的是，智人制造了更多种类的工具，因此可以比尼安德特人开发更多的自然资源。

艺术

虽然一把石刮刀或一柄长矛可以告诉你很多关于创造者的生活情况，但通过艺术，我们可以感受到我们的远亲是什么样的人和社群。到公元前2.5万年，很多地方可以找到艺术。在他们的艺术和技术资源中，特别有趣的是各种岩洞绘画遗址。全球范围内已发现了350多处，其中最壮观的发现位于法国和西班牙。尽管对这些图画的年代仍有争议，但发现的最古老遗址可能是法国南部的肖维岩洞（Chauvet Cave）。岩洞艺术所使用颜料的年代为公元前3.2万年至公元前2.9万年。该遗址发现于1994年，与别处不同的是，它内有种类更多的动物图像，包括食肉动物，而在其他遗址，艺术家只专注于狩猎的目标动物。很明显，创作这些图像要涉及大量的工作。除了绘制数百幅图画和草图所花费的实际时间外，还需要大量的时间收集和处理颜料，刮擦和清理岩壁，并且生火照明以工作。也有证据表明，许多图像曾被重新绘制，有些地方甚至多次。

图像从本质上向我们表明了一种抽象思考的能力，因为图像会让我们想起不在现场的事物。具象作品可能向我们展示艺术家所熟知的动物和猎人，而装饰作品则告诉我们，人们关心改变事物的外观以满足某些需求，如崇拜、记忆和教导、身份识别或魔法的召唤。或者只是为了让装饰过的东西更吸引人。

洞穴壁画也表明，舞蹈和音乐是石器时代生活的一部分。2008年，在德国南部乌尔姆市附近的洞穴发现了一处文化宝藏。这一发现使我们对旧石器时代晚期人类的社会生活有了新的认识。他们发现了三个精美的象牙长笛，还有燧石工具、猛犸象、马、驯鹿和熊的骨头。在同一层发现了一个女性雕像，以及由各种矿物、木炭、血液和动物脂肪制成的颜料品类。

这种长笛展示了复杂的制造技术。制作者首先在一块实心的象牙上切割出形状，然后纵向切开并将其掏空，接着钻上几个洞，最后把两半粘在一起。顶部的一对V形凹槽形成了一种很像便士哨笛的乐器。长笛上的标记表明，手指孔的位置可能是由模板决定的，或是通过复制已有的乐器。

尼古拉斯·科纳德（Nicholas Conard）的小组是分析这些发现的团队之一，他指出，这些笛子的重要性超越了它们的制造技术，可能是大型社交网络的证据（Conard, Mainat and Münzel, 2009）。乐器表明了一个教育的过程，或各种集体活动，如器乐合奏、音乐唱诗、歌唱和舞蹈等。这些乐器可能在仪式和庆祝活动中发挥了作用。这些活动为社会奠定了文化基础。除了制作这些物品所需的技能，它还传达了我们祖先的价值观和兴趣。虽然音乐本身并没有直接导致人类在世界各地的扩散，但制造和演奏这些乐器的智慧，展示出齐心协力克服其他挑战的能力。

冰人奥茨和新石器时代生活的证据

缝衣针也很重要。用骨头精心雕刻的针告诉我们石器时代社会的生活，表明当时人们在定居技术上投入了大量精力。不仅衣物本身具有重要价值，如何剪裁合体并加以装饰也是文化的一部分。1991 年在阿尔卑斯山发现了一具木乃伊化的冰人，通常被称作冰人奥兹，断代为公元前 3400 年至公元前 3100 年，同时在许多其他遗址发现了衣物的碎片，显示缝制技能到新石器晚期已经高度完善。尽管像衣物这种易腐材料的碎片非常少见，但如果新石器时代的文化与后来文化有相似的旨趣，那么装饰就代表了艺术思想、显示了地位，并具有象征意义。

从旧石器时代以来，除了缝制的衣物，还有其他形式的装饰品，如用于项链、手链和吊坠的珠子。它们由各种各样的材料制成，从石头、骨头到贝壳。最早的此类物品之一是在匈牙利发现的一个护身符，由猛犸象牙雕刻而成，断代于 10 万年前，因此它很可能出自尼安德特艺术家之手。到公元前 3 万年，珠子已经成为早期人类定居点的常见物品。它们也提供了后来贸易的证据，因为装饰材料的发现地与其可能的原材料产地相距甚远。

许多岩洞壁画展示了狩猎的场景，而狩猎工具在这一时期也发生了变化。长矛已经被代代使用，但大约到公元前 13000 年出现了回飞镖的第一个证据。在波兰发现的这个回飞镖由猛犸象牙制成。狩猎回飞镖或猎棒曾在非洲、欧洲、亚洲、澳大利亚和北美都有发现。尽管它们都用弯曲的棍棒（波兰回飞镖用的是象牙）制成，上侧弯曲，下侧平坦，但与典型回飞镖不同的是，它们不会飞返投掷者手中。它们的设计旨在贴近地面长距离飞行，以击晕或杀死小型猎物。

人类从使用尖木棍到长矛的转换虽然不知起于何时，但长矛的使用表明，狩猎大型动物是早期食物采集的一部分。岩洞壁画中展示的手持长矛的猎人表明，捕猎大型动物不是一项单打独斗的活动，而需要协调一致的努力。追踪、包围和捕杀大型动物的运筹过程也非常耗时和危险。猎人们经常空手而归，但只要他们成功，猎人们的收获就不仅仅是食物。大型动物是重要的材料来源，身体的每个部分都会被充分利用。肌肉和器官是食物，而骨头、角和牙齿被用于制作各种各样的工具和装饰品。肠子和筋制造绳子和黏合剂。兽皮可以制作服装、绳索、鞋袜、容器和建筑材料等多种物品。

狩猎

除了对付单个的大型猎物，猎人们还发明了陷坑、沟堑和围栏等方法来捕获成群动物。如野牛这样的成群动物会被引诱或驱赶到这些陷阱中。陷坑利用池塘，以及湖边和河边的浅水区，让动物陷进泥沼并筋疲力尽。在北方地区，冰雪覆盖的湖泊或池塘形成了绝佳的陷坑，因为动物的尸体会被冻住，保存到需要食用为止。沟堑是一种稍矮的崖壁，高度足以使跳下的动物受伤，但不会致死，而围栏顾名思义，是用栅栏将一片区域围起来，一旦动物被赶进去就可以关闭。这种狩猎方法，尤其是利用围栏，可能有助于动物的驯化，因为猎人可以让一些动物活下来供日后食用。

这样的陷阱适合小群猎人使用，但也可以实现大规模猎获。大规模猎获的意图是一次性收集大量的材料，这个过程需要为数众多的猎人和帮手来对付这些动物。此类活动可能会让相互联系但各自独立的群体为了狩猎而聚拢到一起。陷坑、沟堑和围栏的重大好处还包括，在猎人准备好处理它们之前，动物仍是活着的。最著名的沟堑之一是位于加拿大阿尔伯塔省南部的野牛碎头崖（Head-

Smashed-In Buffalo Jump），大约从公元前4000年开始使用，持续了许多代，现在是世界遗产。有证据表明此处得到大规模利用，每次都有数百只动物被猎获和屠杀。

为了野外狩猎，长矛经过改进增添了投矛器。投矛器的使用可以上溯到3万年前。大大扩展了长矛和标枪的投掷范围，投矛器是一根木棍或木板，长30—100厘米，一端是把手，另一端带有钩子或凹槽，实际作用是延长了手臂，猎人投掷时通过杠杆增加力量。尽管使用投矛器打猎需要一定练习，但更大的速度优势意味着更强的穿透力和更远的距离。投矛器在所有适合人类居住的大陆上都有发现，一直使用到青铜时代的战争中。澳大利亚和非洲部分地区的土著人，直到与欧洲人接触的时候，都还在使用它。

另一种形式的长矛——鱼叉，也在3万年前至2万年前被发明出来。毫无疑问，在此之前人们就使用长矛捕鱼，但鱼叉改进了矛头和长柄来固定渔获。随着人们开始捕猎鲸鱼和其他大型动物，而不仅仅是在溪流和岸边捕鱼，鱼叉标志着对水生生物的捕猎发生了革新。就像捕猎大型陆地动物一样，大型水生动物也能提供丰富的材料，从水獭和海象的毛皮、皮革、骨头和牙齿，到鲸鱼的鲸须，鲨鱼的牙齿和皮革。这些捕猎也需要船只和高度组织化的猎人群体。

石器时代的终极狩猎工具是弓。弓和箭的起源很难确定，因为没有明确的制弓证据留存至今。弓的起源时间可以从类似石矢的尖形器推断出来，西班牙帕尔帕洛（Parpallo）的石箭头断代于公元前2万年。石箭头成为新石器时代最常见的制品之一，世界各地发现了数以万计的石箭头。一个有趣的问题是，比起简单地使用削尖的木箭头，石箭头的效用如何。现代测试表明，石箭头并不比木箭头更致命或准确，所以制作石箭头似乎是在浪费时间。这表明，石箭头可能代表了早期的技术偏好，或渴望拥有最新的技术，无论它是否真的胜过现有技术。还有一种可能是，虽然石箭头可能不会比木箭头扎得更深，但箭头形状使其射中后更难拔出，而且在最初创伤的基础上，它还会继续切割伤口内的组织。由于单靠一支箭很难射杀动物，石箭头造成的是渐进伤害，多花费点制造时间是值得的。

虽然有大量的箭头存在，但最早一张真正的弓出现于公元前8000年前后。到公元前5000年，埃及人已经熟练使用弓了。与此同时，在世界大部分地区，它似乎已经取代了投矛器，成为狩猎工具和战争武器。它提供了更高的准确性和更高的射速，而且制造箭比制造更大的长矛或标枪更有优势。弓也更适合森林和其他狭窄地带，那里没有足够的空间投掷长矛。弓箭作为重要的狩猎工具和战争武器，直到 15 世纪才开始逐渐被火药武器取代。

陶器

回到洞穴画师工作的时期，可以看到人类首次使用陶器的迹象。已知最早的陶器发现于捷克共和国的下维斯特尼采（Dolní Věstonice）。那里的维纳斯小雕像可以追溯到公元前 2.9 万年至公元前 2.5 万年。黏土显然更早就被利用，但它没有经过烧制，也没有留存至今的成品。尽管早期留存下来的陶器都是经过烧制的，但直到大约公元前 1 万年，陶器才被用于制造罐和碗等耐用物品。陶器烧制所需的技术进步依赖于更强的控火能力，使用坑窑而不是明火，从而将温度从约 500℃ 提高到 1000℃ 以上。

人类社会的又一次大变革发生在公元前 1.4 万年至公元前 1 万年间。这就是农业的肇始。就像我们的大多早期历史那样，农业从何处发端也不确定，但特意和持续植物栽培的最早证据是在新月沃地和黎凡特地区，西起地中海，从今天的土耳其和埃及，沿着底格里斯河和幼发拉底河，东至波斯湾。即使在这一地区，也有证据表明农业被多次引入，所以这并非某个时代的单一发现。植物栽培的发现，不仅意味着一套新的工具，也在心理上带来了深刻的变化。

论述题

1. 石器的长期制造及连续的器型设计，表明了石器制造者的哪些信息？

2. 可控用火如何促进了新技术的发明？

3. 气候促进人类祖先发明了新工具，体现在哪些方面？

拓展阅读

人类学和古人类学的新发现层出不穷,以至于任何对古代技术的考察都必须贴上一个警示:随时可能改变,恕不另行通知。关于人类最早的祖先,卡尔·齐默(Karl Zimmer)的《史密森学会人类起源详尽指南》(*Smithsonian Intimate Guide to Human Origins*,2005)是一本非常通俗易懂的入门书。技术史最重要的研究领域之一就是新工具得以创造的原因。哈佛大学教授、皮博迪考古与民族学博物馆(www.peabody.harvard.edu)旧石器时代考古藏品馆馆长欧弗·巴尔－约瑟夫(Ofer Bar-Yosef)在其论文《旧石器时期晚期革命》(2002)中讨论了工具发明的一段最早时期。可控用火是人类历史上的一个重大转折点,但理查德·兰厄姆(Richard W. Wrangham)在其《生火做饭》(*Catching Fire*, 2009)一书中指出,火的使用比之前认为的更重要,因为它改变了人类的演化进程。冰人奥兹,一名被冰冻并保存了5000年的男子,大卫·默多克(David Murdock)和邦妮·布伦南(Bonnie Brennan)在美国公共广播公司(PBS)的新星纪录片《冰人重生》(*Iceman Reborn*,2016)中对该发现进行了探究。

第三章时间线

公元前 16000 年	狗的驯化
公元前 11000—前 9000 年	绵羊和山羊的驯化
公元前 10000 年	谷物栽培
公元前 9000 年	哥贝克力石阵遗址
公元前 7500 年	加泰土丘定居点
公元前 7000 年	大量烧制陶器
公元前 5000 年	马的驯化
公元前 4241 年	埃及出现历法
公元前 4000 年	青铜
公元前 3150 年	埃及统一
公元前 3000 年	楔形文字
公元前 2560 年	吉萨大金字塔

第 三 章

文明的起源

从狩猎－采集社会向定居社会的转型需要新工具和新思想。定居社会的关键是农业，但农业的发现也需要人类心理上的改变，所以存在一个过渡期也不足为奇，定居点曾反复出现和消失。当人们充分掌握了农业，能够支持永久定居时，人口就会增长。更多的人口，就需要更多的人来管理社会，但多余粮食使人们可以从事一些专门职业，如陶工、文书或士兵。职业的分化让人们可以更自由地发明新工具，而更大的定居点意味着新的问题，如粮食的储存或寺庙的建造。新工具也让我们的祖先具有更强的环境掌控能力。第一批帝国出现于几个大河流域，那里提供了良好的农业用地和交通。随着人口增长和职业分化，这些基于河流的帝国开始兴建大型工程，如神庙或金字塔。这些宏伟工程和帝国的规模，导致了官僚机构的增强，以便控制民众和征税。官僚机构则需要数学和文书来记录大定居点乃至更大帝国的所有复杂生活细节。

关于觅食社会向农业社会的转变存在各种各样的理论。为理解这种转变，需要注意到觅食的一些特征。首先，尽管狩猎对于获取食物和材料（如骨头、兽皮和筋等）很重要，但满足社会需要还主要依靠采集。浆果、根、块茎、可食用植物和种子，以及昆虫和小动物构成了日常饮食的基础。中型到大型猎物的捕获通常是季节性的，或根本不能保证每日果腹。觅食者，尤其是游牧或半游牧者，只能储存和携带有限的食物，所以基本规则是"得到就吃掉"。很可能采集者观察到植物容易在特定的地方生长，而种子和成熟植物之间存在某种联系。也有可能观察到有用的植物往往在营地周围生长，因为浪费或不能食用的核和种子，连同未被消化而排泄出的种子就丢弃在附近。在某一时刻（可能是很多次），人们认识到一粒种子会成长为一株植物并结出种子，循环往复。这一论述是罗伯特·布雷伍德（Robert Braidwood）"山翼假说"的一部分，认为大量采集托罗斯山脉和扎格罗斯山脉（从伊朗西部穿过伊拉克到土耳其南部）周围发现的野生谷物，导致了栽培和耕作技术的发明（图 3.1）。其他学说模型则基于不断增长的食物需求，或者由于卡尔·索尔（Carl Sauer）等人提出的人口增长论，或者由于布莱恩·海登（Bryan Hayden）提出的宴享说（Sauer, 1952; Hayden, 1992）。

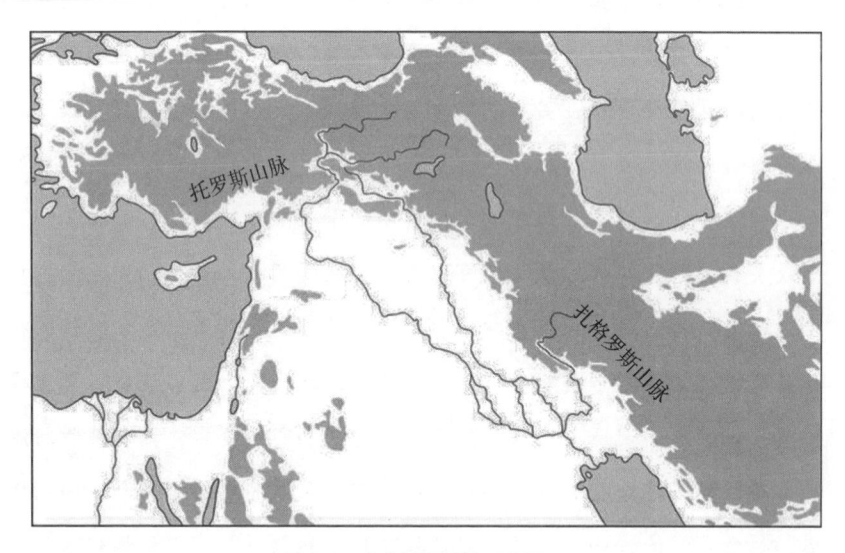

图 3.1 农业的起源地示意图

直到最近，人们还认为农业是创建永久定居点的动力。这一理论虽然合乎逻辑，却因前农耕时代定居点的发现而受到挑战。土耳其东南部山区的哥贝克力石阵（Göbekli Tepe）是一处有趣的考古遗址，它或许能够揭示食物采集、宗教和定居点创建之间的关系。最早的土层可以追溯到公元前 9000 年，这使它成为最古老的史前建筑场所之一。虽然仅发掘了该遗址的一小部分，但发现的许多雕刻石柱表明，这是一个重要的文化遗址，可能蕴含着宗教崇拜。哥贝克力石阵最有趣的一方面在于，尽管有成堆的动物骨头，但最早土层中尚未发现居住区。克劳斯·施密特（Klaus Schmidt）首先对该遗址进行大规模挖掘，他认为哥贝克力石阵是一个具有宗教意义的圣殿，进而导致了定居点的建立。施密特评价这处遗址："首先是神庙，然后是城市。"（Schmidt, 2000）礼仪优先于实用，成为合作与建设的动因，这一观点逆转了长期以来的思想，即认为农业出现之后，才会形成组织更严密的宗教活动。在土耳其、约旦和以色列发现的许多礼仪场所似乎早于定居房屋的修建，从而支持了上述理论。聚集于此地的人们对食物的需求，可能促进了农业的发展，因为人们合作守卫并收获生长在该地区的野生谷物。根据这个模型，农业并不是渐进发展的，而是对特定食物需求的回应，因为传统狩猎和采集已无法满足这种需求。除了学习基本的农业知识，建造哥贝克力石阵所获得的技能也被用于建造永久定居点。起码可以说，哥贝克力石阵证明了未进入农业时代的人们能够开展大规模和长期的规划与合作。

另一个前农耕时代的定居点是加泰土丘（Çatalhöyük）[①]，1958 年由詹姆斯·梅拉特（James Mellaart）及其团队发现于土耳其。它为精致的新石器时期的文化提供了惊人的证据。该处遗址包括许多建筑，几处礼仪性埋葬的例证，并显示出丰富的文化和社会生活。加泰土丘最早定居点的土层可以追溯到约公元前 7500 年，即使这还不是我们已发现的最古老的永久定居点，它也是那个时代人口最多的，极盛时估计约有 1 万居民。它是泥砖建筑的集合，随着时间的推移，建筑变得越来越密集，以至于许多建筑只能通过爬梯子或在屋顶上开口才能进入。

2017 年，伊恩·霍德（Ian Hodder）及其团队在加泰土丘完成了长达 25 年的挖掘工作。霍德认为，他们可能没有发现该处遗址的最早建筑物。加泰土丘向考古学家和历史学家提出了许多问题。它为什么会形成，又为什么最终衰落？是什么导致聚集了这么多的人口，大大超过迄今发现的其他遗址？为什么加泰土丘的人建造如此密集的房屋，而不向周边扩张？随着时间的推移，定居点经历衰落和播迁期，新的建筑物又重新屹立。该文化发展出一种更加侧重农业的模式，但尽管加泰土丘人口众多，它仍然是一种新石器时代的文化，主要是由于缺乏关键的技术创新。而这种区分新石器时代农业定居点与早期城市定居点的技术创新，就是任务的专业化。虽然加泰土丘上的一些任务似乎由工匠来承担，但大多数任务交给了家庭。从建筑、粉刷、工具生产到食物收集，所有的事情都是由各家各户去做，而不是手艺人或工匠等专门人才在特意建造的工场中完成。

加泰土丘的成功和失败可能归因于同一件事物，即定居点高效开发资源的能力。这使得人口可以高度集中于某个地方，但如此庞大的人口也给该地区的资源

[①] 名称有许多变体，包括"Catal Hayuk"和"Catal Huyuk"等。

带来压力。用作燃料和建材的木头缺乏，加上营养不良和婴儿高死亡率的证据，表明加泰土丘的人民过着勉强糊口的生活，已经濒临该地区资源所能支撑的边缘。任何生产力的下降都是灾难性的，就像公元前6200年前后的一次全球变冷时期所导致的那样。当家庭或族群千方百计获取足够的食物、燃料和其他资源时，他们也是在基于固定或不断萎缩的资源而彼此竞争。虽然加泰土丘的谜题还没有被完全解开，似乎有些人可能在问题初露端倪时就离开了，但大多数人仍然留下，直到不得不离开。那些最后留下来的人能够坚守，是因为受到传统和家庭的纽带约束，即使生活日益困难，定居点仍然提供总体的稳定和保护，而且建立新定居点的选址数量有限。

从更广泛的意义上说，农业是对需求的回应，但霍德关于加泰土丘的研究表明，人类从狩猎采集转变为农业生活花了数千年的时间。随着食物的需求增加，有必要采取新策略，使同一块土地生产更多的粮食，于是耕种取代了采集。一旦耕种过程建立起来，人们就开始选择性地培育植物，以强化优良的性状，让果实更大或种子更多等。要做到这一点，不仅需要技艺上实现从狩猎采集到耕种的革新，还需要心理上的转变：作为成功的农民，必须放弃"得到就吃掉"的信条，而要养成"择优留种"的规矩。那些吃掉最大种子而栽培较小种子的农民，可能会因此而陷于饥荒。这也促使人们设法保存食物，因此储存、烧煮、风干和熏制等加工手段扩充和延长了食物供应。

最终，腌制成了保存食物的最佳方法，而发现并控制食盐产地则塑造了文明。在古代，几乎所有的大型定居点都有获取食盐的方法，或开凿盐矿，或煮盐水。保加利亚的索尔尼塔塔人（Solnitsata）就在一处盐矿附近建立了定居点，并在公元前4500年前后繁荣起来，而印加人在秘鲁的马拉斯（Maras）挖掘了晒盐池。

气候对农业的开创也起着重要的作用。随着全球变暖，野生谷物变得更加丰富。它们是一年生植物，结出的种子能够度过干旱的季节，并在生长条件适宜的时候生长繁殖。在它们大量生长的地区，它们提供了易得且便利的食物来源。两种小麦：单粒小麦和二粒小麦，都是源于土耳其东南部卡拉贾山（Karaca Dağ，哥贝克力石阵遗址附近）一带的早期栽培品种。然后是大麦、豌豆、扁豆、苦野豌豆（一种豆科植物）、鹰嘴豆和亚麻。谷物的大规模生产需要发明越来越多的物品和系统，如粮食存储、烹饪技艺和厨具，以及农具等。

在许多地方，谷物耕种与狩猎同时进行，但在一些最肥沃的地区，农业的优势提供了食物生产的简易方式，让狩猎变成一种补充活动，最终成为一种特殊场合下的活动，或出于阶层、宗教和社会地位的原因，而不再是食物的必要来源。许多地方，只有上层阶级才有权捕猎大型动物，而捕获违禁动物就犯了偷猎罪。

谷物农业的基础很简单：生长季结束时收集种子，留一些到下个生长季开始时再撒到田里。耐心等待，庄稼生长的时候，尽量不要让动物吃掉太多，祈盼风调雨顺，收获的季节能顺利收割。然后脱去谷壳，将谷粒储存起来，周而复始。世界上有些地区，如柬埔寨，谷物一年可以两熟到三熟，但在大多数地区，农业是项一年一度的活动，遵循春/秋季或雨/旱季的种植和收获模式。

表 3.1　植物的驯化时间表

时期	品种	可能出现的地区
公元前 10000—前 9000 年	二粒小麦	土耳其与新月沃地
	单粒小麦	土耳其与新月沃地
	大麦	新月沃地，亚洲
公元前 8000 年	土豆	秘鲁
	南瓜	北美
	菜豆	秘鲁、南美
	大米	中南半岛
公元前 7000 年	硬粒小麦	土耳其
	山药	印度尼西亚
	香蕉	印度尼西亚
	椰子	印度尼西亚
	亚麻	新月沃地
公元前 7000 年	玉米	墨西哥
	胡椒	墨西哥
	扁豆	新月沃地
公元前 6000 年	柑橘	亚洲
	谷子	南非
	桃子	中国
	鳄梨	墨西哥

续表

时期	品种	可能出现的地区
公元前 5000 年	枣椰	印度
	棉花	墨西哥
	葡萄	中亚
公元前 4000 年	高粱	苏丹
	橄榄	克里特岛

大约在植物栽培开始的同时，另一项惊人的进步帮助人类征服了世界。这就是动物的驯化（表3.2）。尽管将动物视为技术对象似乎有些奇怪，但它们代表着一套重要的解决方案，以应对多个现实世界的问题，并证明了人类具有了解周围世界并利用这些知识开发资源的能力。整个文化的发展都围绕着动物的驯化和利用，而家畜至今仍是世界经济的一个重要组成部分。

表 3.2 动物的驯化

时期	品种	可能地区
公元前 16000—前 14000 年	狗	中国或地中海地区
公元前 11000—前 9000 年	绵羊	新月沃地
	山羊	新月沃地
公元前 8000 年	猫	新月沃地
公元前 7000 年	猪	土耳其
	鸡	东南亚
公元前 6000 年	牛	新月沃地
公元前 5000—前 4000 年	羊驼、美洲驼	安第斯山脉
	马	乌克兰
公元前 4000 年	骆驼	亚洲
	驴、骡	埃及
	水牛	中国
公元前 3000 年	驯鹿	俄罗斯
	大象	印度

动物是食物和其他材料（如兽皮和骨头）的来源，因此对我们的祖先而言比

较珍贵，但事实上第一种被驯化的动物是狗，而不是肉畜。关于犬类驯化的各种问题，几乎都没有深入讨论过，比如狗在哪里最先被驯化并听命于人，现代狗的前身是什么动物，以及狗为什么可以被驯化。此外，尽管人类对狗有很强的控制力，但家犬与人类之间的关系不同于其他大多数驯化动物，而显得有点接近伙伴关系，人允许狗拥有一定程度的自主权，亲密如家庭成员，这点异于其他所有驯化动物，也许只有家猫是个例外。

使用现代 DNA 分析，为人犬关系提供了一些新的见解。虽然有遗迹显示驯化最早始于约 3.3 万年前，那时狗和狼的基因已经分化，但最有力的证据表明，现代狗与亚洲狼的基因最为接近，在亚洲可以清晰看到 1.6 万年前至 1.4 万年前的驯化过程（图 3.2）。尽管所有的狗在基因上是相似的，但它们祖先的基因型并非是同一个，这表明驯化不是单一的事件。

图 3.2　家犬

其野外最近的亲戚是亚洲狼，但多代选择性繁育创造了人犬之间的共生关系。

尽管从 DNA 的角度来看，驯化犬类起源于亚洲的说法似乎最为有力，但它还没有得到最终的证明，而且有考古学证据将狗的驯化定位于地中海盆地。在以色列发现的 1.2 万年前的墓葬遗址中，人和狗的骨头混在一起，表明狗已成为社群的一部分。相互矛盾的证据屡见不鲜，原因可能是发生在不同地方的多个驯化案例。例如澳洲野狗，早在 1.8 万年前（或最晚到 4500 年前）就已经从东南亚抵达澳大利亚，它们只能在人类的帮助下才能到达那里，这就提出了问题：它如何以及为什么又回归野生状态？更确切的是，到公元前 9000 年，狗已经融入了人类生活，人类走到哪里，狗就跟到哪里。狗被用来协助打猎，守卫人类及其财产，以及看护和放牧其他家畜。它们也被用来拉雪橇，有时还被充作食材。

想要驯养动物，基本过程是先捕捉一只，尤其是幼崽，然后把它拴起来或关起来。饲养它，希望经过一段时间，它能够接受食物及食物的提供者。有些动物会被驯化，最终被高度选择性地繁育，以至于无法回到野外。山羊等反刍动物，以及其他群居动物相对容易被驯化。有些物种可以在不同程度上被驯化，比如家猫（可能始于公元前9000年，到公元前4000年在埃及已很普遍）和鹰（大约始于公元前2000年）。而其他一些动物无论如何也无法驯养，比如豺或河马。大约公元前2500年，埃及人曾试图驯化鬣狗，但它们从未接受人类的控制。

狗之后，接着被驯养的动物是山羊和绵羊（它们具有非常密切的亲缘关系而在考古记录中很难区分）。最早的驯养证据来自公元前8000年前后的新月沃地。公元前7000年至公元前6000年，水牛、猪和牛都被添加到畜栏里。随着每一种动物的加入，人类获得了资源，并且不得不掌握新的技能。畜牧业，即照料和管理农场动物，成为一种重要职业。反过来，畜牧业导致了选择性繁育的概念，即人类选择他们想要增强或抑制的性状，并通过控制繁殖来尽量改进动物。

第一次农业革命，开创于栽培的发现和动物的驯化，导致了人类历史上最伟大的文化革命。这就是市民社会的起源，或者说是基于永久定居点的社会，在那里农业已经成为食物生产的主要手段。有了农业的支持，定居点在各地建立起来，而经历几代人之后，一些定居点逐步废弃，一些遭到摧毁，但另一些幸存下来。许多情况下，新的定居点是建立在先前定居点之上，好像给我们留下了一种时间机器，因为人类的住址一层压着一层，可以逐层揭开而展示历史。虽然关于永久定居点的起源仍有争论，但有几个共同因素是建立这种定居点所必需的。首先是地理条件。定居点必须位于水源地或附近，而且庄稼能够生长。这意味着湖边和河边，尤其河口三角洲地区，是黄金地段。其他因素也在定居点的选址中发挥作用，如能否获得食盐、木材、石头及其他建材的供给，以及取暖、烹饪和工场用燃料的获取。木材供应对建筑和燃料来说非常重要，但有些定居点不得不输入木材，且往往来自很远的地方，或者因为当地的资源枯竭，或者因为该地区不适宜树木的生长。其他因素如矿藏、地质特征和宗教场所等，也影响着定居点的选址。

最早的定居点很可能经历一段过渡时期，宿营地经过地面平整、增加排水设施，保留帐篷的支架，搭建火坑，收集树枝扎篱笆等，逐渐变成永久住所。后来，一些定居点也修起了木栅或石墙。在其他地方，岩洞也经过改良，扩大了尺寸，且更方便进出。

虽然持续的粮食生产盈余并不能保证定居点的成功，但做不到这一点，任何重要的文明都不可能存在。加泰土丘的人们最终陷入了某种技术陷阱。农业带来了稳定和人口增长，但随着人口的增长，实现剩余的潜力降低了。没有盈余，部分社群成员就无法从满足温饱的日常劳碌中解脱出来以致力专门的工作。没有专业化，就很难有效地利用资源或提前计划。没有盈余这张安全网，创新就非常困难，也无从构想或实施。既然加泰土丘的终结似乎不是因为遭受地震或入侵等横祸，那么这个定居点从历史中消失，从字面和象征意义上来说，它都已经耗尽了自己的家产和家园。

另一处人类最早的居住地发现于死海岸边耶利哥附近的苏丹废墟（Tell es-Sultan）。最早的遗迹是大约公元前9000年的石结构地基。到公元前8350年，这里已经有了一堵石墙、一座塔和一些泥砖建筑。那时，该定居点正从狩猎采集过渡到农业，估计人口为2000—3000人。他们种植二粒小麦、豆类和大麦。苏丹废墟的建设表明，这里比加泰土丘有着更高程度的职业分化和社群组织，也显示出定居点能生产盈余的食物，这是工艺发展和创新的重要因素。

某处以农耕为主的定居点，如果生产的粮食能够在消费和留种之外还保持2%左右的盈余，那么就可以避免一些暂时的风险，但对长远问题就捉襟见肘，也无法养活社会中太多非务农成员。当一个社会的产出能够超过其需求的5%—6%时，它就可以开始将人们从农业劳动中解放出来。这些人成为掌握技能的工匠、艺术家、士兵、牧师和行政人员。随着他们的出现，新石器时代的农耕定居点就转变为城镇和城市。

表明这一转变的重要进展之一就是出现了批量生产的烧制陶器。虽然有些陶件可以追溯到公元前25000年，日本制造的陶罐可以断代到公元前10500年，但大规模陶器的生产基本上始于公元前7000年前后，与农耕定居点的出现相一致。陶器的传播是一种重要的技术进步，被用作考古学和技术上的分界标准。凯瑟琳·玛丽·凯尼恩（Kathleen Mary Kenyon）是一位考古学先驱，她将公元前9000年前后（哥贝克力石阵的最早部分）称为"前陶新石器时代A"（Pre-Pottery Neolithic A, PPNA），公元前7500年至公元前6000年（加泰土丘历史的第一阶段）称为"前陶新石器时代B"（Pre-Pottery Neolithic B, PPNB），并以此描述早期定居点的文化和技术条件。前陶新石器时代 A 更具过渡性，粮食生产辅以狩猎采集者的收获，而前陶新石器时代 B 可能饲养家畜，狩猎采集活动减少[①]。出现了新的工具，但社会组织继续以温饱农业为基础，由家庭单元或部落群体来管理生产。

烧制黏土陶器的真正起源尚不清楚。黏土物件的制作无疑已经流传了很多世代，但将黏土转变成陶器需要融汇大量的发现，这些发现有的出自机缘巧合，有的源于长期实践（将各种东西投入火中）。当火在一个地方连续烧上数天，人们会观察到下层黏土的玻璃化现象，而特意地操控这种现象的结果，可能就学会了黏土的烧制。当人们发现将黏土加热到高温，可以将其从散碎物质转变为坚硬和牢固的物体时，找到实现持续高温（超过 800℃，最好 1000℃ 或更高）的方法就变得至关重要。虽然篝火可以达到如此高的温度，但它们并不稳定，且消耗大量的燃料。而利用窑炉（从穴窑或沟窑开始），陶器放在底层，燃料堆放在周围和上面，可以提供更可控和更恒定的温度。

人们必须识别合适的黏土，掌握黏土加工制备的方法。还必须钻研如何高效地将黏土捏制成所需形状的技艺。通过平板成型、盘绕、敲打以及最终的转轮成型，制陶工人可以创造一切：砖瓦、盘碟、坛罐和大型的储物罐。

陶器的耐用性及其在文明创建时的中心地位，使它成为考古学上的重要记录之一。在开启文明进程的工具宝库中，陶器的出现虽然没有掌握用火或发现农业那样重要，却是新石器时代定居点向农耕村落过渡的一个不可或缺的部分。它代表了继石器之后第二伟大的工艺成就。它简单、耐用，取材于广泛分布的材料，几乎每条河岸边都能找到。尽管陶器的基本原理即使对孩子来说也不难理解，但很快它就变成一门需要多年才能掌握的手艺。陶工是第一批大规模行业的专业工匠，创造了数以百万计的器皿，从小巧的药瓶到巨大的谷物罐。陶器也促进了艺术的爆发，因为珠宝用珠子、装饰性砖瓦和雕塑物品都可以大量生产。铭文和彩绘装饰可以追溯到陶器的发明初期，为考古学家了解早期文明的技术、文化和艺术发展提供了重要的见解。

陶工转轮的发明极大地加快了生产过程。尽管人们曾一度认为陶匠的转轮与手推车轮子的发明有某种联系，但现在认为它更可能是独立进化而来，作为一种便于泥条盘筑的方法。盘绕成型时，首先将黏土搓成一根长条状，然后顾名思义，

[①] 还有前陶新石器时代 C，为公元前 6200 年至公元前 5900 年。

盘绕成想要的形状，然后再抹平整。这样做的优点是容易制成厚薄一致的圆形物体。由于旋转陶器要比绕着它走省力，从而出现了一系列可旋转的垫子、支架，最终发明了用脚驱动旋转的平台。最早能认定的陶工转轮遗迹可以追溯到约公元前 3000 年，来自美索不达米亚的吾珥（Ur，亦译"乌尔"，位于今伊拉克），尽管也有更早的坛坛罐罐出现过转轮成型的迹象。关于陶工转轮的起源地，埃及、美索不达米亚、中国、韩国和日本等众说纷纭。尽管未来可能会确立最早真正发明陶工转轮的地方，但很有可能这是一个共同开发的案例，正如许多地方的工匠为解决相同的问题，不约而同达成了类似的技术结论。

从现实技术意义上讲，早期陶器的历史就是早期文明史。甚至连建筑都受到陶工工艺的影响，建材用的干泥砖被烧制的黏土砖取代。黏土烧制的屋顶瓦、管道和地砖将被运用于建筑。制陶行业的各个方面都带来了意想不到的结果：烧窑技能将应用于冶炼金属和制造玻璃；制造者的标记、数字记录和表示储物内容的符号，是文字和数学发展的一部分。黏土成了保存记录的媒介，比如巴比伦的楔形文字泥板。利用陶器储存，可以收藏更多的食物，因此盈余增加。陶器促进了贸易，既包括陶器件本身，还有借陶器运输的货物。

陶器的发明与最早的永久农业定居点的建立密切相关，因为富余的食物让人们能够利用生物的力量，同时也给他们时间来创造农业所需的新工具。由于陶器沉重且易碎，不太适合游牧民族使用。然而让社群成功生存和壮大的不仅仅是工具，还有心理上的改变。从觅食社会的"规则"过渡到新式的农业社群，也改变了他们与环境、与定居点民众，以及与其工具之间的关系。在学会了提前规划未来之后，接着最重要的心理转变就是对时间和空间的感知。人们对时间的观念来自自然应季产物的循环，从浆果的成熟期、兽群的移动和鸟类的迁徙，到与种植和收获的季节相联系。新石器时代的人们观察太阳、月亮和星星，甚至应用这些知识建造巨大的构筑物，如巨石阵，但只有当人们定居某地之后，才能真正具有开展长期观测和记录的能力，且顺利地代代相传。他们发明了历法，也编制了过去、现在和未来的概念。到公元前 4241 年，埃及人已使用 365 天的年历，分成 12 个月，每个月 30 天，此外再加 5 个节日。

时间和计划相辅相成。农业实践的基础就是懂得不误农时，如春种秋收，但这些时期常常通过物候来判定，如春季尼罗河的泛滥，农作物的成熟等，并不仅仅是数日子。另一方面，通晓宗教节庆的日期，则需要精确得多。说到底，如果不能在适当的时候祭拜神灵，就会触怒他们降罪于人。计时的技能还可以广泛应用到其他活动中，如安排建筑的进度，跟踪契约的时长，记录发生的重要事件，如战争，饥荒，重要人物的生卒，或预测未来事件等。

地点的概念则让人类产生一种感觉，即自我与定居点墙壁（实际的兼隐喻的）之外的世界是分离的。就像时间一样，地点概念也导致了新技能的产生。土地所有权的观念促使人们掌握了计量和测定的技能。随着定居点的壮大，社群已经无法记住有关土地所有权和使用的细节，记忆不得不辅以记录。关于土地的争端需要某种裁定制度，这在内部层面上促成了法律体系的形成，而当不同群体都声索某块土地时，就会建立军事力量。

农业和战争

人们通常认为，农业和永久定居导致了战争的发生。而考古证据表明，在农业出现之前，人们早已陷入过暴力冲突。突袭、抓捕奴隶、千方百计将敌人赶出自然资源所在的地区，是我们许多祖先定居前生活的一部分。定居改变的是冲突的范围，以及一小群人专业化为军队，而不是猎人兼作战士。前定居时代的一场局部冲突，到农耕时代可能会演变为一场真正的战争，因为农业可以支持更大规模的军事力量，也构成了更富有的被攻击目标。此外，领土的攻占或保卫也改变了战争的风格，因为在最基本的层面上，逃跑策略的后果，对农民来说远比对狩猎采集者严重得多。本来用于圈养牲畜防范猛兽的围栏和城墙，变成了主要用来抵挡攻击的防御建筑。虽然定居点普遍化之后，战争愈演愈烈，但直到现代，突袭、抓捕奴隶、将敌人赶出拥有宝贵自然资源的地区，仍然是导致冲突的原因。

神圣之地

尽管基本可以肯定，定居前的人类就有某些神圣之地，但定居点开创了专门修建的圣地。教堂、庙宇、巨石阵或祭坛几乎出现于所有的早期定居点。大量的时间和资源被投入到建造和维护这些神圣建筑上，反过来又增加了对专门技能人士的需求，使他们脱离农事劳作。我们所认定的宗教也是农业技术和定居技术的产物。安抚众神的要求越来越烦琐。为描绘和记住不同的神，就必须制作画像和雕塑，并充当祭拜的焦点。口述传统被转化为实物，仪式和庆典必须由受过专门礼仪训练的人来主持。祭司们居住在寺庙里或附近，随着时间的推移，这些房屋和寺庙就成为建筑、艺术、记录、天文及其他专业技能的实验之处。

马丘比丘是新石器时代晚期/青铜器时代早期建筑的最伟大实例之一，包括几处神圣建筑。它建于公元1450年前后，位于海拔2430米的山脊上，被认为曾经是印加皇帝帕恰库提（Pachacuti）的庄园。此地于1550年前后被废弃，可能是由于天花以及西班牙征服期间造成的印加帝国崩溃。直到1911年引起国际关注之前，该遗址只为当地人所知。印加人使用多种建筑方法，包括土砖和烧制砖，但大多数幸存的建筑是用当地石头建造的。马丘比丘的墙壁和宫殿的建造，遵循着印加传统的干砌石结构。用石器和青铜器将石料成形，然后通过锤击和研磨使之平滑，严丝合缝而无需灰泥。墙壁也略有倾斜，以防水并增强稳定性。这种建筑形式具有很强的抗震能力。除了地震，这里还经常下大雨，所以马丘比丘修建了排水系统，以保护建筑免受侵蚀。

尽管建筑物令人印象深刻，但承担这些大型项目的人力组织才是印加建筑的真正秘密。需要成队的熟练工人来打制和摆放那些石头。工人们必须有吃有住，这在山区意味着利用梯田的密集农业，梯田建造也用到了同样的石料。

从定居点到帝国

早期定居点的例子有数十个，如加泰土丘，但早期农业定居点的四个中心发展到了更宏伟的形态。农业盈余和可预计的粮食生产为技术创新提供了条件，进而开创王国和帝国。我们可以感知这些早期帝国的威力，部分是因为他们对世界文化的贡献，但也因为他们具有组织和承担大型事务的能力，为我们留下典范。区域大国最明显的标志就是宏伟的建筑工程，如伊朗卡尚（Kashan）附近的锡亚勒克塔庙（Sialk ziggurat），或者埃及吉萨的金字塔。所有这些定居地区都占据着某条水系，我们现代文明的许多根源即发端于这些中心。大型的水系包括中国的长江和黄河，印度的印度河和恒河，中东新月沃地的底格里斯河和幼发拉底河，以及埃及的尼罗河。每条河流都有一套特有的秉性，让它们哺育本地区的农业生产，文明就是基于这些农业的馈赠。

1. 洪水。每条河流的洪水都有一定规律，尤其是尼罗河最为规则，除非严重干旱，每年都会定期泛滥。洪水更新了土壤，使世世代代的密集农业得以实行。它还促进了记载和测量，因为实地的标志可能被改变或被冲走，农田就需要使用不受洪水影响的标志重新测量划定。

2. 导航。四条水系都有很长的通航河段，可以运输和通信。从创立帝国的角度看，控制河流通常意味着控制人民。这种控制是双重的，在显而易见的层面上，统治者可以决定河上航行的人员，且可调运军事力量，而在更微妙的层次上，河流也充当着帝国的通信系统。通过控制信息的流动，大河帝国的统治者可以控制人民的所知所行。

3. 肥沃的三角洲和湿地。大河流域的这些部分不仅对农业很重要，而且拥有丰富的自然资源，比如渔猎所获食物，用途广泛的芦苇（从制作篮子到作为书写材料），以及制作陶器和砖瓦的黏土。

最伟大和最悠久的大河帝国是埃及帝国，它沿着尼罗河崛起（表3.3）。这个帝国的力量和久远历史取决于埃及人利用尼罗河谷尤其是三角洲沃土自然资源的能力。创建埃及帝国的传统说法是早于公元前3150年，国王美尼斯（Menes）统一了上埃及和下埃及[1]。几乎没有发现关于美尼斯的考古记录，更有可能是由法老那尔迈（Narmer）发起统一，但到公元前3150年，埃及统一后的首任统治者定都伊内布赫吉（Ineb Hedj，意为"白墙"），它的希腊文名字孟菲斯（Memphis）更为人所知。此地位于尼罗河西岸，现代开罗以南约20千米处，是尼罗河开始扇形分叉的战略要地。它成为粮食配送和手工业的主要中心（图3.3）。

---

[1] 上埃及南起大瀑布（今阿斯旺），北至延伸到扎韦特代赫舒尔（Zawyet Dahshur，今开罗附近）。下埃及从扎韦特代赫舒尔向北到地中海三角洲。

表 3.3　古埃及分期

分期	时间
早王朝时期	约公元前 3150—前 2686 年
古王国时期	公元前 2686—前 2181 年
第一中间期	公元前 2181—前 2061 年
中王国时期	公元前 2061—前 1690 年
第二中间期	公元前 1674—前 1549 年
新王国时期	公元前 1549—前 1077 年
第三中间期	公元前 1069—前 653 年
晚王国时期	公元前 672—前 332 年
托勒密帝国时期	约公元前 332—前 30 年

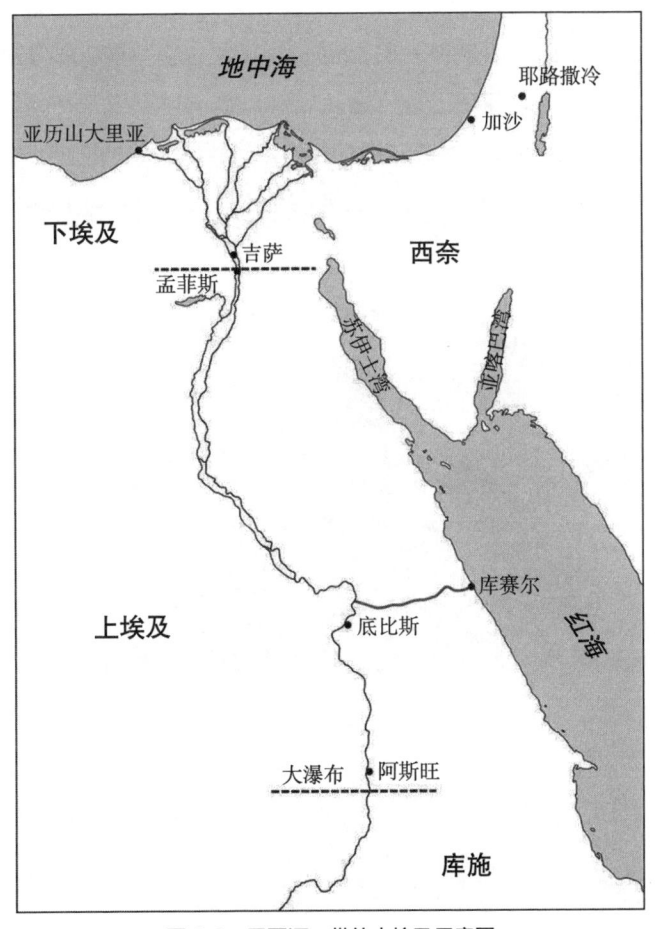

图 3.3　尼罗河一带的古埃及示意图

尼罗河每年都会泛滥，这一点从很多方面巩固了帝国的权力。最明显的是农业生产力，因为河流带来的有机质和火山灰每年更新着土壤。间接的贡献是提升了中枢的权威，因为处理洪水以及随后生长季的农业生产需要大量的协调事务。这开创了一种自我激励的体系，农业产量的增加意味着可以支持更多的人口，反过来又意味着更专门化的技术工作成为可能。这些专门技能，尤其是统治者和祭司阶层所需的技能，使统治者能够组织劳动力承担更大的工程，如大规模灌溉。这进一步增加了农业产量，循环往复。

犁等工具以及畜力的使用增加了，中央政府部门征收赋税（主要以粮食形式）。利用这些盈余，统治者就可以开展重大的市政工程，特别是建造庙宇、宫殿、纪念碑和坟墓。在早期，最大的工程是为法老左塞尔（Djoser，约公元前2635—前2610）修建的阶梯金字塔，以及在吉萨为法老胡夫［Khufu，也称基奥普斯（Cheops），约公元前2589—前2566］修建的大金字塔（尽管对于确切的建造日期，以及金字塔为谁建造仍有争论）。最初的结构大约高146米，每个底边长230米。它的总质量接近600万吨。根据建造这座巨大建筑所需的工作量，历史学家和工程师估计，在胡夫统治时期每天要移动250吨到800吨石料来建造金字塔（图3.4和图3.5）。

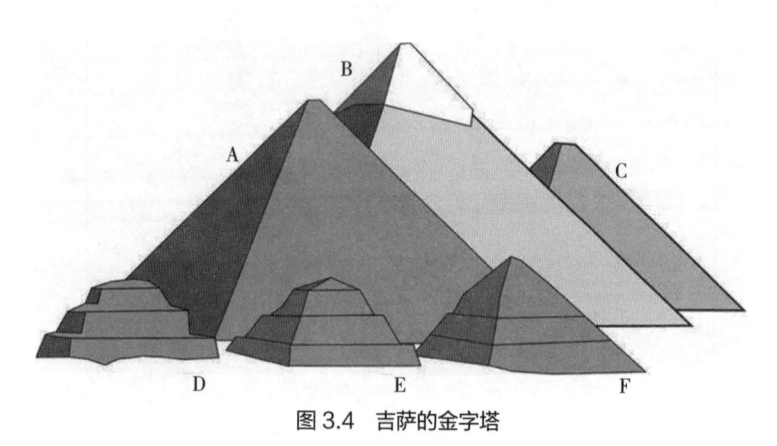

图 3.4 吉萨的金字塔

A. 胡夫；B. 卡夫拉（Khafre）；C. 孟卡拉（Menkaure）；D. 美瑞斯安柯三世（Meresankh III）；E. 梅里特斯一世（Meritets I）；F. 霍特普赫瑞斯一世（Hetepheres I）

关于埃及人如何建造大金字塔，曾有过很多观点，但由于一直没找到建造时的场景，很多基本问题还缺乏明确的答案[①]。我们所知道的是，埃及人建造金字塔主要依靠有偿劳动。我们或许不了解建造细节，但幸存下来的账目记录告诉我们，农民在农闲季节到工地劳动，报酬是谷物和洋葱。1990年，在遗址附近发现了劳工的坟墓，考古学家扎伊·哈瓦斯（Zahi Hawass）和马克·雷纳（Mark Lehner）认为，曾有多达20万名熟练劳工参与建造，他们分为两班，再细分为2万人的扎（zaa）或群（phyle）。不同的施工阶段，工人的数量可能有很大差异。

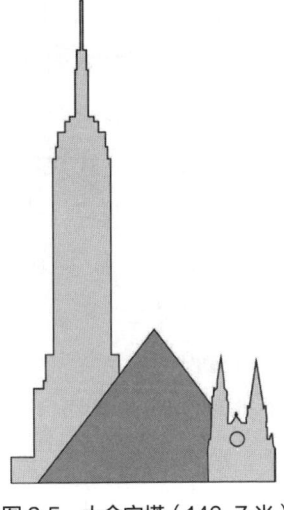

图3.5 大金字塔（146.7米）与帝国大厦（443.2米）和沙特尔大教堂（113米）的比较

建造金字塔的石料是石灰石，这些石头来自尼罗河上下游的采石场，用驳船运到吉萨的工地。石块可能使用石槌、铜凿和木楔切割。人们先在石灰石上凿洞，然后插入干木楔。接着用水浸透，木楔膨胀撑裂石头。最大的石头重达60吨，可能来自约800千米外阿斯旺附近的一个采石场。现代检测表明，较小的劳工团队就可以移动这些巨石，每吨需6—10人，或者借助平衡点滚动这些石头，或者铺设涂油的木轨和石轨来滑动。使用木头滚轮的想法可能奏效，但只能运送较小的石块，更大的石块就会将木头滚轮压碎或陷进地面。

建造大金字塔的测量工作运用了当时的工具，包括水准仪、测量设备，以及我们称之为毕达哥拉斯定理的知识，那实际上是埃及人的数学发现。在一个绳圈上简单地打出等距的结，然后以3、4和5的比例构成三角形，就可以得到一个完美的直角。凭借强大的天文学知识，大金字塔沿南北和东西方向的布局非常精确。有一些证据表明，埃及不同金字塔的结构和方位具有天文或占星意义，但不是所有金字塔都一致。

最大的建筑谜团是，随着结构的升高，劳工们是如何将石块安装到指定位置的。大多数考古学家认为，某种形式的杠杆和楔子被用来提升石块就位，现代实

[①] 关于如何建造有很多观点，从荒诞不经（外星人）到技术上可行却高度存疑，如现场浇筑石灰石混凝土或运用大规模的水力提升。

验表明这是可以做到的。在较低的高度，土坡是可行的，但随着结构越建越高，修筑坡道所需的材料体量就会越大，所耗人力物力几乎相当于建造金字塔本身。此外，虽然存在一些坡道材料的证据，但其规模远不足以到达金字塔顶端。1999年，建筑师让‒皮埃尔·乌丹（Jean-Pierre Houdin）提出了运用内部坡道建造大金字塔上部的观点。他的理论解决了许多问题，也有证据支持他的说法，包括金字塔的重力扫描，但它仍然是技术上可行而尚未证实。

很有可能，未来的研究将揭示建造大金字塔的实际施工方法，但那些炒作其建造过程（甚至荒唐到暗示古代埃及人曾得到过外星人的帮助，或由更早但极为先进的文明在远古时代建造）的人们往往忽视了金字塔遍布整个地区，高度从几米到数百米。特别是位于代赫舒尔的皇家墓地的所谓弯曲金字塔，为法老斯尼夫鲁（Sneferu）所建，提供了一种关于建造此类大型工程的见解。该金字塔大约完成于公元前2596年，下半部分倾斜度是52°，但顶部的斜坡只有43°。这种改变可能是由于担心材料的重量会造成内部坍塌，尽管这样做也可能是为了减少完成工程所需的材料数量。不管怎样，弯曲金字塔表明建筑问题影响到工程本身，且后来的建造者吸取了经验教训。

金字塔建筑不仅局限于埃及，而是一种遍布世界各地的常见设计，在南美洲、整个新月沃地和亚洲都发现过金字塔。尽管许多巨型金字塔在结构上和建造过程方面都令人印象深刻，但金字塔不止告诉我们古人是优秀的工程师，它们向我们展示了一些社会可以承担如此伟大的工程，有足够多的富余粮食和资源来供养劳工大军。有负责监督建造的管理人员，有能够设计工程的规划师。有能工巧匠，可以给予指示，生产订单所需的材料，并培训新劳工来从事技术性工作。在社群层面上，承担此类大型工程，虽然可能不是普遍接受的美差，但可想而知，这从更广泛意义上代表着社会的强势和能力。换句话说，直到今天大金字塔仍然令人瞩目，但造就它的是埃及社会的基础结构。金字塔是技术体系的最终产物，该体系将从农民到法老的所有人凝聚到一起。这才是古代帝国的伟大成就，而不是这些遗迹的规模大小。

然而，吉萨的大金字塔也可以被视为技术社会的问题象征。金字塔和其他建筑工程为所在的帝国提供了统一的焦点，充当了社会价值和身份的象征。但金字塔是陵墓，巨大却几无实际用途。它们吸取了大量资源，而看不到实用的回馈，尽管它们有点充当门面的作用。埃及人掌握了建造金字塔的技术能力，但从技术革新的角度看走向了一个死胡同（字面上和比喻上）。甚至有人主张，金字塔以及埃及人专注于死亡和来世，都压制了创新，因为既然来世如此重要，那么改善当今世界就显得毫无意义。作为权力展示，建造壮观工程的动力似乎与文明密切相关。当一个社会变得足够强大，可以承担这样的工程时，他们似乎总会这样做。

论述题

1. 有利于创建永久定居点的条件大概有哪些？
2. 关于永久定居点的利弊，加泰土丘的教训是什么？
3. 尼罗河每年的泛滥对埃及人建造金字塔有哪些帮助？

拓展阅读

人类为何以及如何从狩猎采集者转变为农民，是人类历史上最复杂的部分之一。这个时期的魅力部分来自我们的祖先开始承担伟大的建筑工程。位于核心的是农业，塞尔日·斯维泽罗（Serge Svizzero）和克莱蒙特·蒂斯戴尔（Clement Tisdell）在其论文《史前社会农业开端的理论：批判性评价》（2014）中综述了当前关于农业起源的观点。哈罗德·英尼斯在《帝国与传播》（*Empire and Communication*, 1986）一书中提供了一个重要的理论洞见，揭示了最早期帝国出现的原因及其运作方式。早期定居点的历史备受争议，但伊恩·霍德有一篇通俗易懂的关于加泰土丘的论文《加泰土丘的妇女和男人》（2004）。古代世界最受欢迎也最被误解的遗迹是吉萨的金字塔，但约翰·罗默（John Romer）的《大金字塔：重游古埃及》（*The Great Pyramid: Ancient Egypt Revisited*, 2007）是很好的入门读物。

第四章时间线

公元前 7000 年	发酵饮料
	水稻栽培
公元前 3600 年	丝绸织物
公元前 3200 年	最早的铁器
公元前 3000 年	马匹挽具
公元前 2200 年	冶铁
公元前 2000 年	茶叶药用
公元前 1600 年	青铜犁
公元前 1100 年	选士（相当于今公务员考试）
公元前 775 年	日食记录
公元前 500 年	作物轮作
公元前 300 年	铸铁
公元前 300 年	最早的水车
公元前 481—前 221 年	马颈轭
公元前 400 年	炼钢
公元前 200 年	与水车配套使用的齿轮
600 年	雕版印刷
900 年	纸币
	火药用于烟花
1274—1295 年	马可·波罗航海
1288 年	现存最古老的大炮
1405—1433 年	郑和七次下西洋

第 四 章

东方时代

在亚洲，肥沃的农业用地、不断增长的人口和富裕的帝国相结合，开启了一个伟大创造力的时代。许多历史上最重要的发明，包括丝绸、造纸、火药和马颈轭，使中国成为技术上的领先者。技术发展和传播的另一个因素是确立了受过良好教育的官僚阶层，他们能够发展、传播和使用新式的技术。这些特点使中国的统治者能够承建长城和大运河等巨型工程，它们都征发了数以万计的劳工。中国的财富和技术实力一度无与伦比，却也因而走向了技术发展的低谷期，因为不需要创新，社会更加僵化。这得到了道家和儒家哲学的支持，总体而言崇尚社会稳定，不鼓励变革。因此，中国古代的技术往往变得更大或更精细，而不是提出创新。

中国与东亚

公元前775年9月6日，中国的卜官观测并记录了一次日食。这成为历史上第一个我们可以完全确定的准确日期，因为恒星和行星的运转提供了一个极其精确的时钟和日历。虽然世界上许多早期文明都记录过天文事件，但只有中国留存了最早的文字记载。在亚洲，特别是在中国，一个文明的伟大时代造就了灿烂的文化、对自然的系统探索，并将技术潜力发挥到前所未有的高度。这个发明的时代见证了设备和实践的发展，让该地区远远领先于世界。它为什么会成为发明的温床，后来又为什么失去了技术发展的引领地位，都是数代历史学家一直钻研的问题。

源于中国的发明名录很长，丰富多样。表4.1列举了部分例子。

表 4.1　中国的发明

发明	已知的最早时间	发明	已知的最早时间
发酵饮料	公元前 7000 年	星表	公元前 400 年
水稻栽培	公元前 7000 年	提花织机	公元前 400 年
丝绸	公元前 3600 年	天然气用作燃料和照明	公元前 400 年
面条（小米做的）	公元前 2400 年	多通道耧车	公元前 200 年
叉子	公元前 2400 年	茶饮	公元前 200 年
陶钟	公元前 2000 年	地震仪	132 年
筷子	公元前 1200 年	钓竿卷线轮	400 年
风筝	公元前 500 年	瓷器	700 年
独轮手推车	公元前 400 年	擒纵机构	700 年
牵引抛石机	公元前 400 年		

这些发明非常重要，而且许多都是独立完成的，但还是需要放在社会背景下来理解，这个社会能够将新的工具、劳动体系和消费品整合到既有的文化之中。亚洲繁荣的核心是农业，拥有世界上最肥沃的几块土地。随着铁器在农业应用上的日益广泛，粮食的大量盈余，以及储存技术的方法改进，为数众多且分工不同的人们从农业劳动中解放出来。虽然可靠的食物供应是文明强盛的关键，这话不假，但还有一个容易忽视的重大好处：仅凭更多的食物，就可以改善健康，提供更多能量。更多的热量让人们更健康强壮，也能做更多的工作——尽管正如历史学家尤瓦尔·诺亚·赫拉利（Yuval Noah Hawari）在其名著《人类简史》（*Sapiens: A Brief History of Humankind*）中指出的那样，考古记录也表明，现代人类的身体疾病正从此发端。公元前 500 年前后，在印度河流域和美索不达米亚地区，随着技术发明推动了条播、锄草和施粪肥，农业生产力进一步提高。此外还兴起了作物轮作，这样耕种就不会耗尽土壤的养分。两千年后推动欧洲获得世界强权地位的这种作物轮作，要求农民换一种新的思路。他们只种部分农田，让部分土地休耕。他们按季节在农田里依次轮种多种农作物，而不仅仅是种植单种作物。这样做有很多好处。休耕地和豆类等作物通过增加土地中的含氮量和有机质，帮助恢复土壤的活力。轮作还有助于控制基于土壤的针对特定作物的病害。如果

将感染作物清除掉一季或多季，病害失去宿主，在下次轮作之前就会从土壤中减退或消失。

马力

人们通过使用水牛、牛和马来载货、拉车和耕地，体力劳动得以缓解。虽然用牛充当驮兽较为方便，但马更强壮，工作时间也更长，所以在农场，马是最受欢迎的动物。起初，人们只是简单地用绳子套在马脖子上来获得拉力，但这是有问题的（图4.1）。绳子会勒住马，还会磨损马的皮毛，严重限制了马所能拉动的重量。考古记录表明，早在公元前3000年，中国和亚洲其他地区就同时发明了各种形式的"围颈"挽具。围颈挽具将皮带系在马的肩膀和胸部，并与颈部上方的负载相连。虽然这样可以分散负荷，减少擦伤，但它仍然压在气管上，抑制了呼吸肌。马越用力拉，问题就越大。

图4.1　马挽具的不同发展阶段

① 喉肚带，包括围绕马咽喉与胸部的绳或带；② 胸带颈圈，使用几条围绕马颈与胸部的皮带；③ 马项圈，坚硬有填充物的颈圈，置于马肩。

各种考古证据表明，为了转移颈部的负载，从约公元前481到公元前221年（即战国时期），出现了胸带颈圈挽具。由此将负载转移到胸骨，而不是颈部。它可以实现更大的拉力，尽管需要用皮带或长杆从马的两侧连接战车或马车。然而，胸带颈圈确实为骑马的人提供了一套更稳定的挽具，有些样式至今仍在使用。战国时期是一个风云激荡的时代，但也是中国从青铜转向铁器的时期，技术创新全面增长。著名兵家孙武（约公元前 545—约前 470）和孙膑就生活在这个时代，并先后撰写了《孙子兵法》和《孙膑兵法》。

拉力挽具发展的最后阶段是马项圈的发明，不晚于 480 年。虽然早在 3 世纪可能已有人用过某种马项圈，但尚未找到直接的证据。项圈是硬质的，通常用厚重皮革或覆皮的木框制作，而不是先前的皮带和绳索。它将重量转移到肩膀，而不是颈部和胸部，而且由于硬质构造，它改变了力的传递方式。与拉动挽具不同，套着马项圈的马推动负载，可以用上最大的力气，包括借助重力，因为马可以倚靠到挽具上。马项圈也允许负载以不同的方式加诸马身，如肩膀、侧面或躯干。尽管各种形式的挽具仍在使用，但马项圈增加了 50% 的拉力，这对农用耕马来说是颇为显著的收益。

通过挽具可以使用畜力来拉动车辆和雪橇，也能适用于拉犁。犁的概念很可能产生于新月沃土，而在今天的捷克共和国布拉格附近，证据表明公元前 3500 年就有耕地。早在公元前 1200 年，犁出现于古埃及的绘画中，如森尼杰姆（Sennedjem）的墓葬艺术。到公元前 1000 年，青铜犁在亚洲和欧洲广泛使用，促进了农业生产力的提高，从而支持了更多的人口和市民社会的长足发展。犁和马项圈的结合促进了农业的转变。李约瑟计算出，一匹马用喉肚带可以拉动约 400 千克的货物，而用马项圈可以拉动 1360 千克，这大大提高了马能完成的工作量（Needham，1986：Vol. 2）。农作物产量增加了，同样数量的农民可以耕种更多的土地，马的效能让其变得弥足珍贵。在世界大部分地区，马很快就取代了牛，因为马用途更广泛，工作时间也更长。农业上的主要例外是稻田或湿地耕作的情况，这种条件一般使用水牛或人力。

搬运材料，特别是像石头这样的重物，使得人们最先发明了爬犁（本质上是地面上拖动的圆木或木板），后来又发明了带轮子的马车。目前尚不清楚轮子最早出现于何地，人们曾在美索不达米亚、黑海和里海之间的高加索地区，以及乌克兰发现过轮子的证据，时间约在公元前 4000 年。最早可断代的器物是发现于波兰布洛诺西（Bronocice）的罐子，上面似乎绘有一辆四轮马车（Anthony，2007）。它可以追溯到约公元前 3500 年。轮子遍布世界各地的农业区域，而南北美洲是明显的例外，那里似乎独立发明了轮子，却从未大规模使用过。

冶金与新工具

冶金是创新的最伟大领域之一。到公元前1600年，青铜器变得非常精致。这在很大程度上是由于使用了风箱，将熔化的金属加热到高温。反过来，这意味着铜匠可以更迅速地铸造更多器件，并且细节更为精巧。这些物品，尤其青铜武器，是极受欢迎的贸易物。到公元前14世纪，来自中国的青铜武器已经畅销中东。自约公元前1200年以来，铸造越来越大的物件成为风尚，如庙宇的铜钟和鼎镬等容器。

到公元前310年，铁匠使用一种双作用风箱，从而产生连续的气流加热熔炉。他们也开始用煤烧炉而不再是木头或木炭，以达到更高和更稳定的温度。这两件事促成了约公元前300年铸铁的发明。铸铁熔化需要至少1200℃的温度，大大高于青铜的熔点915℃。尽管早在公元前1500年，铁甚至钢都曾少量生产过，但它们都是锻造的，意味着矿石只需要加热到可以通过锤击成形的程度。利用煤和新风箱产生的更高温度，铁能够加热到熔点（约1400℃），可以使用模具铸造。从燃料和设施的角度看，铸造的成本很高，但用铁制造的工具、武器、钉子和锐器品质优良，让其物有所值。早期类型的铸铁由于碳含量高，脆性较强，但经过多年的加热和冷却技术的实验，以及清除杂质技术的发展，使铸铁更有韧性，用途也更加广泛（表4.2）。

表4.2　金属加工

加工技术	技术流程、原理和成品特性
退火	将金属加热到高温，当金属开始变软，让其慢慢冷却，一般达到室温。这样处理改变了晶体结构的物理性质。它降低了内应力，让材料更具有延展性和柔韧性。容易定形而不开裂，但刚性较低。
硬化	将金属加热到高温，当金属开始变软，迅速将其放入水或油中冷却（常称作淬火）。这提高了金属的物理结构刚性（更容易出锋），但降低了柔韧性，增加了开裂的风险。
回火	硬化之后，再加热金属然后让其慢慢冷却（退火）。交替使用快速和慢速冷却，让铁匠控制刚性和柔韧性的平衡。

钢铁行业在中国古代越来越重要，到公元前119年，汉朝实际上将钢铁生产国有化，置于中央的控制之下。

作为一种建筑材料，铸铁的用途也相当大，到 10 世纪就可以用铸铁来制造完整的建筑。也许 695 年武则天女皇敕建的巨大铁柱（天枢，铜铁合铸）最充分地展示了中国铁匠的行业水平。"天枢"由几部分构成，总重约达 700 吨。最大的单体铸件是沧州铁狮子（又称"镇海吼"），铸造于 953 年，以纪念后周北伐契丹（一说为了镇遏海啸水患——译注）。塑像借鉴了青铜铸造技术，采用分节叠铸法。首先用黏土制作狮子模型，黏土干燥后覆上第二层黏土，该层黏土的内部因此具有了原有模型的所有细节。该层黏土尚未完全干燥之际，分割成数百块并移走干燥，称为"外范"；然后工匠小心地刨去一定厚度的狮子模型的表层，所得模型称为"内范"。用内范重新贴合外范时，中间就会形成空隙。熔化的铁水层层浇入，填满缝隙。铁狮子重达 40 吨，至少需要花上一周的时间，铸件才能完全冷却，以清除黏土外壳。

该时期中国冶金的顶峰是约 400 年发明了"灌钢"的炼钢方法（一般认为东汉末便已出现），钢是铁的含碳合金，并含有微量的其他元素（如镍）。最早的钢由生铁掺杂熟铁打造而成。钢比铁坚硬，而且刀刃锋利得多。使用天然形成的合金制作钢件，早在公元前 500 年的印度就已出现，所以在铁匠发明炼钢方法之前，亚洲和中东就已了解钢的性质。这种天然钢的加工，在欧洲被称作大马士革钢，随着矿石供应的消耗而减少。自然资源的耗尽一直是人类历史上的主题之一，但它也推动了发明的产生。为了重现这种材料的特性而不懈努力，导致了冶金方面的创新，特别是工业革命时期的钢铁生产商。

虽然中国的钢铁品质优良，但更锋利的武器是日本铁匠制造的武士刀剑。日本发现了不晚于公元前 900 年的古剑，标志性的弧形"武士刀"在镰仓时期（1185—1333）开始出现。新式刀更长，略有弯曲，便于骑马战斗，也体现了 1274 年和 1281 年蒙元入侵的影响。老式的刀剑，虽然工艺精良，但重量太轻，无法砍透入侵者的皮革盔甲。

这个过程显示了人们对金属性能和冶炼的精深理解，因为刀剑是铁和钢的结合。钢使刀剑更坚硬，刃更锋利，而延展性更强的铁则使刀剑具有柔韧性。通过反复折叠，钢和铁被融合在一起，交错数千层。而反复的煅打能够清除杂质，不仅避免其削弱金属性能，还会使金属内部形成非常精细的晶体结构。晶体越小，越不容易脆裂。打好的刀剑再经过精心的淬火和退火，以帮助提高武器的强度和韧性。成品锋利无比，在战斗中发挥出可怕的威力。

水车

虽然中国普遍使用人力和畜力，但水车技术是一项关键进展，让铸铁和其他产品的大规模生产成为可能。最早的水车不是用来传输动力，而是引水灌溉。到公元前 4 世纪，古埃及人发明了一种装有罐或桶的轮子，利用水流的力量，人们可以将小溪或河流中的水提升到灌溉沟渠里。

目前尚不清楚人们何时发现了利用这种运动来做其他工作的想法，但最早的水磨是直接驱动的装置，用于研磨谷物。约公元前 3 世纪初，它们似乎就在希腊独立发明出来了，而中国的磨坊投入使用早于公元前 1 世纪。早期的谷物磨坊使用水平的水轮转动车轴，从而推动磨石（图 4.2）。

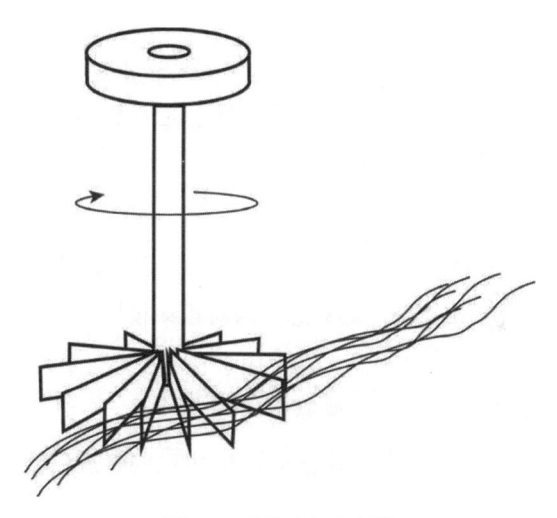

图 4.2　水平水车示意图

水平的轮子不需要齿轮，但其速度受限于水的流速。

约公元前 200 年，水车增加了齿轮。齿轮可以改变运动的方向，因此垂直运动可以转换为水平运动，随着齿轮的原理变得更加复杂，旋转速度可以借助不同大小的齿轮来增加或减小。使用偏心曲轴，圆周运动可以转换为往复运动。这种构造可以用来推拉锯子或风箱。到公元前 200 年，因地制宜使用水力和风能，在中国乃至整个亚洲已经司空见惯。

部分由于这一时期积累的经济财富，中国社会形成了由官员和学者构成的阶层。因此，制造业的创新伴随着文化和学术的繁荣。中国学者开始致力于收集周围世界所见到的万物并加以分类，同时热衷于异域、新奇和神秘的东西。炼丹术变得流行，助长了人们对物质理论的兴趣，思考实体物件中物质的类型和性质。这反过来又促进了化工行业的发展，如酸类、火药和染料的生产。

另一个具有"神秘"属性的物体是磁石，一种自然形成的磁铁（通常是陨石碎片）。人们对此颇有兴趣。公元前6世纪米利都的泰勒斯曾最早提及。磁石似乎能神奇地吸引含铁物件，或在不触碰的情况下使其移动，很可能早已用于占卜，但其指示方向的实际应用尚不完全清楚。磁石用来确定方向似乎记载于《鬼谷子》（约公元前300年）。它被称作"司南"，因为人们认为南方是最重要的方向。宋代朱　在《萍洲可谈》（1119）中曾提到中国水手将磁石用作罗盘，但可能早在900年它就已经被使用了。

对亚洲文明来说授时和记录非常重要。从印度到太平洋岛屿的人们开展了令人印象深刻的天文观测，学会了通过恒星、太阳、月亮和行星来计时和导航。对占星术的强烈信仰也有力促使人们关注各类天体。早在公元前1500年，埃及就出现了影钟，而到公元前600年，中国已广泛使用日晷。它既有实用性（至少在阳光明媚的时候），又体现出了时间的观念，因而意义非凡。

除了用天文方法来计时，中国人还使用水钟（被称为"漏壶"）。最早的水钟是由两个容器组成的简单装置，通常是陶碗或陶壶，一个置于另一个之上。水从上面陶壶的小孔流到下面陶壶中。约公元前16世纪的埃及和巴比伦都出现过这种类型的水钟。李约瑟在中国发现了公元前6世纪的水钟证据。到11世纪，中国的水钟已经成为精密的机械装置，使用水轮、齿轮和擒纵装置（控制齿轮转动的速度）来运转钟面、旋转浑天仪和敲钟。时间的概念，从斗转星移转变为日晷和水钟上标记的时刻。时间的计量与宫廷和政府事务的发展密切相关，因为各种活动被按时间划分和掌控。

中国古代的官僚机构与纸张

帝国官僚机构的发展，是中国的技术日益精巧和有效利用的关键因素之一，让中国人能够构想和承担繁重的工程。中国社会等级森严；权力从皇帝发出，经由王公大臣，施加于农民头上，每个群体都为了获取更大的权力和自主而不懈斗争。这种斗争有时会导致军事冲突，但通常采用更微妙的斗争手段，如宫廷阴谋、政治站队，以及谋求官位的社会活动等。

随着时间的推移，特别是在唐代（618—907）和宋代（960—1279），朝廷中出现了越来越强大的专业幕僚和大臣群体，为他们工作的则是大批下级官僚。如果政府希望控制庞大的人口，并利用国家的人力和资源，就必须发展出从大臣奏折到纳税清册等一些系统，来记录大量的信息。战国之前（早于公元前475）的早期官僚机构，记录保存于各种材料，如丝绸、木片、兽皮和竹简上，编之成卷。这些材料的生产成本很高，所以随着需要记载内容的增多，造成的花费居高不下。约公元100年，人们发明了用于书写的纸张。它用多种材料制成，其中桑树皮最受欢迎，因为无须太多加工，便可制成非常柔韧的材料。纸并非中国独有。斐济和萨摩亚，在史前时代就使用桑树皮捶制而成的塔帕布，直到今天仍未失传。然而，广泛生产作为书写材料的纸张，是中国率先开始的。

在中国古代的官僚机构中，书面记录和通信的产量几乎达到工业规模。例如，帝国的公告必须分发到成百乃至上千个地方。在唐代，"开元杂报"（朝政简报）的许多手抄件写在丝绸上，分发给政府官员。这就意味着一大批书吏必须抄写文件。书吏还负责抄写从诗歌到税单的其他所有文本。虽然印刷似乎应该是解决政府文本制作问题的明显方法，但直到技术上可以使用印刷很久之后，它才被用于这一目的。识字的人数量有限，所以与书写相关的技能是高度专业化和高度珍视的。即使是最初级的书吏也是在从事一项技术性的工作，而在最高的学术和社会水平上，书写是一种艺术形式，而不仅仅是一种实用活动。大量的精力被用于制墨（用皮胶、炭黑和骨炭）和制毛笔。墨通过加水而成为液体，色深、稳定且能长久保持。考古发现的最早中国书法毛笔出土于长沙附近约公元前300年的一座古墓。即使在今天，仍能看到一些中国人在公园用水练习书法。随着政府的需求增加，书吏的数量也相应增加，因此政府的需求得到了满足，也就失去了变革的动力。

从某种意义上说，印刷术是古代艺术和工艺传统的延伸。在纺织艺术中，人们将手、树叶或其他常见物品上色，然后印到布上。后来，人们开始在木块、黏土、皮革或石头上雕刻图案，并用它们来印制布料。另一种印刷方式是使用圆筒图章将印迹转移到软泥上，早在公元前3000年美索不达米亚就已发明。在古代，各种各样的制造者标记（由制造者压印在物件上的符号）也很有名，包括中国的印章或签名章。印章从用于制造者标记到用于印刷，并非天壤之别。艺术家和书法家发明了用木雕版来印制图像，约在公元200年成为一种复制方法。

最早使用木雕版印刷文本可追溯到600年前后，当时整个印张都雕刻在一块木板上并印刷。现存最早的这种印刷物是704年前后的一幅佛教经卷。而年代确定的最早印刷书是868年印制的《金刚经》。这幅5米的长卷有时被称作首部印刷书，因为它是第一本详尽的印刷文献。廉价的纸张和木雕技术的结合，开创了中国的印刷业，从而出现了第一例大规模传播。

雕版印刷曾经（并将继续）用于纺织品和艺术品，但用于文本印刷则有些不便和费时。解决文字印刷问题的方法是1045年前后发明的活字印刷术。活字印刷术的发明要归功于毕昇（约970—1051）。毕昇的故事都来自约1088年成书的《梦溪笔谈》。作者沈括（1031—1095）是一位重要的学者兼政治家，书中讲述了一位名叫毕 的平民，用黏土制作字模并烧制，然后将烧好的字模组装到一个铁框中，用松香和蜡将它们粘在合适的位置上。技术细节表明，沈括看到过活字印刷的操作。

虽然制作字模用的黏土是一种容易获取的材料，但不适合用于大量印刷，因为它可能不规则，也容易碎裂。约1300年，中国发明了木活字，而现存最早使用的金属活字来自朝鲜，时间为1377年。1490年中国使用过青铜活字。这些活字都是手工雕刻的。

活字印刷术的使用对中国社会的影响不像在欧洲那么大。中国版的活字印刷从未真正克服某些限制。书面汉语的汉字，即使是简化过的汉字，数量也十分庞大，有2000至3000个字块。在早期，使用黏土和木雕的活字限制了生产速度，因为它们必须手工雕刻，同时意味着它们的寿命较短，损耗很快。也许和技术问题同样重要的是，比起欧洲版的印刷故事（见第六章），这里还要克服一个更加强大的抄写传统。在中国，书吏的职责不仅仅是誊抄公文和充当官员秘书，而是帝国官僚的一部分。尽管印刷术在整个亚洲成了一种重要的艺术形式和产业，但它并没有像后来改变欧洲那样，为中国社会的转型做出贡献。

印刷术和造纸术的交汇，让中国在 800 年前后发明了纸币。它始于钱庄的汇票，无须运输大量的金属货币就可以实现长途汇兑，812 年政府接管了汇票的发行之后，它于 900 年前后发展成为一种交易媒介。1107 年，套色印刷的发明让纸币难以伪造，也开启了一场伪造者和政府之间的印刷军备竞赛，在全世界持续至今，人们发行的纸币不断加入新的特性（如缩微文字和水印），以增加伪造的难度。

中国的政府需要地方行政人员、区域行政人员和宫廷大臣。中央政府的官僚机构非常庞大，因为几乎所有重要的决策和政策都议定于皇帝的宫廷。宫廷不仅仅处理政府事务，它还在中国的精神和文化上发挥着核心作用。因此，判官、密探、百工、将军、占星家、教师、法师、艺术家、郎中、书吏，以及偶尔出现的方士，都是其中的一分子。人才在宫廷里高度集中，而这群人往往千方百计地向整个社会展示官僚体系的权力，并且通过这样做，向宫廷和皇帝展示他们的效用。

到公元前 300 年，中国的农业和工业发展非常迅速，以至于政府可以开展大规模的建筑工程。在战国时期（约公元前 475—前 221），列国建造了大量的土方工程和城墙来保护自己。当公元前 221 年秦始皇征服列国实现统一，他宣布自己为皇帝。为了阻止叛乱，他下令拆除列国之间修筑的边墙和路障。秦始皇无法征服北方的匈奴人，由于面临抢掠和入侵的威胁，他又下令沿着帝国的北部边境修建城墙和工事。秦长城是明（1368—1644）长城的前身。因为大部分已经损毁，或被拆除挪用，或被后来的长城掩盖，现在还不清楚早期长城的范围，但这是一项宏大的工程，绵延数千公里，需要成千上万的劳工。

公元前 214 年，秦始皇下令开凿的灵渠建成。秦朝利用这条运河向南运送军队和物资，平定了岭南。灵渠是一条 32 千米的水道，连接了北流的湘江（长江支流）和南流通向广州的漓江。为了克服高度差异，运河使用了陡门（船闸），这是一种可以在急流附近打开或关闭的通道。往下行的船顺流而下，而往上行的船必须用绳子拉着逆流而上。大概同一时期，秦还在黄河沿岸开凿秦渠用于灌溉。这些大型土木工程的实际目的是运送军队和粮秣，但它们也用于灌溉，构成通信网络，加速了信息的流动，巩固了帝国的中央集权，其意义相当于罗马帝国的道路之于罗马皇帝。

火药

火药是威力最强大（字面和比喻意义上）的发明之一。混合硫黄、木炭和硝石就会产生充满危险的后果，这是公元 900 年以前中国炼丹家致力于炼制长生不老药时发现的。到 900 年，火药被用于焰火，大概就在此时，人们认识到火药的爆炸威力。北宋学者曾公亮在《武经总要》（成书于 1043—1047 年）公布了三种火药的配方。到 1150 年，它被用于火箭。火药投弹的首次记录可能来自 1161 年的采石之战，而 1274 年蒙古东征日本时，肯定使用过火药武器。

在此前后，有关火药的知识西传到了伊斯兰世界，1249 年，伊斯兰军队在巴勒斯坦用火药反击欧洲十字军。13 世纪的中国见证了蒙古人的征服过程，在蒙古人的统治下，火药武器迅速发展。火药最早的用途之一是作为弹丸发射器的"突火枪"，它由一根系于长矛或长箭上的管构成。管内装满火药、铅弹和其他弹丸。当点燃火药时，它会喷出火焰，并发射出弹丸。然而与其说是一支枪，不如说更像焰火。第一支真正的枪发明于 1280 年前后，现存最早的火炮（火铳）造于 1298 年。炮管由青铜铸成，火门（点火孔）位于炮管后方。在中国内蒙古发现的这门火炮，可以用于发射大型的弩或箭，而不是炮弹。

中国的无形技术

中国人发明新设备和生产方法的能力令人印象深刻，但更胜一筹的能力是整合与传播这些新技术，并利用由此产生的利益来承担超大的工程，如大运河和长城。然而，大规模农业的组织以及大城市的兴建对社会产生了更大的影响。这个社会系统的中心是帝国的官僚机构。尽管官僚和贵族之间往往存在紧密的联系，但皇帝的高度中央集权意味着政府主要由我们现在所谓的公务员组成，取决于他们对皇帝的效忠，而不是贵族子弟占据政府的高位。这套政府体系负责监管中国人生活的方方面面，从农业到法律，再到仪式和庆典。因此，在中国历史上的大部分时间，技术创新都是由官僚（他们通常有时间和教育背景来从事此类工程任务）付诸利用，或者必须得到他们的批准。

一种特别成功的无形技术是设立科举考试，以优化充实朝廷日益壮大的官僚阶层。从公元前 124 年（设立太学）开始，汉武帝就开始用考试选拔重要官职。在科举考试之前，政府职位通常授予那些由高级官员、重要家族和朝廷成员推荐的人，但这无法确保那些被推荐的人都能够胜任这些工作。通过考试选拔，可以挑选出最有才干的人，皇帝也能打消贵族染指朝政的野心。605 年，唐太宗开创了一套正式的科举制度，并以各种形式，一直持续到 1905 年。成功通过考试意味着社会的尊崇以及在政府部门谋得一个好职位的机会。

科举考试的基础是经典的知识，这些种类繁多的文学著作包括诗歌、散文、历史、军事战略、儒家哲学、法律、宫廷规矩和礼仪。考生被要求熟读经书，并能够以流畅的书法针对经典撰写旁征博引的评论。在体制化的科举考试之前，大多数的正式教学都是由富裕家族延聘私人塾师。而随着考试成为获得功名和官职的一种方式，教师变得更有价值，培养男孩应试的学校迅速在中国各地涌现。

理论上，中国的任何男性都可以参加考试，只有少数例外，比如刽子手和艺人，他们因为社会地位低下而被排除在外。在某些时期，商人阶层也被排除在外，但情况并非一成不变，且不容易推行。在实践中，学习的成本通常极为高昂，以至于大多数考生都来自地主乡绅阶层，他们有能力聘请塾师，送孩子上学，购买课本，并投入时间学习。然而，尽管经济拮据，也有一些成功的考生来自寒门，因此，如果一个男孩足够聪明和刻苦，科举提供了快速晋升的希望。

科举形式在不同时期有所变化，但一般都包括州府城市举办的院试，每隔 18 个月举行一次。每次考试持续了好几天，让人筋疲力尽。通过考试的人（秀才）

不能保证获得政府职位，但可以进入每三年在省会举行的乡试。让我们来了解一下乡试的规模吧，在16世纪的鼎盛时期，仅在省会城市广州，考场（贡院）占地就达6.5万平方米，由8653间号舍组成。

中举的考生将前往京城参加最高级别的会试和殿试。考取举人的平均成功率在5%左右，而最高考试——进士称号的通过率可能低至1%或2%。那些考取功名的人有望受邀填补重要的政府职位空缺。如果还没有补缺，这些功名在身的人士还有很多其他的机会，比如教书、办私塾或在大户人家谋职。

科举考试认定男孩和男人具有一种特殊的智能和掌握复杂材料的动力。它非常重视学问，把学者的地位提升到很高的水平。即使考生通过最低水平的考试，他们家族的庆祝活动也常常堪比婚礼。这种科举使得社会具有一定程度的流动性，将来自帝国各地的人士凝聚在一起。它们还意味着官僚阶层共享一套统一的知识传统，并通过了艰难的考验。为了避免地方势力的膨胀，科举选拔的官员很少被派往原籍所在地任职。这有助于确保他们对中央政府的忠诚，因为比起当地民众，官僚与其他政府官员的共同之处要更多。科举并没有完全清除政府的偏袒和腐败，科场舞弊仍然是一个持续存在的问题，但它远比此前的制度更为公平。

官僚机构的权力，既鼓励又限制了技术的传播。帝国的许多伟大发明都来自学者阶层。官员需要解决某些问题时，解决这些问题的思想就会迅速传播，这部分是基于交流那些解决方案的能力，以及管理者因信任消息来源而欣然接受其内容。但政府部门的学术力量也是一个问题，因为它将墨守经典思想高于一切。学者应该拥有从诗歌到天文的广博知识，却无意于创造新知识。这通常意味着，官员可以从许多来源接触各种各样的思想，但也可能意味着，那些思想如果不能轻易地融入中国学术核心的正统儒家哲学，就会被忽视或排斥。考试制度再度强化了这种观念，即稳定性和连续性要优先于创新。因此，中国历史上一些最令人印象深刻的成就，是基于对现有技术的大规模应用，而不是提出新的解决方案。尽管运河和长城令人瞩目，但它们的建造征用了大量的劳工，使用的工具数百年未变。从政治和技术的角度来看，维护现有体系以实施大型项目，要比开发新的工具和系统更容易。当皇帝和朝廷对新思想、探索和创新感兴趣，且未被战争分心时，官僚机构就会促进发明，但当领导层倾向保守，创新就受到了限制。从皇帝和朝廷的角度来看，技术正处于顶峰，因为他们下令建造、制作或供应的任何东西，都能遵照完成。

其他国家也同样认识到了一个强大、统一并富有学养的官僚机构的力量。朝鲜于 958 年借鉴了科举制的理念，19 世纪普鲁士人引入公务员考试，已晚了近千年。在英格兰，东印度公司 1806 年成立学院（东印度学院），基于中国的体系专门为大英帝国培养行政人才。1854 年提交议会的《诺思科特·特里维廉报告》（*Northcote-Trevelyan Report*，即《关于英国建立常任文官制度的报告》——译注），开启了英国政府建立公务员考试制度的进程，许多英联邦国家效仿了英国的做法。事实上，印度政府在 1947 年独立后，仍沿用这套传统来充实公务员队伍。在大多数工业国家，政府仍然举办各种形式的公务员考试，尽管随着高等教育越来越普及，通过这种考试进入官僚机构的必要性已经降低了。

贸易和探险

中国、印度、中东和欧洲之间的远途贸易，早在罗马帝国时期便已存在，甚至可能更早。人们渴望获得中国和亚洲其他地区制造的丝绸等商品，成为探险的重大动力之一。在很大程度上，由于后来欧洲主导了世界贸易，西方形成了一种感觉，认为中国人对探险不感兴趣。欧洲人知道马可·波罗（Marco Polo，1254—1324）和他游历中国的故事，他于 1274 年前后到中国，直到 1295 年才返回威尼斯。他的故事《马可·波罗游记》广受欢迎，早在欧洲印刷术出现之前，就以各种形式和不同语言的手稿广为流传。尽管学者们曾质疑他是否真的完成过所谓的旅行，但他的故事为一代又一代欧洲人塑造了遥远而奇异的中华形象。

但事实上，中国也有过重要的探索性航行。特别是郑和（约 1371—1435）的七次航行显示了中国技术的力量（表 4.3）。郑和来自一个以回族穆斯林为主的家族，据说他的父亲曾前往过麦加朝圣。明朝皇帝朱棣和他的孙子朱瞻基多次命令郑和率领船队进入南海和印度洋。这些航行带有多重目的，包括打击苏门答腊岛附近的海盗活动，以及在斯里兰卡等地扩大中国的影响力，但主要目的是探索和发现。这些航行发生在1405年至1433年，规模巨大。船只超过一百艘，其中一些船只的龙骨长达100米，多达2.8万名船员随同航行。他们率领船队到达印度、印度尼西亚、泰国和斯里兰卡，然后绕过阿拉伯半岛，再沿非洲东海岸南下。郑和向当地人赠送金、银、瓷器、丝绸和其他贸易物品，而运回长颈鹿和鸵鸟等新奇动物，以及象牙等贡品。他还带着30多个国家的使节来到中国朝廷。这些航行促进了贸易并扩大了中国的影响力，包括将一些中国穆斯林迁往马六甲和其他地方，在东南亚开辟贸易路线，创建伊斯兰的文化中心。这些航行的另一个重要成果是绘制了一系列地图，被称为《郑和航海图》（又称《茅坤图》），这是迄今为止最早的航海图之一，也是最早的印刷地图之一。

表4.3 郑和七下西洋

序号	时间	地区
1	1405—1407年	占城（Champa），爪哇（Java），旧港（Palembang），满剌加（Malacca），阿鲁（Aru），苏门答腊（Sumatra），南浡里（Lambri，亚齐），锡兰（Sri Lanka），小葛兰（Kollam），柯枝（Cochin），古里（Calicut）
2	1407—1409年	占城，爪哇，暹罗（Siam），柯枝，锡兰
3	1409—1411年	占城，爪哇，满剌加，苏门答腊，锡兰，小葛兰，柯枝，古里，暹罗，南巫里，加异勒（Kayal），甘巴里（Coimbatore），阿拔巴丹（Puttanpur）
4	1413—1415年	占城，爪哇，旧港，满剌加，苏门答腊，锡兰，柯枝，古里，加异勒（Kayal），彭亨（Pahang），吉兰丹（Kelantan），阿鲁，南巫里，忽鲁谟斯（Hormuz），溜山（Maldives），木骨都束（Mogadishu），卜剌哇（Brawa），麻林（Malindi），阿丹（Aden），祖法儿（Dhufar）
5	1416—1419年	占城，彭亨（Pahang），爪哇，满剌加，苏门答腊，南巫里，锡兰，沙里湾泥（Sharwayn），柯枝，古里，忽鲁谟斯，溜山，木骨都束，卜剌哇，麻林，阿丹
6	1421—1422年	忽鲁谟斯，阿拉伯半岛（Arabian peninsula），东非（East Africa），马达加斯加（Madagascar）
7	1430—1433年	占城，爪哇，旧港，满剌加，苏门答腊，锡兰，古里，忽鲁谟斯

最后一次远航标志着中国到海外探索的终结，被视为中国历史的转折点。与北方蒙古人的冲突，让明朝更加忧心外国的影响、贸易的混乱以及大量人口的涌入。原本用于南方航海事务的资源被划拨到军事用途。

历史学家推测，放弃海上探险束缚了中国发展航海技术的能力，从而导致他们最终面临欧洲人入侵时更加不堪一击。这反过来又被用来证明，极端保守的儒家官僚奉行的"海禁"，限制或禁止海上航运，从 16 世纪开始终结了中国的创新能力。从最基本的层面上看，中国这一时期确实变得创新乏力，但原因要复杂得多，并不仅仅是仇外心理和保守哲学的结合。资源和管理人才的分流（如修建长城），监管不断膨胀的人口，以及内外战争，都远比放弃海外探索对中国的影响更大。带回长颈鹿和鸵鸟让人感觉新奇，但并没有让学者们念念不忘，也没有显示出进行技术变革的需求。如果说有什么收获，那就是郑和的远航证实了中国技术和文化的优越性。

当 16 世纪葡萄牙和其他欧洲海军驶向亚洲时，他们发现自己的船只和武器在军事上胜过非洲海岸大多数伊斯兰国家的海上力量，只有在红海因为对方数量上的绝对优势，才让欧洲入侵者望而却步。欧洲舰队比印度海军更强大，而中国更没有任何先进的海上力量来抵御新来者。

亚洲官员担心与外界接触可能带来的潜在问题，或许不无道理。葡萄牙人 1543 年登陆日本时，引进了火器，并促使日本社会发生变革，体现在 1637—1638 年的岛原暴动，农民（其中很多皈依了基督教）反抗高税收和宗教迫害。暴动被镇压，但和中国一样，日本也对外国人和本国人民施加限制，试图减少外国人的影响。由于担心（许多情况下有充分的理由）欧洲势力的深入，以及欧洲思想和技术带来的社会秩序紊乱，日本进入了长达 200 年的锁国时期。

中国技术的启示

中国的技术史表明了若干关于技术在社会中地位的重要观点：

（1）中国发明了各式各样的工具、设备和技术系统，它们发展的基础，是能够养活许多非农劳动者的农业。普通农民的生活虽然艰难，但提供了保障，以及解决问题的一套系统。

（2）一个可靠且教育良好的官僚阶层，往往能够与创新相互促进。创新可以解决问题，而解决方法也能够顺利流传，并由其他具有共同的背景和知识素养的人加以完善。有大量掌握技能和训练有素的人来维护政治体系和技术。

（3）竞争压力的缺乏容易降低对创新的需求。当中国的帝王确信他们生活在最好的世界里，便对创新兴味索然。因此，生产规模的扩大优先于新产品或新系统的开发。

（4）过多的动荡，尤其以战争或内乱形式出现的动荡往往会压制创新，因为中央政府要投入资源（包括物质和智力）用于保卫国家。

古代中国是技术发明的伟大摇篮之一。中国带给我们各种发明，从完全实用的新型犁，到奇思妙想的机械水钟。通过科举考试和庞大的官僚机构，中国还开创了强有力的无形技术。东方的创新时代并没有突然或完全结束，但当中国官僚机构和工业体系已经满足了统治者的物质需求，既能精致优美，也能规模宏大，那么发明的重要性就降低了。随着时间的推移，科举考试选拔了智力水平较高的人士，但它也象征着墨守传统，排斥那些可能引起社会混乱的思想和发明。安全与稳定成为社会的主旨。然而，东方的奇迹会让其他许多人心怀向往。反过来，他们也必将解决技术难题，以开发他们所寻求的资源。

论述题

1. 为什么说中国的官僚机构对技术发展既有帮助又有阻碍？
2. 郑和下西洋向我们展示了当时中国朝廷对外界的什么态度？
3. 香料之路和丝绸之路从哪些方面促进了技术和贸易的发展？

拓展阅读

亚洲，尤其是中国，在建立农业和定居点之后不久便成为发明创造的伟大摇篮。伊佩霞（Patricia Buckley Ebrey）的《剑桥插图中国史》（*The Cambridge Illustrated History of China*, 1996）是一本非常通俗易懂的中国历史入门读物，但对科学技术最详细的英文研究仍是李约瑟的《中国科学技术史》(1954—1986)。对西方学者来说，印度的相关文献整理较少，但马纳本杜·班纳吉(Manabendu Banerjee)和比霍亚·戈斯瓦米(Bijoya Goswami)在《古代印度的科学技术》(*Science and Technology in Ancient India*, 1994)中汇编的论文提供了一些介绍性资料。《新编剑桥印度史》(*The New Cambridge History of India*, 1987—2005)虽然涵盖到最近的时期,但里面也有一些技术方面的材料。古代亚洲其他地区的资料更加难以获取,将来关于亚洲的新研究无疑会改变我们的认识。

第五章时间线

公元前 509 年	罗马共和国建立
公元前 334—前 323 年	亚历山大大帝开始远征,但英年早逝
约公元前 280 年	亚历山大里亚图书馆建成
约公元前 287—前 212 年	叙拉古的阿基米德
公元前 214 年	第二次布匿战争;罗马进攻叙拉古
公元 70—80 年	罗马竞技场
180 年	巴贝格尔磨坊建成
200 年	中东地区出现乌兹钢(大马士革钢)
405 年	罗马帝国分裂
476 年	西罗马帝国覆灭
622 年	伊斯兰教元年
630 年	麦加朝觐开始
700—1200 年	伊斯兰复兴
762 年	巴格达城创建
约 813 年	巴格达设立智慧宫
850 年	穆萨三兄弟著《奇器之书》
1095—1099 年	十字军第一次东征,占领耶路撒冷
1258 年	蒙古人洗劫巴格达

第 五 章

从地中海世界到伊斯兰复兴

在地中海盆地周围，一系列帝国兴起又衰落。新帝国的部分实力，来自它们能够从其他社会吸收技术，并开发新技术来解决社会和自然的难题。希腊人占领了埃及，扩大了对世界物理和机械方面的认识，而基于技术创新，罗马人开创了庞大的帝国。尤其是通过道路、训练有素的军队和中央集权的政府，罗马得以控制广袤的帝国。罗马的财富体现在土木工程项目上，如水渠、庙宇和大型建筑。他们在建筑中开始使用拱顶和混凝土。西罗马帝国灭亡后，伊斯兰帝国成长起来，并通过控制非洲、欧洲和亚洲之间的贸易而富甲一方。宗教和社会的流动，将新技术向东和向西传播，促成了伊斯兰复兴（Islamic Renaissance）。特别是麦加朝觐，意味着从中国到西班牙的人们齐聚一堂，带来了他们的知识和思想，而天课（Zakat，例行的慈善捐款）则有助于建设医院和学校等民用工程。

从地中海世界到伊斯兰复兴

地中海东部地区，包括新月沃地，是西方文明的发源地，也是历代文化发展的温床（图 5.1）。在该地区的文明萌芽期，一系列的帝国兴衰更迭。吾珥（Ur，亦译"乌尔"）、埃利都（Eridu）和奥贝德（'Ubaid）等古城向我们讲述了生活的转变——从新石器时代到早期农业定居点，再到有序运转的城邦和帝国。地中海北部新权力中心的崛起打破了这一周期，即我们现在称之为希腊的这一大片地理区域先是出现了一批城邦，接着罗马崛起为帝国，征服了这里的大部分地区。这些新帝国的崛起，打破了基于大河流域的早期文明史，事后看来多少有些出人意料。希腊人口不多，分散于爱琴海和爱奥尼亚海上的群岛，以及地势崎岖的大陆和伯罗奔尼撒半岛上。在小亚细亚半岛（今土耳其）也有希腊城邦，一些重要的哲学家如米利都的泰勒斯（Thales of Miletus，约公元前 620—前 546）和萨摩斯的毕达哥拉斯（Pythagoras of Samos，约公元前 530 年为鼎盛年）曾在这里工作和生活。这些地方缺乏大河的优势，部分由于地理上的不便，迫使希腊人把目光投向外部。从公元前 334 年开始，亚历山大大帝征服了地中海东端，接着又先后占领了阿拉伯半岛和印度，开辟了贸易路线，使中东成为三大洲的十字路口。

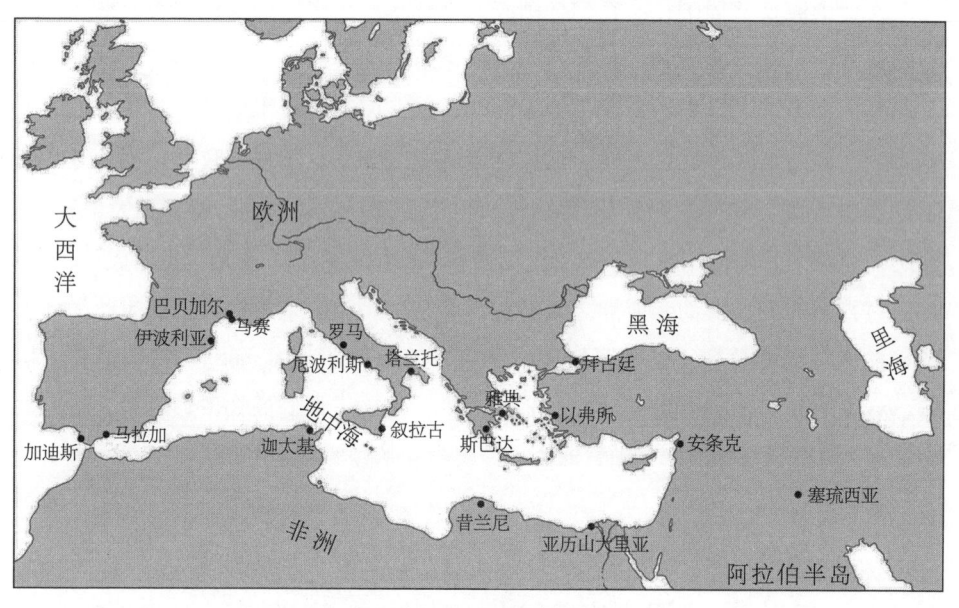

图 5.1 地中海世界示意图

希腊世界的技术具有创新性，同时也带来了复杂的社会问题。人们认为需要双手劳作的活动不如智力活动的地位高。这在一定程度上是因为希腊社会严重依赖奴隶，他们承担了大部分的体力劳动，并在工匠中占有很大比例。由于经济建立在奴隶制基础上，公民往往有闲暇去追求专门的兴趣，比如哲学和发明。考虑到体力活动和智力活动之间的社会差异，发明家可能因为他们的智力才能而受到表彰，但也可能因为从事地位不高的活动而受到诋毁。

希腊诞生了很多重要的发明家，一些人的名字已经不得而知，而另一些人如萨摩斯的西奥多勒斯（Theodorus of Samos，约公元前 530 年为鼎盛年）和阿基米德则获得了神话般的地位。人们认为西奥多勒斯发明了矿石冶炼、用模具铸造空心金属模型、水位仪、带钥匙的锁和木材车床。由于西奥多勒斯的工作没有明确的现存证据，而且一些被认为是他发明的东西（冶炼、水位仪和木材车床）在他之前就已经为人所知，所以可能是他把这些发明带到了希腊世界，或者改进过设备，又或者他是一位真正的发明家，但名声大过实际的贡献。

长期以来，人们一直试图解释为什么希腊人在智力、经济和军事上变得如此强大。这么分散的民族，生活在内部冲突和外部威胁交困的单个城邦中，如何最终统一并征服了历史悠久、规模更大的帝国？部分原因在于希腊文明是政治上独立但文化上相连的国家，部分原因在于希腊人和其邻国之间难以捉摸的心理差异。城邦之间虽然有时会发生战争，但也在进行一种文化竞争，争夺包括智力、经济和艺术成就在内的威望。希腊人一直在寻找下一个重大机会，从其他地方吸收思想并按自己的意图改造它们，他们有过这样的历史。例如，希腊数学和天文学的基础可以追溯到埃及和波斯，但后来转变为希腊自然哲学，成为现代科学的先驱。

希腊人及其邻国之间的心理差异也导致了他们对技术的不同态度。尽管希腊人有万神殿，但这些神比埃及的神更具"人性"，而且最重要的是，大多数希腊人不相信物质世界充满了神秘力量。人类可以了解世界，借助这种了解，他们就可以主宰世界。希腊人，尤其是雅典男性，过着以集市（agora）或市场为中心的公共生活。市场不仅是买卖商品的地方，也是交流思想、讨论政治、辩论哲学或寻医问诊的地方。因此，希腊人既习惯了新事物，又乐于挑战既定的规范。尽管对异议存在限制，正如苏格拉底死于质疑雅典政府合法性所显示的那样，希腊人还是普遍认为他们可以在任何事情上做到最好。

希腊人的发明令人印象深刻。作为一个航海民族，希腊人改进和发明了许多与航海、航行有关的设备，包括滑轮、新型船舶、星盘、港口起重机和灯塔。希腊工程师对齿轮有着充分了解，并制造了最早的钟表、水力磨和计算装置，如里程表和用于跟踪太阳和月亮位置的安提凯希拉装置。

希腊人周游地中海世界，不仅带回物质财富，也带回了知识技能（如埃及的数学），并将其转化为新作品。这些知识很大一部分都保存在埃及的亚历山大里亚图书馆里。这个图书馆是缪斯宫（Museum）的一部分。亚历山大大帝征服埃及时，建立了新首都，在国王托勒密一世救主（Ptolemy I Soter）统治期间，创建了图书馆。该图书馆成为三大洲交汇处的学术活动中心。其中最著名的学者是欧几里得（Euclid，公元前 300 年为鼎盛年），他汇编了所有能从埃及、巴比伦甚至印度找到的数学作品，但他最大的贡献是将这些思想组织成一系列的逻辑步骤，称为"证明"。他的数学著作《几何原本》（The Elements）或《欧几里得原本》（Euclid's Elements）成为 2000 多年来西方数学的基本教科书。埃拉托色尼（Eratosthenes，约公元前 276—约前 195）利用这些数学方法，设计出一种测量地球周长的方法，该方法只使用了简单的几何学知识，但非常精确。

尽管希腊人的创造性很强，但他们更擅长哲学和艺术，而在工程方面不如埃及人或罗马人那样出名。部分原因是很多发明只在一个城邦内发展。尽管安提凯希拉装置展现了出色的机械工程学知识，但它只是一件孤品，并非在整个希腊世界都能发现的通用装置。另一个原因是，希腊人统治地中海世界的时间很短。在希腊统治崩溃后，发明的记录就会丢失，它们毁于战争或不受重视，没有多少时间让思想在统一的希腊世界中传播。我们只能猜测，随着亚历山大里亚图书馆被烧毁，哪些思想和记录永远地遗失了。此外，罗马人继承了希腊的许多发明，并发展了自己的版本。尽管如此，在阿基米德生活的时代，西方工程遗产确实打上了希腊的印记。

关联阅读

阿基米德：发明家的形象

尽管我们对阿基米德（Archimedes，约公元前 287—约前 212）早年的经历了解并不多，但他的故事比许多其他希腊人物留下了更多记载。阿基米德住在叙拉古（西西里岛上），是城中精英群体中的一员，也许是国王希罗二世（King Hiero II）的亲戚。他很可能在亚历山大里亚学习过，和萨摩斯的科农（Conon of Samos）以及昔兰尼的埃拉托色尼（Eratosthenes of Cyrene）成为朋友，他们都是亚历山大里亚图书馆的重要学者。他的主要兴趣是数学，但人们更多记住的是他的发明，以及利用排水法来解决密度测量问题。他的发明包括各种围城武器，有蒸汽大炮、燃烧镜、阿基米德螺旋（一种提水的装置）、各类杠杆，以及滑轮组等。他还因提出了杠杆的支点原理而闻名。

而问题在于，人们知道的关于阿基米德的故事混淆了历史事实，或者完全失真。最著名的是关于阿基米德洗澡的故事。这个故事载于罗马工程师和作家维特鲁威（Vitruvius，约公元前 80—前 15）的著作《建筑十书》（*The Ten Books on Architecture*，公元前 30—前 15）中的第十卷。简而言之，故事说的是有人为叙拉古国王制作的月桂树叶形状金冠，阿基米德受命确定其是否使用了应有的黄金，或者是否掺杂了更便宜的材料。阿基米德在公共浴室洗澡时意识到，两个体积相同的皇冠，如果用不同的材料制成，重量便会不同。他从浴缸里跳出来，喊着"我发现了"（Eureka），然后光着身子在城市里奔跑，急切地去验证他的发现。王冠经证明是掺假的，欺诈行为得以揭露出来。

问题是，没有证据表明曾有人要求阿基米德这样做，关于他那个时代也没有留下记录。阿基米德在其著作《论浮体》（*On Floating Bodies*，约公元前 250 年）中研究了流体静力学和浮力，这个故事更有可能脱胎于该项研究。比起简单的排水法，他本可以使用他熟悉的装置——液压秤，以及他开创的数学来解决这个问题。在某种程度上，现实比故事更让人印象深刻，因为有关浮力的理论和详细知识服务于更复杂的科学，而不是简单的排水法。

同样，阿基米德在叙拉古遭围攻时用镜子点燃罗马船只的故事也吸引了几代人。虽然在技术上是可能的，但使用镜子作为武器似乎可能性极低。这需要希腊人拥有许多大铜镜或青铜镜，然而没有证据表明这一点。现代实验证明镜子可以点火，但要想达到这种效果，罗马船只必须静止不动足够长的时间才能着火，还得没人注意，从而不能及时移动或扑灭火苗。我们也很难想象，如果这个把戏成功一次，罗马人还会被动地让它发生第二次。从历史上看，阿基米德时代并没有提到过燃烧镜，所以事情很可能是这样的，阿基米德本打算实现这个想法，而在神话创造的过程中变成了他确实做过的事情。

几乎可以肯定的是，阿基米德确实研究过其他各种战争机器，包括各种类型的弩炮。他最著名的武器被称为阿基米德之爪（the Claw of

Archimedes），尽管我们还不清楚它的实际构造。据描述，这是一种金属抓钩，悬挂在起重机的臂上，可以破坏船只，也可以把船只从水中提出来，使其倾覆。一些历史学家甚至推测，该装置是钩子和投石机的结合。在第二次布匿战争（公元前214）期间，罗马人攻击叙拉古的记录里确实描述了一些船只受到损伤，但没有关于希腊方面使用武器的明确描述。

事实是，阿基米德本人将他在工程方面的工作视为智力活动的最低形式——手工劳动，而不是脑力劳动。他将自己的工程技术看作对国家的责任，也是抵御罗马人进攻的必要手段，但这并不是发挥哲学家才能的最佳方式。阿基米德认为他的重要工作是哲学，尤其是数学。

我们不确定阿基米德是如何离世的，但最著名的故事是，当一个罗马士兵遇到他时，他正在研究一个数学问题。罗马士兵命令他投降，可是阿基米德说"别踩坏了我的圆"，愤怒之下士兵刺杀了他。同样，几乎没有证据表明这种事情曾经发生过，这也是神话的一部分。阿基米德的故事说明了我们迷恋聪明的发明家，尤其是那些看起来有点古怪的人。在阿基米德的例子中，罗马人的兴趣强化了这种迷恋，尤其是西塞罗（Cicero），他在大约公元前75年发现并重修了阿基米德的坟墓，并将阿基米德奉为英雄。

关于著名发明家生平的说明

历史上记载了很多发明家的神话故事，从古希腊的阿基米德、中国汉代的张衡到现代美国的托马斯·爱迪生（Thomas Edison）。这些人有几个共同特点。首先，他们都是真正的发明家，所以在他们自己的时代凭借实际工作而闻名。他们都面临着某种形式的逆境，如克服贫困，面对政治竞争，或生活在战争年代。所有这些人都开展过理论和实际两方面的工作，因此在他们死后，围绕着发明家可能做了什么，或可能秘密做了什么，能阐发出很多故事，带给他们一种神秘的氛围。最后，随着时间的推移，其他发明也与他们联系在一起，尽管实际上并不是他们发明的，如阿基米德螺旋提水机（发明于埃及）、水钟（水运浑天仪，通常认为是张衡发明的，亦有人认为公元前 2000 年的古巴比伦也有类似装置）或灯泡（由爱迪生委托，但不是他本人的发明）。总而言之，英雄发明家的故事是为了给听众上一节道德课，告诉人们持之以恒、坚韧不拔以及对突发灵感持开放态度的重要性。

罗马

公元前 212 年，叙拉古战败，这是罗马对地中海盆地周边大规模征服的一部分。到公元 117 年，整个地中海盆地都处于罗马人的统治之下。罗马帝国东至里海，西至不列颠岛，北至莱茵河，南至红海。当罗马建立了比希腊人更大、更持久的帝国时，对埃及和新月沃地的征服进一步加强了欧洲、非洲、中东和亚洲之间的贸易和知识联系。亚历山大里亚融汇了埃及人的古老知识和希腊人充满活力的哲学思想，已是最大的学术中心之一，公元前 40 年马克·安东尼（Mark Antony）又将 20 万卷书捐赠给了大图书馆（the Great Library），使其馆藏更加丰富。

西方历史倾向于高度赞扬希腊人的哲学和雅典民主的理想，而人们记住罗马人则因其军事力量、工程和政府。这些特征大体来说没有错，但要更复杂一点，因为罗马吞并了希腊，所以希腊的知识（以及来自异域的知识）有助于罗马文明的形成。我们能了解罗马人的生活，是因为罗马帝国地域广阔，有很多实物遗迹留存下来供我们研究。从小型农业社群到有渡槽和道路的大城市，还有古罗马竞技场这样不朽的建筑。自然灾害也起过作用，如公元 79 年维苏威火山爆发，掩埋了庞贝和赫库兰尼姆两座城市，将它们封存下来。罗马人还给我们留下了许多书面记载，其中包括技术材料，如维特鲁威的《建筑十书》和老普林尼（Pling the Elder）的《博物志》（Historia Naturalis，又译《自然史》），不仅有对自然的描述，也包括对采矿和渡槽的评述。

罗马在工程领域的成功，意味着工程师成了一种职业。人们跟随实干的工程师，从学徒训练成工程师。学徒制几乎是各行各业最普遍的培养方式，包括医生、工匠、厨师和艺术家。工程师随时面临着新的挑战，要找到解决这些问题的办法，就必须通过试错、观察和运用一些基本的原理，例如，容器中的水总是保持水平，铅锤（绳子末端挂重物）完全垂直地面。

从测量员到铁匠，在越来越多技术工人的推动下，罗马的工业涵盖了各式各样的设备和系统。特别是修路、架渠、拱形建筑和行业管理等技术，不仅壮大了罗马帝国的实力，而且在西方历史上发挥持久的贡献。

道路：使帝国成为可能的通信网络

"条条大路通罗马"这句谚语说的是罗马人建造的四通八达的道路系统，从首都辐射全国。意义重大的土地所有权制度，再加上罗马人开展的大规模道路建设，从而促使专业土地测量员的出现（他们被称为 gromatici 或 agrimensores）。工程师和测量员都使用格罗马测绘仪（groma，瞄准杆），这种测绘仪包含一根架在地面上的高约 130 厘米的杆子，上面有呈直角交叉的两臂，形成一个十字形。每条臂的末端都有一个铅锤，通过对准两个铅锤（左和右，前和后），测量员就能确认杆子完全垂直，这样沿着两臂看出去就可以绘制一条直线。这些道路修建得非常好，两千多年后有些还在使用。路面有以下三个等级：铺面路（paved）、砾石路（gravel）和泥土路（dirt）。

道路类别：

1. 公共、官修、禁卫或军事道路（Viae publicae, consulares, praetoriae or militares）。国家拥有的主干公共道路，通常连接主要城市。这些道路往往是铺面路，例如连接罗马和布林迪西的亚壁古道（Via Appia）。它建于公元前 312 年，以阿庇乌斯·克劳狄·卡阿苏斯（Appius Claudius Caecus，约公元前 340—前 273）命名。

2. 私人、乡村、碎石、农用道路（Viae privatae, rusticae, glareae or agrariae）。私人道路，可能有偿向公众开放使用。这些道路可能是铺面路、砾石路或是泥土路，在罗马帝国的各个地方都有修建。

3. 社区道路（Viae vicinales）。乡村或地区道路，这些道路通常收费，但随着时间的推移，多数最终归于公共管理。这些道路往往是砾石路或泥土路，不过在城镇中可能是铺面路。地方当局负责维护这些道路，因此路面质量取决于当地社区的财富。

铺面路是工程上的奇迹。通常在挖好的沟渠（路基）上铺满碎石，再覆盖加工过形状的石块，铺成矩形或多边形的地面。这些石块间注入骨料黏合固定，目的是修出尽可能不需要维护的路面。道路中间高两边低，形成一个曲面，方便排水，路两侧也有排水沟。这些道路主要由承包商建造，罗马军队在战役期间或没有承包商时也要被迫承担建造任务。主要道路在国家的控制下，由沿途城镇的人员维护。道路修建时考虑到了军事因素，而且通常尽可能地笔直，使用桥梁和路堤等工程技术来改造地貌，而不拘泥于当地的地形轮廓。公众可以使用这些主干道，但费用并不便宜，通常在桥梁或城门处收取多种费用。

道路系统意味着罗马军队可以千里奔袭，因此不需要到处屯驻大量士兵便可以从军事上控制整个帝国。帝国各处都有要塞建筑，驻扎着军团和辅助部队，例如叙利亚的杜拉欧罗普斯（Dura-Europos）和不列颠的卡劳堡（Carrawburgh）。如果需要更大规模的军队，可以从主要城市或附近的大型驻地派出，如罗马（禁卫军和规模不等的步兵队所在地）或亚历山大里亚（第二特拉亚纳军团的基地）。尽管帝国内部的军队调动非常重要，却掩盖了道路的真正威力，即信息的传递。历史学家哈罗德·英尼斯（Harold Innis）将罗马的道路系统认定为通信与帝国之间联系的绝佳案例。通过在主干道上设立一系列驿站饲养可供更换的马匹，信使可以在 24 小时内飞驰 800 千米传递消息。这意味着中央集权成为可能，政府和军事领导人能够掌握帝国内的一切信息。控制如此庞大的帝国确实需要军事和政治信息，同时信息网络也传播了知识，例如有关商业机会、发明和发现的知识。道路还有助于文化思想的传播，例如时尚和艺术，以及宗教。伊希斯（Isis，埃及丰饶女神）崇拜和基督教通过陆路和水路传播到帝国各地。信息交流的网络有助于社群之间保持联系，帝国中心创造的理想在外围得到了巩固。

罗马大道上传播的知识和实用信息中，农业就是一个很好的例子。耕作方法和农作物在整个帝国范围内传播，农作物种类繁多，从粮食作物到薄荷和罗勒等草药，以及芦笋和番红花这样的特产。老普林尼在其《博物志》中用了一整章来描述"谷物的博物志"。从意大利引种到罗马帝国其他地区的最重要作物之一是酿酒用葡萄。地中海盆地东端世代种植葡萄，后来又移栽到西欧和北欧，远至不列颠。现代欧洲所有的著名葡萄酒产区，如法国、德国、葡萄牙和西班牙等，都有罗马的渊源。

渡槽

水是人类文明的命脉，治水历来是人类历史上重要的活动之一。历史记载的最古老的渡槽在公元前7世纪为尼尼微城（Nineveh）供水，但在古代世界，罗马人才是技艺最高超的建造者。罗马人竭尽全力地为他们的城市、乡镇和工业中心供水，渡槽的使用也成为罗马工程中最引人注目的成就之一。

第一条大型渡槽是建于公元前312年的阿皮亚渡槽（Aqua Appia），全长16千米，它将天然泉水引入罗马的屠牛广场（Forum Boarium）。大部分槽段位于地下，从基岩中凿出。阿皮亚渡槽带有试验性质。它没有沉淀池或集水池，所以必须定期清洗，水不能储存。

向罗马供水的最长的渡槽是马西亚渡槽（Aqua Marcia），完工于公元前144年。它从90千米外引水，用上了那个时代所有的建筑技术。地下部分长约80千米，最后的10千米是高架渠，使用砖拱构造。后来，包括奥古斯都（Augustus）和尼禄（Nero）在内的几位皇帝都对马西亚渡槽进行过修复和改造，在公元97年，每日供水18760万升（Blackman, 1978）。

尽管这些为罗马供水的渡槽重要性很高，但与罗马世界其他地区的渡槽规模相比则不算太大。尼马乌苏斯［Nemausus，今法国尼姆（Nîmes）］的渡槽穿过嘉德河（Gardon river），建造有一座长360米、高49米的三层拱桥。位于今天德国科隆（Claudia Ara Agrippinensium）的埃菲尔渡槽（Eifel aqueduct）连接了多个水源地，全长130千米，几乎完全在地下。为了建造它，罗马工程师需要测量全长的高度变化，让该建筑保持近乎恒定的坡度。另外值得一提的是保存至今的两条渡槽，一条是西班牙的塞戈维亚渡槽（Segovia，约112年完工），另一条是土耳其伊斯坦布尔的瓦伦斯渡槽（Valens），它最初完工于366年，后来还扩建过几次。

它们的建造都是为不断发展的城市中心供水，至今证明着罗马工程师和建造者的精湛技艺。

建筑

帝国都要大兴土木，罗马人建造了古代历史上规模最大的一些建筑。凭借两项新的技术发明，他们得以顺利开展这些建筑工程，一个是拱的使用，另一个是发现了混凝土。拱的出现并非罗马人的首创，但无论是古代欧洲还是亚洲，它们在建造大型建筑时都没有像罗马人那样大量利用拱形构造。大部分地区，包括埃及和希腊在内，使用的传统建筑方法都是梁柱体系，水平的横梁和竖直的立柱相互支撑。建筑物越大，支撑屋顶跨度所需的立柱和横梁的数量就越多，尺寸也越大。屋顶全部重量必须通过柱子向下传导，柱子受到向下的压力。这样一来，石质的柱子由于抗压性好不会受到太多影响，但梁同时受到两个相反方向的压力和拉力（图5.2和图5.3）。木材的抗拉强度要高于石材，因此木材常被用于小型建筑如住房的梁和屋顶结构。问题出在大型建筑上。即使屋顶可以用木材建造，但如此沉重的屋顶用木制的梁来支撑是不现实的，所以梁也得是石质的，这样又增加了柱子承受的重量。巨大的建筑往往成为"石林"，由一根根柱子支撑，就像卢克索的埃及神庙和雅典的帕特农神庙那样。

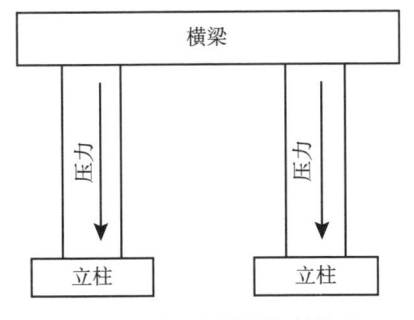

图5.2 典型古建筑的梁柱体系

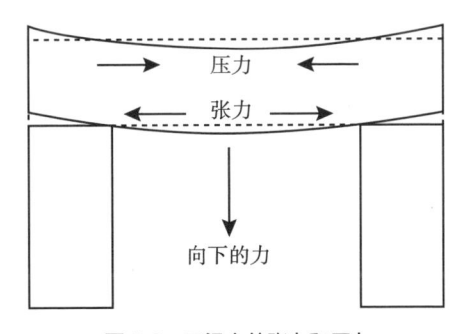

图5.3 石梁上的张力和压力

石梁既在底部受到张力，又在顶部受到压力。梁越长，梁的顶部和底部之间的应力差就越大。

拱将其上方受到的压力通过柱子或墙墩向下传递到地面，因此受到的张力小，能最好地利用材料的抗性（图 5.4）。这就意味着可以最大限度地增加柱间距。相应地，大型建筑也可以使用与小型建筑相同的材料建造。通过将拱相互堆叠，罗马建筑可以达到很高的高度，如罗马竞技场由四层拱构成，高达 48 米。

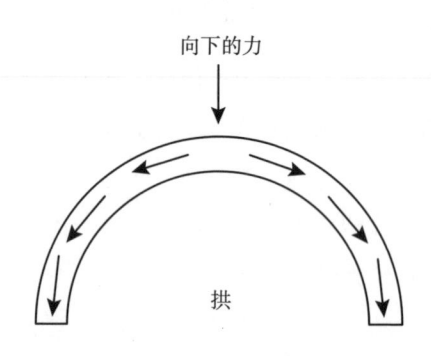

图 5.4　拱内受力分布

拱将向下的力转化为对柱的压力，使得柱子之间的距离可以更大。

拱的另一个特点是，通过水平方向的延伸，可以建成拱形屋顶。拱顶有很多种，例如由两个拱以 90° 相交而成的穹棱拱（也被称为十字拱），在罗马卡拉卡拉浴场中就可以找到。还有一种肋架拱，由三个或更多的拱或半拱连接而成，可以包含拱之间的弧形部分，从而创造复杂的结构，这在德国穆拉克尔的圣母教堂中能见到。

拱的最后一个好处是可以建成穹顶建筑。穹顶是通过围绕垂直轴旋转的一系列拱构成的。宏伟的建筑往往使用穹顶，因为穹顶能形成非常宽敞的内部空间，而无须塞入柱子和墙面。

罗马人使用的建材包括木料、石头和砖，均能大量制造，但他们对建筑的最大贡献是混凝土的使用。尽管将混凝土用作建筑材料并非罗马人的首创，但他们很幸运能获得火山砂（Pozzolana sand）和石灰（从石灰石制取的氧化钙或氢氧化钙）。根据罗马建筑师兼作家维特鲁威的说法，按一份石灰和三份火山砂的比例混合，就制造出了水凝水泥，意思是这种材料在水中也会硬化。这一性质使其成为建造地基、码头、墙墩和桥梁的理想材料。这种水泥与沙子、砾石、碎瓦片甚至砖块等填充物或骨料混合,以充实体积和强度。罗马人也有浮石(一种非常轻的火山岩)的矿藏,能用于制造轻质混凝土。在公元 64 年罗马的一场大火之后,罗马皇帝尼禄颁布了关于建筑的新法,建筑物须使用砖面或瓦面的混凝土结构。这些规定导致混凝土建筑的进一步创新,如将水泥倒入模具,以及使用湿混合料铺设自流平地面。

最引人注目的使用混凝土的穹顶建筑是罗马万神殿,它建成于公元 126 年并保存至今(图 5.5 和图 5.6)。该建筑仍用作罗马天主教的圣玛丽及殉道者教堂。穹顶圆窗(穹顶正中的圆形开口)的高度是 43.4 米。穹顶本身由轻质混凝土浇筑而成,减轻了重量,却保持了穹顶的强度。穹顶底部的混凝土使用了较重的洞石(一种石灰石)骨料,而顶部使用较轻的浮石骨料。穹顶底部的厚度超过 6 米,穹顶处的厚度则逐渐变薄,仅略超 1 米。万神殿于公元 126 年落成,至今让游客叹为观止,但我们还不能完全确定这是哪位建筑师的杰作。他可能是哈德良皇帝(Emperor Hadrian)的建筑师,但最近的研究表明,也可能是图拉真皇帝(Emperor Trajan)最赏识的建筑师——大马士革的阿波罗多洛斯(Apollodorus of Damascus)。他是意大利贝内文托的图拉真凯旋门(Arch of Trajan)和阿波罗多洛斯桥(bridge of Apollodorus)的设计师,这座巨大的拱桥横跨多瑙河,长达 1135 米。

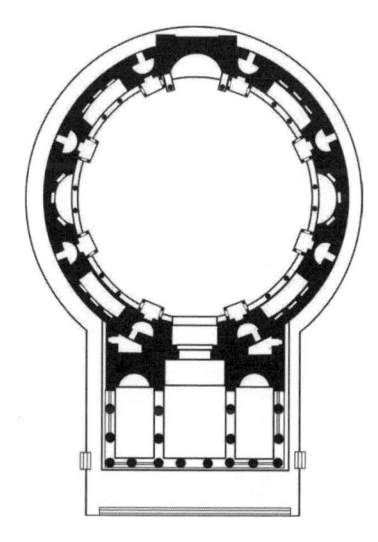

图 5.5 万神殿的平面图
拱顶创造开阔空间的最佳范例。

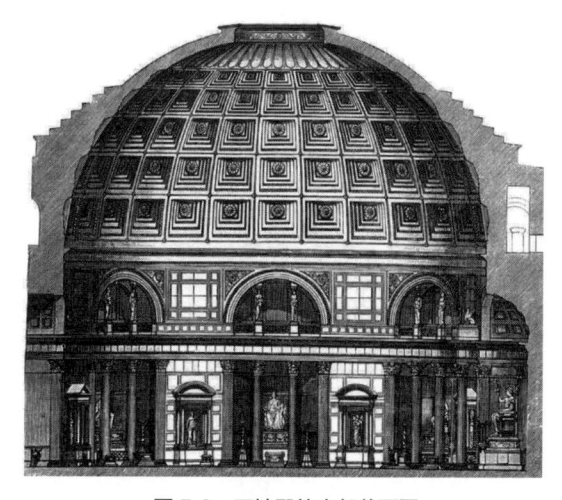

图 5.6 万神殿的内部截面图
拱顶在厚实的底部使用较重的混凝土,而在顶部使用较轻的混凝土,以减轻重量和压力。

工业管理

辽阔的罗马帝国及大城市聚居的人口,需要巨大的资源供应,从食物和水,到布匹和木材。这些物资都需要运输,且往往是长途运输,所以问题不仅仅在于某个局部,而是遍及整个帝国。这意味着商业和政府官僚机构,才是帝国的核心,也是技术发展的驱动力。随着罗马政府的更迭,尤其是从共和制到君主制,领导层发生了变化,但行政部门仍必须监管着整个帝国。他们征收税款,收集帝国内有关每座市镇和村庄的情况信息,委托建设道路和公共建筑,规划从浴室到整个城市的一切,监督军队,并帮助人们解决温饱。与中国后来的发展不同,罗马的官僚机构既不固定,也不与政府分开。担任公职的人选由选举和推荐来决定。这种平衡在不同政体下有所变化,始于公元前 509 年终于公元前 27 年的罗马共和国时期,官员更多由选举产生,而到了帝制时期则更多来自任命。社会地位通常取决于办事的能力,而不仅仅是出身的阶级,所以存在一种强烈的激励机制来提高效益。帝国由多个阶层的人组成,底层是奴隶、然后是自由民和公民,顶部是贵族阶层的成员(这些家族声称其遗产可追溯到罗马的开国之功)。阶层之间也具有一定的流动性,因为那些有钱参与公共事务的人能够在政府和军队中谋得高级职位,也许还可以与贵族阶层联姻。

罗马人如何组织运用技术来支持帝国,我们可以在阿雷拉特镇(Arelate,今法国阿尔勒)看到一个很好的例子。阿雷拉特镇规模不大,鼎盛时期大约有 1.5 万名居民,但它有一座名为巴贝格尔(Barbegal)的大型面粉磨坊。这处建在陡峭山坡上的设施位于阿雷拉特北部,两条从阿尔卑斯山引水的渡槽交汇于此。水流驱动着 16 辆水车,水车分列两排,沿着山坡顺势依次降低。这些磨坊建于公元 180 年前后,并持续使用了约 300 年,尽管磨坊的某些部件可能留存到了更晚时候。虽然没有关于碾磨谷物数量的直接证据,但历史学家估计,这些磨坊每天最多可以生产 48 吨面粉。这远远超过了阿雷拉特镇的用量,因此面粉可能用船运往了帝国其他地方。

尽管能够生产大量面粉的机械工场令人印象深刻,但该遗址更应该被看作一个活动的场所,它整合了罗纳河谷的南高卢农田、罗马工程师的工业能力、包括道路和航运在内的运输系统,以及罗马政府的中央控制系统。当发现巴贝格尔遗址时，它被看作罗马工业发展的某种顶峰，但事实上整个帝国有许多这样的磨坊，包括罗马以外同等规模的一些面粉磨坊。

罗马军队：军事力量成为机器

罗马帝国使用的大量资源是通过罗马军队的力量来控制的。军事力量与罗马文化有着密切的联系，因为男性公民都应该到军队中服役，特别是在罗马崛起的年代。军队由一系列标准单位组成，从小队（squad）级别到军团（legion）级别（表5.1）。

表5.1 罗马军队建制

建制名称	人数（人）
共帐小队（Contubernium）	8—10
百人队（Century）	80—100（10支共帐小队）
步兵支队（Maniple）	120
步兵大队（Cohort）	480（6支百人队）
军团（Legion）	6000（10支步兵大队）

军团的核心军事单位是重装步兵，他们配备长矛（pilum）、短剑（gladius）和盾牌投入战斗。士兵们训练有素，作战整齐划一，利用集体的力量将敌军各个击破。在一场典型的交战中，轻装步兵会接近敌军，用投掷物和长矛骚扰并尽量打乱对方阵型。重装步兵紧随其后，向敌方推进，并在进入射程后投掷他们的长矛。当两军交接，罗马士兵就要突破敌人的战线，杀死对面的所有敌人，迫使剩余的敌人化整为零或逃离战场。还有一支小型的罗马骑兵承担侦察、传递消息和追击逃散敌军的任务。

工程兵是罗马军队的重要组成部分，他们的工作无所不包，涵盖督建营地、渡河与架桥、破坏对方要塞和建造大型武器。特别是在攻城战中，经常会使用到床弩（ballista，一种巨大的弓弩）和投掷大石块的弩炮（使用绞绳提供扭力）等装置。罗马军队一开始并不擅长海军工程,但是到了公元 100 年,他们用罗马造船厂大量生产的舰船控制了地中海。

作为交换,罗马将士服兵役可以领取报酬,退役后能分得田地,至少在帝国的良田被分光之前都是如此。这种制度导致大量被征服的民众流离失所,但它确保了军队从政治和社会角度支持帝国的成功。

罗马帝国的衰亡

人们对罗马帝国的衰亡进行过详尽的研究。很多因素导致了帝国的崩溃,但需要指出的是,罗马帝国已分裂为西罗马和东罗马,首先覆灭的是西罗马,而以君士坦丁堡为首都的东罗马却延续甚久。造成罗马帝国衰亡的因素包括:高税收;罗马人拒绝服兵役,导致军队由被征服地区的人组成;政治动荡和腐败;以及帝国扩张超出了信息流动的极限。甚至气候也可能发挥了作用,长期的寒冷迫使北方大草原上的人们向南迁移,日耳曼部落首当其冲,最终攻击并洗劫了罗马城。

罗马帝国仰仗的技术非常昂贵,一方面包括制造和维护各类系统(水车和磨坊、道路、船只,等等)的组件,另一方面还包括知识资本的需求。学习如何制造这些工具和机器要花费大量的时间。技术成为一个陷阱。要维持帝国的运转,就需要庞大的供应系统,特别是水、食物和燃料源源不断地运入城市。当社会动乱破坏了这个系统,特别是来自帝国边疆的信息不通畅,中央指令就不能发挥作用,而没有来自中央的政治控制,动乱往往会愈演愈烈。当内战或侵略者(如公元 405 年越过莱茵河的日耳曼人)造成道路中断时,信息和资源无法流入,制造品或军队无法派出。依赖渡槽的城市经不起攻击,因为民众的供水可能被切断。在很长一段时间内,没人来管理这个系统。管理渡槽的人或被杀,或逃到更安全的地方,或者只是无人接替。一开始,巴贝格尔磨坊里的机器是可以修理的,但生产出的面粉没有销路,也就没必要修理机器,甚至没必要维持磨坊。久而久之,就没有理由学习如何建造或维护大型工业设施了,与此类工程相关的技能也消失了。欧洲的工程师们要花上几百年的时间才能建造出巴贝格尔磨坊那样的复杂机械和宏大的罗马建筑。

大城市需要更为广袤的腹地供应，否则无法自给，因此城市规模都在萎缩。军事防御也变得地方化，城市和村镇里的军队只试图保护他们周围的辖地，而不愿向帝国的其他地区派遣士兵。地方军事力量变得更加孤立和自主，各自为政。边疆地带随着人口的减少而抛荒，无力组织大规模的农业生产，而代之以自给自足的农业。帝国的衰落历时很长，至少持续了300年。许多历史学家认为西罗马帝国结束于476年9月4日，西哥特人头领奥多亚克（Odoacer）在这一天取代了罗马末代皇帝罗慕路斯·奥古斯都（Romulus Augustus）。

伊斯兰教的兴起

罗马对地中海盆地周边的影响，即便在西罗马帝国覆灭后，仍型塑着后世的文化。中世纪的西欧遗失了古代世界的大部分知识，但伟大帝国的记忆和实物遗迹存留下来，而在东罗马帝国，长久保持着学问中心的地位，知识也未大量流失。629年，当伊斯兰教先知穆罕默德（约570—632年）率领军队征服麦加时，横跨亚洲、非洲和欧洲的罗马治下，权力平衡发生了巨大的变化。到穆罕默德632年去世，他已经统一了阿拉伯半岛的大多数民众。伊斯兰教徒的热忱传播了伊斯兰教，一方面通过遍布三大洲的传教士的宣讲，另一方面通过历任哈里发的刀剑开疆扩土，最终伊斯兰教在西至伊比利亚半岛，东达印度的广大地区传播开来。尽管伊斯兰世界在政治上从未完全统一，王朝更替和边界战争不断，却在文化上具有高度的统一性。伊斯兰世界的壮大，部分建立在信徒的宗教力量基础上，但帝国的强盛也是因为贸易和基础建设，日益强大的基础建设促进了工业、学术和艺术的发展。这促成了所谓的伊斯兰复兴或伊斯兰黄金时代，时间跨度为750年到1260年。伊斯兰世界有一套专门的规则，使其快速崛起，并在这一时期获得了强大的力量。

伊斯兰教的"五大支柱"构成了伊斯兰世界的宗教和文化基础。它们为伊斯兰民众提供了文化和宗教上的关联，但五大支柱带来的一个出人意料的结果，即在整个伊斯兰世界创造了强大的知识和经济联系。

1. 所有穆斯林都要诵读"清真言"（shahadah，即信条），以赞赏真主和先知穆罕默德的至高无上。

2. 礼拜（salah），面向麦加每天做五次。

3. 天课（Zakat），所有能够担负的穆斯林必须布施，捐款用于济贫和传播伊斯兰教。

4. 斋戒（Sawm），斋月期间禁食。

5. 麦加朝觐（The Hajj pilgrimage to Mecca），每个能负担旅费的穆斯林在一生中至少要去麦加朝圣一次。

从宗教的角度来看，五大支柱是团结信徒和保持正统的绝佳方式。而在世俗的层面，也有同样重要的影响。最重要的也许是，五大支柱使阿拉伯语成为穆斯林的共同语言。大量的精力用来教会人们阿拉伯语，清真寺则兼具宗教场所和学校的功能。伊斯兰教鼓励穆斯林阅读《古兰经》，使得伊斯兰世界的总体识字水平比其他地方高得多。虽然很难估计古代世界的识字率，但在罗马时代，识字人口占5%—10%，罗马灭亡后，西欧的识字率下降到不足5%。我们知道，到了11世纪，巴格达已经有了书店，这表明识字水平足够高，使书写材料得以商业化。识字的兴趣也增强了从其他地方获取文本的动力，促使伊斯兰学者开始收集埃及、希腊、罗马、印度和中国的手稿。

天课或慈善不仅资助传教和济贫，还支持了医院、图书馆、学校和公共工程的建设。富人不仅对穷人有义务，而且对文化也有义务，所以穆斯林商人和统治者都是慷慨的赞助人，支持艺术家和学者，并且争先恐后，看谁能创造出最伟大的公共工程，如清真寺、道路、供水系统、浴场和市场。反过来这也意味着，整个伊斯兰世界对建筑师、工程师和大批建筑工人有着广泛的需求。

朝觐将世界各地的穆斯林聚集到一起。有些人不远万里，因此他们需要交通系统，而这种交通系统一经建立就可以用于贸易。朝圣者坚定了他们的信仰，同时也带来了整个伊斯兰世界的知识、信息，甚至生物样本。他们达成贸易约定，鼓励发现之旅，促进文化融合。随着伊斯兰势力控制了原希腊-罗马世界的部分地区，穆斯林吸收了希腊的学术和罗马的工程技术。印度和中国的技能和知识也随着伊斯兰教的传播而获悉。朝觐也有助于向人们介绍新型香料、不同食物、各种工具、美术和工艺品。换句话说，五大支柱为技术的引进和传播创造了肥沃的土壤。

伊斯兰农业革命

农业革命是伊斯兰黄金时代最伟大的创新之一。在这场农业革命中，发生了历史上规模最大的生物材料转移，即农作物及其特殊的耕种要求在伊斯兰世界各地传播。移植的部分作物名录包括香蕉、棉花、椰子树、硬粒小麦、柑橘类水果、大蕉、水稻、高粱、西瓜和甘蔗。其中许多作物成了大宗生意，如制糖，建立了几十家大规模的工厂，使用畜力或水力驱动的榨机压榨甘蔗，然后收集蔗汁并精炼成糖，供当地使用和出口。埃及产棉花与印度产棉花竞争出口市场，远销至西班牙的托莱多。

为支持农业，穆斯林工程师开发了复杂的灌溉系统，使用如链斗水车这样的机械。链斗水车通过在管道中拉动链条上的木片来提水。为了使这些机械的运转更加顺畅，发明家伊本·巴萨尔（Ibn Bassal，盛年为 1038—1075 年）发明了飞轮。也许是因为借鉴了阿拉伯和北非在绿洲用水方面的教训，穆斯林农民通过严格的作物轮作制度，避免了由于灌溉系统中盐分积聚而造成的土壤抛荒问题。农民能通过阅读农业手册来了解这些新发明，阅读《药物学集成》（Kitab al-Jami fi al-Adwiya al-Mufrada）等植物百科全书来发现新作物及其用途。该书由伊本·贝塔尔（Ibn al-Baitar，盛年为 1200 年）编撰，收录了 1400 多种不同的植物，介绍其食用或药用价值，这些植物都是他游历西班牙、北非、土耳其和阿拉伯半岛时发现或转述的。

人们能够获得这些农业手册和百科全书，部分原因是 794 年前后，巴格达的一家造纸厂开始生产，纸张在中东成了一种商品。中国和亚洲其他地区早已世代造纸，中东对造纸术也有耳闻，但直到怛罗斯之战（751）后，撒马尔罕和巴格达的工场才开始造纸。因为在这场战役中，伊斯兰军队在阿富汗以北的中亚地区击败了一支中国军队，俘获了一些会造纸的工匠。造纸工匠在纸浆中加入淀粉，从而使纸张的孔隙更小，纸面更适用于钢笔，而传统的中国纸更适用于毛笔。

另一个促进农业发展的社会因素是农民有相当的自由。与欧洲和中国的农业模式不同，伊斯兰农民基本上可以利用自由市场进行交易。虽然伊斯兰世界依然有阶级差别，但伊斯兰哲学强有力地支持着信众平等的理念。因此农民可以自由出售他们的产品，从而更有动力改进农业技术。

有了强大的农业部门，越来越多的人得以自由从事其他类型的工作。从陶瓷到建筑，这些精巧工艺品成为伊斯兰文化的标志，制作技术传遍整个伊斯兰世界。伊斯兰黄金时代技术发展的一个重要特征是伊斯兰博学家的出现，这些人涉猎非常广泛，也不严格区别理论和实际工作。这就让伊斯兰学者（并非全是穆斯林）有别于古希腊哲学家，在后者看来，体力劳动（手工艺，属于下层社会）和脑力劳动（哲学，属于上层社会）之间有着清晰的界限。这方面一个较早的例子是贾比尔·伊本·哈扬（Jabir ibn Hayyan，约721—815）的生平和工作。贾比尔是一名药剂师，贡献包括将一些植物和动物的材料添加到药物名录中。他开创了蒸馏法、结晶法和过滤法来净化材料，分离和鉴别了砷、碱盐、硼砂、铅以及碳酸、硝酸、硫酸和盐酸。其中许多都是他研究炼金术的成果，而酸有许多工业用途，包括处理皮革和造纸。他发现的王水（盐酸和硝酸）是唯一一种可以溶解黄金的试剂，成为提纯黄金的宝贵方法，也是近千年以来炼金术研究的目标。他的工作还促进了炼钢工艺的改进，并利用二氧化锰生产出光洁的玻璃，清除了大多数玻璃中因残留铁离子而导致的泛绿。贾比尔的工作既十分重要，又广为人知，整个伊斯兰世界和欧洲的人们都受其影响，在欧洲他被称作贾伯（Geber）。

除了贾比尔做的这些工作，其生平还表明，当时社会已经建立了基础设施，支持贾比尔从事的那种全身投入的先进研究。在纯粹的机械创新方面，班努·穆萨三兄弟［艾哈迈德（Ahmad）、穆罕默德（Muhammad）和哈桑（Hasan），约803—873］描述或发明了一系列机械装置，包括各种类型的阀门、自动机（机械装置，通常是人或动物形状）、油灯、抓斗（用于抓取东西的机械颚），甚至防毒面具。这些都被记载于《奇器之书》（Kitabal-Hiyal，850）中。这本书的显著之处不在于描述了大量今天仍日常使用的装置，或技术上多么精巧，而是班努·穆萨兄弟并没有把这项工作看得特别重要，只是展示他们对机械装置的一种嗜好，且排在数学研究的主业之后。

学校是伊斯兰科学研究背后的智力支撑。清真寺充当了讲授语言和读写的学校，某些清真寺也传授其他技能，如医学和工程技术，但高等教育体系也创建起来了。首屈一指的学术机构是智慧宫（Bait al-Hikma），约763年在巴格达建成。它最初是一个图书馆兼希腊文和拉丁文书籍的翻译中心，后来发展成为学校、医院和天文台。到9世纪20年代，医学院开始出现。859年，第一所伊斯兰学校（madrasah），即卡鲁因大学（Jami'at al-Qarawiyyin），在摩洛哥的菲斯城（Fes）创建。卡鲁因大学被认为是世界上最古老的能授予学位的大学。到950年，许多大城市都已出现了这种高等教育场所。

并非所有的伊斯兰技术都源于学校里的研究。伊斯兰世界最神秘的技术是武器用特种钢的生产。这种材料后来被称作大马士革钢，能打造出世界上最锋利的兵刃，但到1750年前后大马士革钢停止了生产，确切的工艺流程就失传了。这些精心锻造的武器具有传奇般的威力，从十字军时代就有这样的故事：伊斯兰的刀剑可以砍断欧洲的武器。虽然这不太可能，但大马士革钢的质量确实优于西欧生产的同类产品。这些武器本身也因带有线条或波浪花纹而与众不同。

经过现代冶金的多年摸索，才大体得知大马士革钢的基本原理：首先，锻造大马士革钢的原料来自一种特殊的铁矿石，具有独特的微量元素（如碳和钒）组合；其次，锻造过程产生了精细金属晶体和碳纳米管的内部结构。尽管以大马士革为名，但这种钢的原产地实际上是印度（也有可能包括斯里兰卡）的少数几个矿场，印度的铁匠世世代代都在用这些矿石制造武器和工具。来自这些矿场的乌兹钢（后来的名字）被进口到中东甚至远在伊比利亚半岛的托莱多，并通过加热、折叠、锤击和冷却等工艺进行锻造，生产出来的钢材既保留了碳素钢硬脆而锋利的特点，又兼具了低碳钢的柔韧性。当矿石在1750年前后耗尽，这一锻造技术也失传了。此时，伊斯兰世界的辉煌已经黯淡，以至于欧洲国家再次开始挑战伊斯兰世界的权力，火药则取代冷兵器成为最重要的武器。

伊斯兰世界在13世纪衰落的原因与罗马灭亡的原因同样复杂，而且有一些共同的特点。外部压力始于十字军东征，但更关键的是蒙古人的入侵。1258年旭烈兀汗洗劫巴格达，造成社会瓦解，贸易终止，资源破坏。伊斯兰世界内部政治分裂，经常伴随着宗教分歧，削弱了许多国家，而北非的资源枯竭则导致了更全面的崩溃。与罗马帝国相似，依赖巨大资源基础的昂贵体系和技术遭到破坏，无法继续培训人们应对技术和实际问题。雪上加霜的是，黑死病夺走了大量中东地区的人口。这种破坏可以用波斯学者的预期寿命来衡量，即从 1209 年的 68 岁下降到 1242 年的 57 岁。随着世道日艰，社会变得更加保守，大学、图书馆和医院等机构遭到毁坏后，几乎没有重建的资金或社会动力。

到 15 世纪初，技术革新的中心又发生了变化。中东仍巍然屹立在三大洲的交汇处，充当中间人，但人们开始绕道而行。

论述题

1. 为什么地中海盆地会成为当时世界创新的中心？
2. 罗马道路是如何有助于这个庞大帝国保持统一的？
3. 伊斯兰教在哪些方面促进了伊斯兰复兴时期技术的迅速发展？

拓展阅读

地中海盆地周边帝国的崛起一直与"新"技术的出现联系在一起，尽管其中一些技术是其他地方发明的。概述性的著作有约翰·W. 汉弗莱等人（John W. Humphrey et al.）的《希腊和罗马技术：资料集》（*Greek and Roman Technology: A Sourcebook*, 1998）；约翰·G. 兰德尔斯（John G. Landels）的《古代世界的工程》（*Engineering in the Ancient World*, 2000）和 K. D. 怀特（K. D. White）的《希腊和罗马的技术》（*Greek and Roman Technology*, 1984）。关于古希腊和罗马技术的视频资料有很多，其中较好的一个系列是 2013 年"伟大课程"（The Great Courses）编排的"了解希腊和罗马的技术"（Understanding Greek and Roman Technology）。这套节目有 24 集，是配有插图的讲座，范围涵盖从海军技术到万神殿的建造。西罗马帝国灭亡后，伊斯兰国家的崛起吸收了先前国家的技术，并发展了新的工具和技术。艾哈迈德·优素福·哈桑（Ahmad Yusuf Hasan）在《伊斯兰技术简史》（*Islamic Technology: An Illustrated History*, 1986）一书中向西方读者介绍了这些内容。

第六章时间线

- 650 年　伊斯兰势力控制伊比利亚半岛
- 782 年　查理大帝任命约克的阿尔昆为教育大臣
- 790 年　马镫从中国传入欧洲
- 910 年　克吕尼修道院创建
- 1085 年　托莱多陷落
- 1098 年　熙笃会创立
- 1095—1204 年　四次十字军东征
- 1347 年　黑死病传入欧洲
- 1450 年　古腾堡发明了欧洲的活字印刷术
- 1492 年　哥伦布到达美洲
- 1500—1650 年　欧洲许多城市大规模发展
- 1550 年　大西洋奴隶贸易开始
- 1588 年　西班牙无敌舰队入侵英国失败

第 六 章

欧洲农业革命与原始工业革命

第六章 欧洲农业革命与原始工业革命

罗马帝国灭亡后，西欧社会缓慢恢复。农业的改变促使人口增长，工作的专业化和消费需求的提升使得新技术的出现成为可能。黑死病的天灾造成了钱财的集中，从而刺激了对各类制品的需求日益增长。原始工业革命基于对水车的更多利用，包括磨制谷物、锯割木材和捶打金属。黑死病也导致了抄写员的短缺。由约翰内斯·古腾堡发明的活字印刷术在欧洲开始印刷文字材料。此举引发了信息技术的巨大变化，提高了识字率，加快了知识的传播。尽管来自亚洲的奢侈品非常昂贵，但随着欧洲人变得更加富有，对香料、丝绸和其他商品的需求仍在增加。欧洲开始寻求绕过伊斯兰区域且仍能与中国进行贸易的路线，这促成了克里斯托弗·哥伦布的航海活动。从此开辟了殖民化和奴隶贸易之路，让那些大西洋沿岸的欧洲国家大发其财。

中世纪后期发生的两场革命改变了欧洲社会的发展方向，为全球化帝国的新时代奠定了基础。在每个案例中，革命实际上都依赖于其字面含义中的"旋转"（即"revolution"一词的本意——译注）。第一场农业革命依赖于作物的轮作，第二场原始工业革命则依赖于水车的转动，提供了人力畜力之外第一种大规模利用的动力。水车在欧洲并不是新鲜事物，作为一项技术，它通过基督教欧洲与伊斯兰世界的接触而复兴。一些欧洲农民也交替进行耕种和休耕，但有系统地进行作物轮作以及新作物品种都是后来才传入欧洲的。欧洲人在引进技术的基础上加以改良，最终，农业和工业水平超越了周边国家。在欧洲势力崛起的早期阶段，亚洲和中东的工艺和工业几乎全面优于任何能在欧洲生产的东西，除了两个明显的例外：枪支和船舶。这两个领域的先进能力使欧洲人能够对抗并最终击败广袤而悠久的伊斯兰世界和从印度到日本的亚洲诸帝国。

从某种意义上说，采用作物轮作是一个观察和利用的问题。三角洲地区的周期性洪水可以自然地更新土壤，因此并不需要进行作物轮作。而在以水稻为主要作物的地区，使用水田（而不是旱地耕作）及其所需的水控制系统，促使农民发展出一种截然不同的农业规则，包括条播、除草，以及借助梯田来增加可耕地面积。而在旱地上，持续耕种导致土地过度使用和肥力下降，灌溉使作物的产量增加，但长此以往会造成土壤退化的问题。在某些地区，人们采用刀耕火种的农业，从树林中开辟出小块土地，尤其是雨林地区。问题是林地的土壤通常比较贫瘠，农作物种植几年后，土壤肥力下降，农民就会开辟另一块土地。当人口数量不多时，这种方式类似自然轮作，开垦过的土地会重新长出树林，时间一长便可以循环往复。但随着人口的增长，临时性的农业生产方式就捉襟见肘了，今天这种农业已经导致森林过度砍伐，因为农民砍伐的森林超过了抛荒耕地上可再生的树木。

基于让部分土地休耕（在一个生长季内不耕种）的轮作早在公元前2000年的埃及就曾实施，而以豆类和谷物交替种植为标志的轮作早在公元前6000年的中东地区就可能已经采用。罗马有一些地方的农田会交替种植农作物，但在5世纪罗马陷落之后，农业回落到勉强糊口的水平，这种做法就在西欧消失了。在亚洲发现过一种更系统的作物轮作方式，传到伊斯兰世界后达到非常高超的水平，可能再经由贸易或十字军东征传到欧洲。

中世纪欧洲应用最广泛的作物轮作形式是三圃制。农民秋天种植可以越冬的谷物，如黑麦，然后春天种植燕麦或大麦；在第二块田里种植豆类，如豌豆或兵豆；第三块田休耕，通常用作牲畜的牧场。

要理解欧洲崛起，我们必须先了解作为基础的粮食生产和社会变革。这一问题让我们回到罗马帝国的衰亡。在罗马的控制下，农业是一项大规模的集体活动。大规模的经营需要一个精干的管理阶层或官僚机构，这种治理结构是一种无形的技术，如果没有称职的管理者，大型系统无法长期存在。虽然罗马的农场在很大程度上由私人控制，但生产往往高度集中，国家要求各省提供一定数量的谷物和其他粮食用来支持军队、供应帝国的城市，道路和航运的交通网络就被用来向帝国各地运送食物。随着蛮族入侵的开始，这个系统崩溃了。约450年罗马灭亡后，行政系统崩溃，农业产地与城市日益隔绝。没有足够的食物，城市规模就会萎缩或干脆消失；没有人维护和看守道路，通信和运输就变得过于危险或失去意义；没有帝国的集体力量，如建造水渠和桥梁等大规模项目就停止了，所需要的工程技能也逐渐消失。随着市场萎缩到只能满足当地需求，大型工业设施无法维持，如巴贝格尔的磨坊，那些技术也随之消失。学校关闭，贸易萎缩，技术因缺乏培训或无用途而烟消云散。

由于小型社区不得不自力更生，于是出现了新型的社会结构，这种社会结构综合了罗马世界的残余、被罗马征服前的本土组织，以及蛮族的文化元素。其中最重要的一个例子就是扈从队（comitatus），该体制下，领主依靠其武士或骑士的支持进行统治。封臣需要向领主服兵役；作为回报，领主赏赐封臣土地、金钱和荣誉。领主还提供法律判决，对教会也予以支持。虽然各地有数百种不同的形式安排，但从总体上看，它们有充分的共同特点，我们称这种新的社会制度为"封建制"，它是塑造欧洲社会最重要的隐形技术之一。封建制有助于促进一些技术的发展，又限制了其他一些技术。

封建制的核心是农民和本地军队之间的联系。为了得到保护，农民供养本地军队。在一些地区，军事首领征用土地，农民以佃户的身份耕种，通常使用世代沿袭的土地租约规定地租，包括粮食数量和到地主土地上的工作量。在其他地方，农民拥有自己的土地，或者他们也可以共享土地，共同持有［因此"公地"（commons）一词指的是公共土地或公共空间］。在这种情况下，就需要征税以供养军队。最初的一种谋生手段，最终演变成了世袭的种姓制度，社会流动性下降，义务规则僵化，农民处于社会等级的底层，地主（所谓的"土地贵族"）处于顶层，这些人主要以马背骑士为代表。

马背骑士的存在引发了一场关于技术决定论的有趣争论。罗马人和大多数入侵罗马领土的日耳曼部落，其主要战斗力量都是步兵。虽然罗马军队中曾有一支精锐的骑兵部队，但饲养马匹的成本（及战斗中的马匹损耗）过于昂贵，骑兵无法成为军队的主要力量。历史学家林恩·怀特（Lynn White）认为，马镫的引入改变了欧洲社会。马镫使骑兵在战斗中具有明显优势，因为骑马的战士可以在马鞍上挥舞剑或狼牙棒，从而使得马背骑士成为战场上最强的兵力。根据这一理论，封建制要部分地归功于马镫的引入，因为需要众多农民才能供养昂贵的骑士，而装备了马镫的骑士可以更有效地保护农民，由此建立起社会责任网络。这种技术决定论观点存在一些问题。马镫用于骑马最早大概出现于公元前 500 年的印度。300 年，马镫已在中国使用，并于 6 世纪出现在瑞典。马镫对军事的影响似乎非常有限，事实上，维京人的大部分战斗都是徒步进行的。

随着来自中亚的阿瓦尔人等骑兵的入侵，马镫传入中欧和西欧。欧洲军队采用了这项新技术，以选派军队迎击同样配备马镫的敌人。到了 8 世纪，马镫的应用已遍及欧洲。曾在 8 世纪 90 年代击败阿瓦尔军队的查理大帝，试图在他开创的帝国中建立一个更广泛的系统来支持马背骑士，但效果并不理想。马背作战的骑士直到 11 世纪末才完全改变战斗的形式。迟至 1066 年的黑斯廷斯战役，骑士们还骑马上阵，下马作战。

虽然马镫让马背骑士成为更强大的军事单位，但怀特的观点——马镫是创造封建制的主要动因，其决定论色彩还是过强。欧洲的许多地区，如阿尔卑斯山和大部分低地国家，只雇佣很少或根本没有骑士，但依旧是封建社会。而且事实上骑士往往不愿意与其他骑士战斗（因为他们可能是亲戚，或者只是因为危险），所以骑兵最有效的用途是对付装备低劣、几乎没有受过训练的农民征召兵（他们组成了封建时期的大部分军队）。在马镫出现之前和之后都是这种情况，这表明封建制的产生取决于其他因素，如自给自足的农业经济，而不是骑士带来的军事力量转变。

当贵族通过军事力量巩固其统治时，另一种组织在这崩坏的时代也开始成长，这就是教会，或者说两个教会。在东欧，罗马帝国抗住了蛮族的入侵，教会使用希腊语（后来成为我们今天所称的希腊东正教）；而在西欧，教会使用拉丁语（罗马天主教的基础）。教会满足每个人的精神需求，提供医疗保健，因为它延续了读写事务，从而供养着记录员、教师和抄写员。

中世纪早期的生活往往十分悲惨。入侵者从东部和北部逼近，且在 650 年后，西部和南部也受到威胁，因为伊斯兰势力控制了伊比利亚半岛。勉强糊口的农业水平意味着余粮很少，因此供养的工匠和手工艺者也就不多。余粮都被用来支持军队，尤其是马背骑士。从心理上讲，西欧的很多人相信他们正处于《圣经》预言的末日，有直接证据表明过去比现在更好。桥梁、道路、水渠和建筑，即使成为废墟，在封建制度下也难以复制。

西方历史上的一个重大转折点是查理曼帝国的崛起。查理大帝（Charlemagne）于 768 年掌权，立志再造罗马帝国。他不仅是实权的将军，还是一位优秀的政治家，自然明白武力征服并不足以建立一个帝国。他设法成立法庭和政府部门来监管他的帝国，建造基础设施来维持稳定和赢得民心。西欧普遍存在的一个问题是，许多牧师素质低下，某些地区甚至完全没有牧师。782 年，查理大帝要求约克的阿尔昆（Alcuin of York）——当时最有学问的人之一——担任教育大臣并组织一个学校体系。阿尔昆建立了一个体系，将牧师教育的责任赋予主教，即要求他们建立座堂学校[1]（cathedral schools）。查理大帝在治下的相对和平时期兴建了越来越多的修道院，地方学校也接着在这些修道院和较大的教堂中设立起来。教会学校讲授基本的拉丁文读写，并将最聪明的学生送到座堂学校接受更全面的培训。他们或者成为牧师加入修道会，或者在某些情况下到宫廷当差。这个学校系统（另一种无形的技术）为欧洲的公务人员创造了培训场所。

教会的运作有点像一家跨国公司，它运营着一套邮政系统，在欧洲传递信息和革新，保存记录，并为贵族和政府官员提供文书服务和教育（从而关注世俗事务）。修道院成为技术保存和发展的中心，收集了希腊和罗马的文献，以及许多技能，如石料加工和水车的诀窍。僧侣们引进美利奴羊，饲养牛、猪和狗，利用边角土地开辟梯田种植葡萄，使用机械榨机大量生产葡萄酒。

这些革新中，有些是原创性的发明，有些是从教会在罗马时代保存下来的记录和文件中复原的知识，还有一些获取自伊斯兰世界和亚洲。伊斯兰教和基督教地区之间的交流常常显得奇怪，因为这两个宗教经常兵戈相向，但有两件事起到了调停作用。首先，伊斯兰学者在政治关系允许的情况下，允许欧洲学者到托莱多和耶路撒冷等学术中心访问和学习。除了这种学术上的接触，欧洲和中东之间也开展贸易，特别是通过拜占庭帝国和威尼斯人。从长远来看，黄金和白银的作用超越了大多数军事冲突。

查理大帝的帝国并不长久，他的儿子们在他死后为了争夺控制权而自相残杀，但他的统治对欧洲人的心理和教育的影响要深远得多。查理大帝之后，人们更强烈地意识到，欧洲可以成就伟大的事业。这开始反映在建筑工程的尺寸上，比如法国 910 年建造的克吕尼本笃会修道院。克吕尼修道院逐渐发展为那个时代最大的建筑工程之一，并成为学术的中心，直到 13 世纪都颇有影响。

欧洲历史上的另一个转折点发生在 1085 年，当时卡斯提尔（Castile）的阿方索六世（Alfonso VI）占领了安达卢斯的泰法王国（Taifa kingdom of al-Andalus）首都托莱多。在穆斯林的治理下，这座城市已经成为伊斯兰世界的主要学术中心。幸运的是，征服者没有毁坏托莱多的图书馆，他们的攻占使西欧的智识发展进入一个重要时期。尽管在伊比利亚半岛上基督教军队扫清穆斯林领土还需要几代人的时间，但托莱多的胜利让欧洲君主们感到伊斯兰世界并非坚不可摧。

从 11 世纪末起，欧洲人开始放眼世界其他地区，除了军事力量的推动外，还有其他更充分的理由。其中最重要的一点是，外来入侵的压力已经消失，欧洲进入相对和平的时期。这意味着很多骑士无所事事。农业形势很好，大部分最肥沃的土地都连年丰收，为骑士和越来越多的工人提供所需的余粮。农业状况的不利之处在于，大部分良田都已开垦，根据长子继承制的规则，长子继承了土地，其他儿子则必须做工谋生，但欧洲的可耕土地已经开发或占领殆尽。要成为土地贵族却无地可占，这就是个难题，因此光复圣地（the Holy Land）的领土就值得考虑。海外贸易正在蓬勃发展，因此需要保障贸易路线和垄断，从而刺激了对海外冒险的资助。此外，基督徒和穆斯林之间宿怨很深，当塞尔柱突厥人袭击了耶路撒冷朝圣的基督徒时，更是雪上加霜。

这些因素综合起来，就有了 1095 年的第一次十字军东征（1095—1099）。基督教军队占领了一些沿海城市，并于 1099 年攻占耶路撒冷，洗劫城市，屠杀居民。第二次十字军东征（1147—1149）未能获取任何中东的领土，但军队在 1147 年占领了里斯本。第三次十字军东征（1187—1192）始于传奇领袖萨拉丁重新夺回耶路撒冷，但欧洲人只取得过几次小胜，并将耶路撒冷拱手让给了穆斯林。后来的十字军东征更乏善可陈，包括 1204 年一支十字军部队洗劫了君士坦丁堡（一座基督教城市），坐实了欧洲基督教的拉丁和希腊分支之间的大分裂（Great Schism）。

从技术角度看，十字军东征的意义在于让欧洲人接触到高水平技术的奇迹。表 6.1 列出了欧洲人因十字军东征而收获的一些物品。

表 6.1　十字军东征收获的物品和技术

象棋
天文仪器，包括星盘、六分仪和四分仪
丝绸
蒸馏酒
火药
肥皂和香水
新型农作物，包括甘蔗、水稻、棉花、洋蓟、茄子、柑橘类和杏树
重物驱动的机械钟
医院和外科器械
三角帆（竖桅上悬挂的三角形帆）
使用水车和风力的工厂，包括锯木厂、磨坊和造纸厂
玻璃制造
纸
香料，包括胡椒、肉桂、豆蔻和丁香

欧洲的农业革命受到了伊斯兰实践的深刻影响，尤其是灌溉技术，包括浇水和排水，都有助于欧洲从糊口农业转变为生产力更高的产业。欧洲人利用了他们在伊斯兰伊比利亚发现的许多工具，例如各种类型的戽水车。戽水车是一种在边缘安装有罐或桶的水轮，用来从河流或池塘中将水提升到灌溉渠或渡槽中。它可以由牲畜驱动，也可以由风力驱动，或者借助水力——利用水轮底部的冲力来提升水桶。

熙笃会：工业与宗教

水车技术通过本笃会（Benedictine）和熙笃会（Cistercian）等宗教团体传播到西欧。本笃会成立于530年前后，遵循圣本笃订立的会规，设定了修道院生活的信条。年复一年的积累，本笃会修士变得越来越富有。他们常常通过信徒的遗嘱获赠土地，并将这些土地变成多产的农场或经营其他商业。他们还从事朝圣贸易而获利，这使他们能够承担大型工程，如建造克吕尼修道院。一些人认为这种生活对真正的信仰者来说过于富裕，作为响应，1098年莫莱姆

（Molesme）的本笃会修道院院长罗贝尔（Robert）和一些追随者在法国第戎南部的西多（Cîteaux）创建了一所新的修道院——熙笃会。熙笃会崇尚极简生活，从事体力劳动。但由于他们靠近伊比利亚半岛，接受到十字军带回的知识和技术，熙笃会修士采用最新的农业思想和工业技巧。他们成了著名的农业生产者，引进新的作物和耕种方法（包括轮作），饲养马和牛。肉类生产纯粹是为了盈利，因为该教团基本上都是素食者。每座修道院就是一个小型的农业和工业中心，除了修道院本身，还设有一个由水车驱动的生产车间。这些水车用来碾磨小麦、切割木材、缩绒布料（敲打使其紧实），后来还通过捣碎亚麻破布用于造纸。

熙笃会模式的一个典型例子就是位于西班牙阿拉贡地区的鲁埃达圣母修道院（the Real Monasterio de Nuestra Señora de Rueda）。它始建于1202年，拥有农田、盐场、植物油厂、面粉厂、葡萄园、酒窖和果园。一架大型水车为生产提供动力，水则从埃布罗河上的一座大坝引流而来。

有了这样一个成功的系统，熙笃会经历了爆发式的增长。到1152年，整个西欧有333座熙笃会修道院。由于发展过快，以至此年教皇命令停止建造新的修道院，但增长的势头难以遏制，到1200年，已有525座熙笃会修道院。熙笃会经营着相当庞大的国际贸易，甚至掌管着一支船队，向欧洲各地运送人员和产品。在佛兰德斯（Flanders，中世纪最大的商业中心之一），熙笃会拥有超过100平方千米的土地。

主要的管理工作包括记录所有事务的进展，以及确保教团成员遵守教规。熙笃会需要留存书面记录，因此他们训练并雇佣僧侣充当抄写员和会计。教堂和修道院的经文馆一直在忙着抄写《圣经》和其他文件。与中国的书吏一样，他们属于精英阶层，但由于其宗教性质而非世俗性质，他们较少被吸纳到世俗官僚体系。随着时间的推移，越来越多的独立学校发展为第一批大学。牛津、巴黎和帕多瓦等地的学校最早获得正式的大学地位，持续培养出一代又一代的牧师、学者和行政人员。

黑死病

西欧逐渐从罗马帝国的崩溃中恢复元气，但平静的岁月戛然而止。多年的风调雨顺之后，14世纪40年代全球气温下降，欧洲遭遇了数年寒冷多雨的夏季，农作物收成锐减。小麦锈病的蔓延让情况雪上加霜，这种真菌可使小麦植株枯萎或减产。朝不保夕的情况下，欧洲人对黑死病猝不及防。这是一场腺鼠疫大暴发，1347年传到欧洲，很可能由横跨黑海的商船从亚洲带来。1348年，鼠疫袭击意大利，并于次年扩散到地中海盆地的其他地区。寄生在老鼠身上的跳蚤携带病菌，老鼠死后，跳蚤寄生到人类身上。疾病传播的速度令人难以置信，一经感染最快不出24小时便会死亡。

黑死病肆虐欧洲和中东，并于1347年传至亚历山大里亚，之后许多城市受到重创，那里是大多数商人、工匠和抄写员生活和工作之地。到1351年瘟疫消退时，有超过四分之一的人口死亡。没有人真正知道死亡的人数，但整个欧亚大陆约失去了7500万到2亿人口。正如历史学家詹姆斯·伯克（James Burke）所指出，尽管黑死病很可怕，但当它结束时，每个人都欢欣鼓舞并将恐怖抛之云外。他们也有钱这样做，因为死者把他们的财产留给了幸存者。人们购买衣物，进口昂贵的香料，土地被重新分配。由于同中东的贸易日益增加，人们也越来越关注，在通往亚洲的重要贸易路线上如何避开威尼斯人和阿拉伯人这些中间商。

瘟疫结束后，三件事的交汇为开创一项强大新技术奠定了基础。这三件事是：旧衣服的廉价麻布片，从葡萄酒压榨机到钟表等各种物品所应用的螺纹制造工具的普及，以及抄写员的短缺。

活字印刷

生活在城区的抄写员受到疫情的冲击最为严重。当誊抄工作的需求日益上升，抄写员的数量却屈指可数，从而抬升了雇佣抄写员的价格。这创造了一个改变欧洲历史的契机。约翰内斯·古腾堡（Johannes Gutenberg，约1398—1468）发明了欧洲第一台实用的活字印刷机。有些猜测认为古腾堡从其他来源获知这种印刷机，因为印刷术在中国、朝鲜和中东已有使用，但他的工作似乎更多地解决了如何整合其他几种发明，而不是某种实用印刷机的知识。许多技术都是从中国传入的，如造纸术和雕版印刷术，但仅仅将它们整合到一起并不能完全解决问题。实际上古腾堡是一名银匠，具有特殊的技艺，能够打制单独的字母，而这是活字印刷机系统的关键部件。作为一名银匠，他知道如何冲压硬币及打造印记，即打在纯金属器件上的一种或一系列标志，用来识别制造者，这一步用刻好的冲床完成；他还懂得如何铸造纯金属。他将这两个想法相结合，创造了一套刻有大小写字母的冲头。他在较软的金属（黄铜）上冲出字模，然后放入模具，用白色金属（一种铅锡合金）铸造出大量的活字。这些字母活字被依序放置在一个架子上，再加上数字和标点符号，就能复制抄写员能写的任何东西。与中文需要大型的字库不同，古腾堡只须用到大约 60 种字符。

创造了活字之后，他还需要另外两样东西：墨水和印刷机。他试验了许多墨水的配方，但对确切的具体用量严格保密。水性墨水无法附着在金属上，所以古腾堡的墨水是油性的。他可能借鉴了艺术家的技术，这一时期的艺术家也在试验油画颜料的配方。墨水必须足够浓稠以粘附在活字上，而不会在字母镂空处积聚，或在纸上洇出（由于纸张纤维的毛细作用而散成污渍）。但墨水必须流动性强，才能完全转移到纸上，这样才不会堵塞印刷元件。古腾堡的墨水主要含有碳、油（最有可能是亚麻籽油或核桃油），以及微量的铅和铜，可能也有少许松节油和一氧化铅。

印刷机仿效了螺旋榨机的系统。欧洲的僧侣（尤其是熙笃会修士）曾用这种榨机制造葡萄酒。古腾堡采用了螺旋式设计，但不是螺旋式地压榨葡萄，而是移动很短的距离来印刷纸张。活字放置在托盘中，用一块平板压平；再涂上墨水，把纸放在活字上；然后铺一块垫子（可能用皮革蒙在一块木板或金属板上），用螺旋压力机压实；最后松开压力机，抽出纸张，挂起来晾干。

古腾堡注意到，抄写员所做的最简单、重复性最高的工作之一就是制作赎罪券。这是给教堂小额捐款人的一种小纸片，作为救赎轻罪的代金券。出售赎罪券让教会赚了一大笔钱，这也是引发马丁·路德反对教会运作方式的原因之一。到 1449 年，古腾堡开始印刷这类材料，但他不满足于大量生产赎罪券的低级工作，于是转而印刷赞美诗,并着手印制《圣经》。《古腾堡圣经》(也被称作"42 行圣经"或"美因茨圣经")于 1454 年印刷,并以订购的方式出售,但因经营不善,古腾堡最终破产了。他最后被迫把印刷机抵给了债权人,约翰·福斯特(John Fust,约 1400—1466)接管了他的生意。除了一些法律文件,这是我们已知的关于古腾堡的最后一件可以确定的事。

印刷机满足了人们对书籍或其他印刷品的巨大且不断增长的需求。这本可以使福斯特和古腾堡的最初支持者赚得盆满钵满,但他们没法控制这项发明的传播。用现在的话说,印刷机上几乎每个部件用的都是"现成"的技术,任何多少懂点机械的人见过印刷机后就可以复制出来,印刷机的创意很快被抄袭。到 1474 年,威廉·卡克斯顿(William Caxton)开始在英格兰印制书籍。到 1500 年,也就是古腾堡印刷第一行文字后仅仅 50 年,欧洲已经出版了 500 万本书。

最具创新精神的印刷商之一是特奥巴尔多·曼努奇(Teobaldo Mannucci),他更为人所知的是其拉丁文名字阿尔杜斯·马努蒂乌斯[(Aldus Manutius,1449—1515),威尼斯阿尔丁出版社(Aldine Press)的创始人]。他引入了斜体字,使排印格式更加紧凑;还创造了 32 开本大小的书(约 13 厘米 ×20 厘米或 10 厘米 × 15 厘米),是现代口袋书的前身,这个尺寸小到可以放进夹克口袋和马鞍包内。他的重要性还在于出版了许多古希腊和罗马的经典著作,在一定程度上引导人们重新燃起对古代学术和思想的兴趣,包括对建筑和工程奇迹的再关注。这构成了文艺复兴时期更大的社会和文化变革的一部分。

作为一种技术,印刷术加强并帮助传播了其他形式的技术,如教育、工程、会计、建筑和医学等。它还有助于宣扬科学思想,先是向更多的人介绍古希腊的自然哲学,然后为那些试图挑战旧思想的人提供了一个平台。如果笛卡尔和伽利略的思想没有被印刷出来并迅速传播,他们就不会对欧洲人的思想产生如此大的影响。

除了印刷品之外,印刷这种行为本身也改变了欧洲人的生活。这是一场信息革命,从神职人员和抄写员手中夺取了对书面文字的控制权。尽管教会试图通过创建一套监管书籍的审查系统来控制出版商,却很难控制广泛分布且相对灵活的技术。1559 年,教会制定了《禁书目录》(*Index of Proscribed Books*),该目录列出了信徒们未经特别许可不得阅读的书籍，但没过多久，就有无数的书籍在无数的地方印制，形势失去了控制。随着书籍价格的下降，民众识字水平提高了。语言，尤其是当地方言（一个地区的普通人使用的语言）变得更加重要，而作为学术和教会语言的拉丁语变得不那么重要了。通过发行诸如初级读物和语法这样的教学材料，以及统一拼写，印刷术对语言进行了汇编。尽管印刷术传播了方言，但它也缩小了地区差异。例如，由于巴黎的印刷商主导了市场，宫廷和巴黎的法语成为通行法国的语言。

印刷术还改变了人与信息之间的关系。书本比手抄材料更准确，即使有错误，替换印刷活字也比修订手稿要简单得多。由于印刷品越来越长，印刷商需要某种方法来确保页面的顺序正确。因为要印刷的内容被分成若干片段（称为"印张"），而且由于一张纸上要印刷不止一页，还要印正反两面，所以每页的排序很复杂[2]。这促成了页码的引入。印刷商总是尽量找到最高效的系统并使用最少的字符，因此开始使用印度－阿拉伯数字而不是罗马数字。印度－阿拉伯数字在 780 年前后传入欧洲，但直到印刷术普及后才得到广泛使用。页码的增加意味着可以创建索引和目录，一个人不再需要阅读整个卷轴或全篇手稿来寻找某个特定的信息，读者可以利用索引和页码的信息定位功能来查找所需信息。这就产生了将信息从大部头作品中挑出来的功能。

欧洲文艺复兴时期艺术、建筑和文学的大繁荣，是由持续增长的经济和印刷革命推动的。当我们惊叹于辉煌的艺术，文艺复兴也是一个充满张力的时代。外部威胁从东部和北部逼近，蒙古人控制了莫斯科，盘踞巴尔干半岛东部边界的伊斯兰军队 1529 年到达维也纳城下后撤退。地中海地区危机四伏，通往亚洲的贸易路线让中东的帝国获利颇丰。在内部，宗教改革和反宗教改革造成了一场宗教冷战，导致家族反目，以及国家间的相互对抗。

横渡大西洋

欧洲西面，是开阔的大西洋，可以前往非洲，让人畅想一条可能前往亚洲的航道，以绕开威尼斯中间商、地中海海盗和伊斯兰世界。人们早就知道大洋彼岸存在着什么,因为维京人曾到过北方,从英格兰和巴斯克地区出发的渔船也曾到达大浅滩(Grand Banks)。问题是这些说法缺乏细节,而且混杂着荒诞的传说。然而在冒险和巨额财富的诱惑下,这些都可以置之度外。横渡大西洋似乎只需要少许聪明才智和几艘坚固的船。

1492年,克里斯托弗·哥伦布计划前往亚洲。他有一本《马可波罗游记》,但基于更实际的理由,他读过托勒密的天文学著作《至大论》(*Almagest*),了解恒星导航。《至大论》在中世纪就已为人所知,但哥伦布也读过托勒密的专著《地理学》(*Geographia*),内容是关于制图学和罗马人所知的世界地图集,刚刚才被重新发现并印刷出版。哥伦布将这些理论和技术的知识与海上的传说相结合,推断他能够到达中国,按他的计算,中国就在加那利群岛以西仅1100里格(约4727千米)。[3] 因为水手和学者都知道世界是球形的,这算不上一个荒谬的想法。哥伦布与当时学者最大的争议在于地球的大小。哥伦布认为地球很小,他可以在几周内到达日本;西班牙萨拉曼卡的几名学者则认为,地球要大得多,向西走需要很长时间才能到达亚洲,建议西班牙政府拒绝哥伦布的计划。

事实证明,学者们是对的,而哥伦布则是幸运的,因为途经了一片新大陆,否则他可能有去无回。1492年的这次航行没有找到通往亚洲的西方航道,但开辟了通往美洲的路线。1493年,教皇亚历山大六世在地图上画了一条线,将线以西所有未被发现的土地都归西班牙,而线以东的新土地则归葡萄牙。其实这些土地理应属于拥有自己文明的当地人,但这并没有阻止欧洲的冒险家们。事实上,在新大陆上发现的城市刺激了西班牙征服者,他们借助火药武器技术,洗劫了这些城市并奴役人民,他们带去的疾病正迅速传播,而美洲居民毫无抵抗能力。

西班牙人之所以开展这样一场冒险,部分原因是他们获得了葡萄牙人发明的一种新型船只——卡拉维尔帆船(caravel)。卡拉维尔帆船通常有两根或三根桅杆,使用三角帆(带有大三角帆风格,仿效埃及独桅三角帆船的索具形式),但也配有横帆。卡瑞克帆船(carrack)是一种较老的船型,有三桅或四桅,配有横帆,曾在大西洋上使用,但仅在沿海航行于港口间,很少进入远洋。卡瑞克帆船不像卡拉维尔帆船那么容易操纵,所以很少用于远洋探险。这两种船型的设计都有较高的船舷和船头,而能更好地抵御大洋上的海浪,比在地中海使用的加莱型桨帆船能装载更多的物资。当通往美洲的航线建立后，建造越来越大的船只变得更加经济。卡瑞克帆船和卡拉维尔帆船演变成盖伦帆船（galleon），排水量达到 2000 吨，通常专用作军舰或运输船。较大的尺寸实际让盖伦船比小船更快（帆更多且更容易在水中移动），而船尾舵的引入使它更具机动性（图 6.1）。

图 6.1 几种帆船样式

卡瑞克帆船（左上），盖伦帆船（右上），加莱船（galley，左下），弗斯特船（fusta，右下）。为适应大西洋上航行的条件，欧洲海军技术发生了变化。

带有舵栓和舵枢的船舵是欧洲水手能够开启远航的发明之一。船舵从大约公元前3100年埃及出现的掌舵桨演变而来。边舵是在船的一侧使用的大桨，后来被移到船尾。船尾舵不再是一种专门的船桨，约公元100年最早由中国人发明。它们并未用铰链固定在船尾，而是放在舵槽里，悬于水线上方。欧洲的船舵是一段长而平的木块，用一根穿过铁铰链的长销垂直地固定在船尾，用绳索操纵，随着船只越来越大而开始配用滑轮组。这些控制绳索后来被连接到一个舵轮上，舵轮使用齿轮和绞盘来抗衡水压以转动船舵。除了让船只更容易操纵，船舵还帮助水手保持船头迎向海浪，这是远洋航行的必要常识。

即使是小型船队的规模，也意味着政府和投资者必须投入大量资源来参与航海竞赛。而对于商业来说，建造一艘盖伦帆船是一项巨大的投资，几乎没有商人能够独自承担这笔费用。因此造船业也促进了大公司的创立，商人们可以集资造一艘船以分散风险，然后制定股权规则来分配利润。

这样一来，西班牙人改变了欧洲的经济。随着时间推移，欧洲的黄金和白银从欧洲流向了中东和亚洲。欧洲几乎没有中国、印度或伊斯兰国家想要的贸易商品，所以香料、丝绸、瓷器和其他奢侈品贸易几乎完全依靠金银。为了购买这些商品，欧洲向东方成吨地输送黄金和白银。如果没有铸币的金银，除了在威尼斯等少数几个地方，现金社会基本不可能存在。1492年之前，欧洲的大多数贸易是以物易物和实物贸易，农民用劳动力和粮食来支付地租。随着对美洲的征服，数百吨的黄金和白银开始涌入欧洲。以现在的美元计算，截至1600年，西班牙通过侵略美洲获得了相当于1.8万亿美元的收益。这导致了货币的大量使用和更普遍的资本主义形式，以及能够通过更多投资来支持工业。这次征服开启了大西洋时代，欧洲将注意力从地中海和亚洲转移开来，商业利益和现金的组织也有助于向工业革命提供资金。

由于"新大陆"的发现而带来的欧洲经济转型具有无与伦比的意义。金银的涌入不仅资助了大型项目，也改变了社会关系。拥有土地的上层阶级使用金银支撑其新式生活，反过来，他们也想从佃户那里得到现金而不再是粮食和劳动力。劳动和农产品不再是地租的基础，农民对土地的依赖程度也就有所变化。当时出台了很多法令强迫农民留在原地，但随着时间推移都成为一纸空文。人们开始外出工作以找到更好的经济环境，或者像是织布工和玻璃工这样的技术工人，有钱的雇主会请他们搬家。

西班牙经历了被经济学家称为"价格革命"的大规模通货膨胀。在哥伦布远航之后的 150 年里，货物成本平均上涨了 500%。这对整个欧洲产生了影响，因为西班牙人从其他地方购买商品，并斥巨资用于战争。金银流出了西班牙，而殖民化为欧洲货物开创了新的市场，大西洋开始取代地中海成为国际贸易的主要焦点。

西班牙的财富使其入侵英国成为可能。1588 年，西班牙建造了一支由 130 艘舰船组成的无敌舰队前往佛兰德斯。由于计划不周、沟通缺乏、天气恶劣，以及英国海军高超的战术和强悍的战斗力，此次入侵失败。英国海军的许多船只不仅速度更快，而且配备了更先进的大炮，尤为关键的是，他们可以在战斗的同时装载和发射大炮。军事历史学家杰弗里·帕克（Geoffrey Parker）指出，西班牙人在战前装载好大炮，计划进行一次猛烈的齐射，然后撞击并登上敌方船只，但英国人远远地就轰击了西班牙的舰队（参见 Martin and Parker, 1999）。然而这次胜利并不能过多归功于技术。1589 年，伊丽莎白一世派遣一支英国舰队进攻西班牙，希望激起葡萄牙人对西班牙的反抗。尽管在船只性能上占有优势，但进攻还是失败了。两国在 1604 年签署《伦敦条约》（Treaty of London）时，都因战争的花费而濒临破产。

包买商制度与原始工业革命的起源

金银的涌入促进了曾经所谓的"原始工业革命"。在价格革命导致商品价格上涨的时候，用现金为企业融资要容易得多。水力技术的广泛应用是这次革命的重要组成部分，越来越多的工厂和企业得以运转，从锯木厂到制革厂都使用水力来加工材料。这就要求建造者必须克服齿轮和凸轮的问题。齿轮能加快或减慢水车的旋转速度，以适应工作并补偿水的流速变化。凸轮，最简单的形式是转轮上打入楔子，让工程师将圆周运动变成线性运动，可以做捶打和搅碎等往复动作。

在以现金为基础的经济中，商人做生意更容易，原始工业革命期间，开始出现了"包买商制度"（也叫作坊制或家庭生产制度）。这对纺织业尤为重要，但也用于其他产品，包括鞋子、手工工具、纽扣和枪支。在包买商制度中，由商人负责提供羊毛等原材料，而家庭小作坊则完成纺纱、织布以及修饰等工作。这是一种非常受欢迎的收入来源，尤其是在不能干农活的冬天。商人取走成品到市场上售卖，工人赚取现金来贴补务农收入，而商人可以根据市场需求灵活调整生产规模，增加或减少产量。

从更大范围来看，原始工业革命代表了向工业劳动力转变的缓慢趋势。为提高效率，劳动分工增加，家庭作坊将整个制造流程划分成若干部分。例如，商人会让一个家庭作坊承担羊毛的清洗和梳理（以拉直纤维），而由另一个家庭作坊纺成纱线。同时，水力应用的扩大证明了非肌肉力量在生产中的效用。生产者和政府开始考虑大规模生产产品，无论是海军舰艇还是烹饪用具。另一方面，生产力的增加导致了对自然资源的需求增加。其中一些需求通过加强对国内农业、矿产和林业的开发得到满足，但同时也迫使政府和商人到其他地方寻找资源。因为建造了适合在大西洋航行的船只，人们可以从大浅滩捕捞鳕鱼，从斯堪的纳维亚半岛进口木材，从加勒比海进口糖，从北美进口毛皮，以上只是列举了其中几项进口产品。

奴隶制

奴隶贸易的出现并成为工业发展的一个重要组成部分，是原始工业革命时期的一大悲剧。这种贸易有时也被称为"三角贸易"，可以看到新获资助的海外商人将工业产品从欧洲销往非洲，换来奴隶；接着奴隶被带到加勒比地区和美洲，充当农场和矿山的劳工；各种农产品，如糖、朗姆酒和后来的棉花则被运回欧洲。值得注意的是，在三角贸易中金银并没有流出欧洲，但同时刺激了欧洲制造业的发展（图6.2）。

奴隶制是一种技术。尽管人类历史的大部分时间里都有奴隶存在，但大西洋奴隶贸易的建立，是为了解决在加勒比和美洲的恶劣条件下找到低成本劳动力的问题。这一制度之所以如此高效，是因为欧洲的贸易商品，特别是枪支，受到高度重视并有能力改变非洲的社会关系，获得欧洲技术和产品的部落能够统治他们

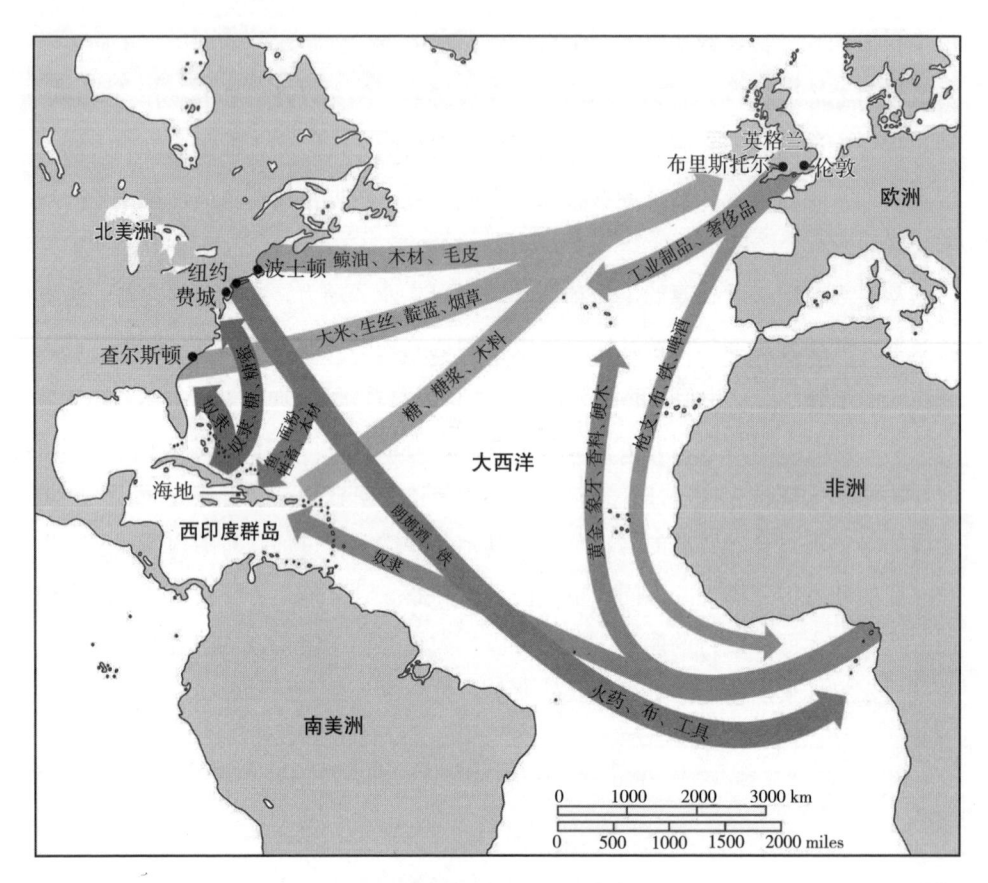

图 6.2 三角贸易示意图

的邻邦。奴隶贸易使西非的大部分地区人口减少，并陷入持续动荡，这反过来又使其更难抵抗奴役。

表 6.2 仅表示那些到达目的地的奴隶。除了奴隶贩子保存的记录外，几乎没有其他记录，已无从得知被贩卖的奴隶总人口是多少，但很可能有 120 万至 500 万名奴隶在到达目的地之前就已经死亡。

表 6.2 奴隶贩卖人口在不同地域的估计数量（1519—1866 年）
（Rawley and Behrendt，2005：368）

目的地	奴隶数量（人）	目的地	奴隶数量（人）
巴西	3902000	圭亚那	403700
英属加勒比	2238200	英属北美	361100

续表

目的地	奴隶数量（人）	目的地	奴隶数量（人）
西属美洲	1267800	荷属加勒比	129700
法属加勒比	1092600	丹属加勒比	73100
		总计	9468200

奴隶贸易的利润为欧洲的技术革命提供了资金。特别是蔗糖贸易为种植园园主和糖商带来了巨额财富。伊斯帕尼奥拉岛（Hispaniola，现在的海地和多米尼加共和国）一度是全球最具价值的地区之一。

原始工业时代的人口变化

要了解原始工业时代权力地位的变化，方法之一是观察欧洲城市的发展（表6.3）。从16世纪末开始，欧洲的主要人口中心从地中海地区，特别是意大利，转移到与大西洋贸易相关的地区。

表6.3 1500—1650年欧洲城市的人口
（Chandler, Fox and Winsborough, 1974: 83—299）　（单位：人）

城市	1500年总人口	1600年总人口	1650年总人口
阿姆斯特丹	25000	48000	165000
里斯本	55000	55000	170000
伦敦	50000	187000	410000
米兰	89000	107000	105000
那不勒斯	114000	224000	265000
巴黎	185000	245000	455000
塞维利亚	70000	126000	60000
威尼斯	115000	151000	134000

从经济的角度来看，城市发展拉动消费。人们需要商品和服务，随着人口的增长，支撑城市发展的内陆腹地必须有所发展或生产更多的商品。而在原始工业革命期间，内陆腹地两者都做到了。大西洋的长途贸易增加，带来了资源，刺激

了经济变革。而在城市周边地区，改良的耕作方法使粮食产量增加，工厂主使用水力，以及更高效的生产者网络，则使制造业得以增长。

论述题

1. 为什么粮食生产对欧洲的创新如此重要？
2. 黑死病如何促使技术在社会中的地位改变？
3. 奴隶贸易在欧洲的工业化进程中发挥了什么作用？

注释

1. 虽然我们经常把座堂（cathedral）与大型、美丽的教堂联系在一起，但座堂是一个行政名称，意思是教区的总教堂。
2. 例如，要在两张纸上打印一本八页的小册子，每张纸上印四页（每面两页），则应按照第 8、1、2、7、6、3、4、5 页的顺序来印刷。
3. 如果哥伦布能从西班牙直线向西航行到中国，他将会航行 8800 千米。

拓展阅读

为了弄清楚技术与现代世界结构之间的关系，欧洲中世纪一直是学者的首要研究焦点之一。卡尔·马克思（Karl Marx）认为，封建主义（至少在一定程度上）是当时所用工具需求的产物。弗朗西丝（Frances）和约瑟夫·吉斯（Joseph Gies）创作了一本畅销书《座堂、锻造工场和水车：中世纪的技术与发明》（*Cathedral, Forge, and Waterwheel: Technology and Invention in the Middle Ages*, 1995）。教会是推动科技进步的主要力量，尤其是熙笃会使用的技术，《剑桥熙笃会指南》（*The Cambridge Companion to the Cistercian Order*, 2012）一书提供了关于建筑、农业、经济和图书馆的材料。农业是中世纪生活的基础,格伦维尔·G.阿斯蒂尔(Grenville G. Astill)和约翰·兰登(John Langdon)的《中世纪农业与技术:欧洲西北部农业变化的影响》(*Medieval Farming and Technology: The Impact of Agricultural Change in Northwest Europe*, 1997)对农业进行了非常详尽的研究。林恩·怀特(Lynn White)的《中世纪技术与社会变革》(*Medieval Technology and Social Change*, 1962)一书仍然是对该时期的基础研究之一。印刷术是这一时期社会变革的关键技术之一。S.H.斯坦伯格(S. H. Steinberg)和约翰·特莱维特(John Trevitt)的《印刷术500年》(*500 Years of Printing*, 1996)进行了概述,而伊丽莎白·L.艾森斯坦(Elizabeth L. Eisenstein)的《作为变革动因的印刷机:早期近代欧洲的传播与文化变革》(*The Printing Press as an Agent of Change: Communications and Cultural Transformations in Early-Modern Europe*, 2009)一书则是该问题的主要读本。

第七章时间线

1623 年	英格兰《垄断法》确立了专利保护
1694 年	英格兰银行成立
1712 年	纽科门常压蒸汽机的发明
1733 年	飞梭技术
1764 年	珍妮纺纱机
1769 年	约西亚·韦奇伍德开设伊特鲁里亚陶瓷厂
1776 年	詹姆斯·瓦特和马修·博尔顿制造出第一台商用蒸汽机
1788 年	专利法写进美国宪法
1790 年	第一个以蒸汽为动力的纺织厂建立
1804 年	雅卡尔提花织机
1804 年	理查德·特雷维西克演示蒸汽机车
1811—1813 年	卢德运动捣毁纺织机器
1827 年	巴尔的摩与俄亥俄铁路公司创建
1851 年	世界博览会
1856 年	亨利·贝塞麦发明炼钢转炉

第 七 章

工业革命和欧洲崛起

依靠美洲金银的资助和奴隶劳工的支撑，欧洲转向了现金经济。首个国家银行——英格兰银行的创建，是经济发展的重要事件。它通过稳定货币和保护投资来促进商业。随着越来越多的人向资本市场注资，工业的规模也得以发展壮大。有了更多的资金，加上公司的创立分散了风险，引发了一波工业化浪潮。最先受到影响的是纺织业，发明家的新设备、新机器使得纺纱和织布都实现了机械化。与欧洲其他地区不同，英国的纺织业没有受到行会的严格控制，工厂主和投资者也可以通过议会制影响政府的政策，因此纺织业的这些变革对英国的影响最大。实用蒸汽机的发明和劳动分工的出现，两者共同催生了第一批工厂。技术的快速变革往往导致冲突和社会问题，但英国却借助工业革命之力，成为历史上最辽阔的帝国。

> 那张神圣的脸庞可曾
> 照亮我们阴沉的山峦？
> 耶路撒冷可曾建造在这
> 昏暗的撒旦工厂之间？
>
> ——威廉·布雷克（William Blake）
> 《弥尔顿：长诗》（*Milton: A Poem*，1804）

威廉·布雷克在长诗的第二节使用了"撒旦工厂"（satanic mills）这一意象，人们普遍认为这指的是英国各地涌现的工厂。第一次世界大战期间，英国桂冠诗人罗伯特·布里奇斯（Robert Bridges）请求查尔斯·帕里（Charles Hubert Hastings Parry）将此诗谱曲为颂歌，以鼓舞爱国热情，但它进一步加深了邪恶、黑暗和危险的工厂形象[1]。布雷克创作这首史诗之际，英国正在经受最严峻的挑战：国内的工业化改变了经济和社会关系，刚刚失去美洲殖民地，拿破仑加冕为法国皇帝。1803 年，托马斯·马尔萨斯（Thomas Malthus）出版了《人口论》(An Essay on the Principles of Population）第二版，指出如果不加以某种限制，出生率将会以几何级数增长，但粮食生产最多只能以算术级数增加，无疑将导致资源竞争、饥荒和社会无政府状态。这也是对天主教徒、爱尔兰人和穷人的指摘，他们的高出生率使英国中上层阶级的一些人担心道德败坏和叛乱问题。工厂使一个新的阶级变得富有，但同时催生了城市的贫民窟。一些工人反抗新式经济，拿起武器捣毁机器。

工业革命的巨大历史争议就在此。对于那些处于社会底层的人来说，从农业社会到工业社会的生活转变往往是灾难性的，但它使英国变得强大而富有，足以创造一个现代工业世界以及随之而来的物质利益。而对于那些受益于工业化的人来说，他们发家致富，过上了古代帝王般的生活，穷奢极欲，仆人成群。相比之下，工业时代的贫民窟则完全脏乱差：暗无天日，暴力丛生，毒品泛滥，酗酒无度，疫病横行，臭气熏天，工作岗位由工厂主或其他雇主自行设置，工作条件往往简陋，工作时险象环生，但替换受伤的工人比购置更安全的设备要合算。诸如无产者、工薪奴隶和社会底层这类术语都是指工厂里的工人，而工厂主则被称为强盗大亨、奸商和肥猫。

工业化使贫富差距扩大、阶层固化，但也可能出现声势浩大的社会运动。反对奴隶制度、设定公民权利、终止雇用童工，以及争取妇女选举权的运动，都属于那个时代的一部分。大多数新兴的工业化国家都是或即将成为民主国家。尽管有各种明显的弊端，但工业化引发了历史上最重大的阶级结构革命。

在新兴工业国家，贫富之间的差别非常明显，这导致许多思想家著述工业对人际关系、政治、法律和历史的影响。工业时代最著名的思想家是卡尔·马克思，但这一时期的新哲学家还包括亚当·斯密（Adam Smith，经济学与政府）、托马斯·马尔萨斯（人口）、大卫·李嘉图（David Ricardo，经济学）、杰里米·边沁（Jeremy Bentham，功利主义）、约翰·斯图亚特·密尔（John Stuart Mill，经济学与社会契约）、弗雷德里希·恩格斯（Friedrich Engels，经济学与社会主义）和托马斯·杰斐逊（Thomas Jefferson，政治学）。所有这些思想家都试图在革命和工业化带来的日新月异的环境中理解世界。

尽管人们担忧工厂会导致这个国家的社会传统发生改变，尽管工厂和矿山的工作条件恶劣，工厂周围衍生出肮脏的贫民窟，但英国在这一时期成为世界上有史以来最强大的帝国。幅员辽阔超过了鼎盛时期的罗马帝国和蒙古帝国，而且英国海军控制着海洋，商人在全球进行贸易。相传威灵顿公爵有句名言"滑铁卢战役的胜利在于伊顿公学的操场"，但更确切地说，滑铁卢战役的胜利在于工厂车间，因为英国的每一双靴子、每艘船、每颗子弹、每顶帐篷和每门大炮，都能够生产得更快，质量更好，成本也比在法国或其他任何地方生产出来的要低。

工业革命常常被描述为大规模生产的胜利，以及机械力量取代人体力量。然而从历史的角度来看，这两点均由来已久，比如古埃及砖厂的大规模生产和罗马巴贝格尔磨坊使用的各类水车。与其说是大规模生产和机械动力等简单概念，不如说是两点至关重要的改进共同促成了制造业的革命。其一是将劳动分工引入大规模生产，其二是作为机械动力主要来源的蒸汽机的发明。在原始工业时期，随着熟练工人和半熟练工人数量的增加，劳动分工也逐渐发展，这些工人乐意专门从事特定的劳动，如纺纱或制钉。劳动分工实现了制造业的"去技能化"，这样每个工人就只需要学习一项或一小部分技能，而不必掌握一套生产系统的所有流程。蒸汽机极大地增加了制造业可用的动力，使得生产可以集中进行并设于市场附近，而不是在远离城市中心的河道上。这两项发展结合在一起，提高了生产速度，因为工人变得效率更高，而以前依靠手工的任务可以由机器代劳。

银行和专利

除了这些新发明，还有两项重要的无形技术推动了工业革命的出现。这两项技术的起源都远早于18世纪，但它们成了工业发展的制度框架的一部分。这就是以英格兰银行为标志的首家现代国家银行的创建，以及专利法的确立。

自古以来就存在各种形式的银行，金属货币和纸币的发明促进了贸易和投资。银行通常由私人开办，只供富豪和国家统治者使用。18世纪之前，欧洲最大的银行是美第奇银行（Medici Bank），从1397年一直运营到1494年倒闭。鼎盛时期的美第奇银行在欧洲各地都有分行，从遍及英格兰到丝绸之路的商贸中获取金融利益。银行倒闭的一大原因是向统治者提供贷款，用于战争和奢侈生活。这些贷款往往是以限制美第奇家族的商贸利益为威胁而强加给银行的，如果国王拒绝还款，贷款也就没有办法收回。美第奇银行的倒闭引发了欧洲的经济崩溃，使贸易和创新倒退了许多年。

17世纪，英格兰国王威廉三世急需用钱，于是威廉·帕特森（William Paterson，1658—1719）提议创立一家投资者公司，向国王借贷120万英镑。1694年，国王特许状颁发给了英格兰银行的总裁和公司。在很大程度上，由于英国政府是君主和议会共同负责的，所以财政问题必须公开处理。英格兰银行不是一家普通银行，而是专门为政府提供贷款和管理政府债务的银行。银行的一些投资者是议会成员，或是担任要职能够影响议员的人。这意味着政府拥有偿还贷款的既得利益。国家债务的概念（而不是国王的私人债务）意味着尽量持有金银储备才能维持货币的价值，这就使得偿还贷款愈加重要。因此，金属币和纸币变成了交易的符号，其价值不再基于货币本身的材料（金或银），而是基于国家储备。由于英格兰银行的存在，英格兰的货币成为欧洲最可靠的货币。1844年的《银行特许法》（Bank Charter Act of 1844，亦称"比尔条例"）进一步加强了这一点，该法案赋予了英格兰银行专属的发行纸币的权力，并通过持有黄金储备来保证英镑的价值。

尽管设立国家银行不能消除所有的金融问题，但它往往能够稳定金融交易的最大领域，即民众与政府之间的交易。随着时间推移，英格兰银行通过三种方式来鼓励投资。首先，通过稳定货币鼓励人们借贷，从而分散投资的风险和收益。其次，通过发行银行券（纸币）促进商业发展。最后，英格兰银行也作为商业银行运营，实际上也扮演了其他私人银行的庄家。私人银行的设立是为了商业融资，最终银行业务向公众开放。英格兰银行与其他获得特许权的公司一起，让英国人比其他欧洲竞争者更具有金融优势。

银行体系使发明家和投资者能够获得融资，但仅仅率先进入市场并不意味着能够盈利，它还需要控制技术的使用权，使收入最大化。君主们经常给个人颁发"专利证书"，授予这些优待人士某种形式的生产垄断权，但随着欧洲国家开始认识到技术创新的好处，这种做法变得更加规范。最早向垄断提供保护是在1474年，威尼斯共和国发布了一项法令，规定那些推向市场并将其细节呈报给政府的设备可以获得法律保护，以防止任何人复制该设备。1623年，英国颁布了《垄断法》，对专利给予 14 年的保护。

> 第六条　兹宣告并规定，前述的任何宣示不应扩大及于今后对任何新产品的第一个发明人授予在本国独占实施或者制造该产品的专利证书和特权，为期 14 年或以下，在授予专利证书和特权期间其他人不得使用。授予此证书不得违反法律，也不得抬高物价而损害国家、破坏贸易，或者造成一般的不方便。[3]

到 18 世纪初，想要申请专利的人都必须写一份关于该设备的详细描述，包括操作方式。这些"说明书"成为判决有关专利授予诉讼的基础，例如理查德·阿克莱特失去了其纺纱机的专利保护，因为它可能是基于他人发明的设计，他的专利发明书描述笼统，还包含了一些常人所共知的东西。

虽然专利说明书使得专利权更清晰，但政府中真正负责专利登记的部门尚未明确。发明家向不同部门和对应的议员寻求帮助，而另一些人则前往宫廷或海军部。总共有七个处室审查专利申请，每个步骤都需要付费。专利纠纷，类似阿克莱特失去专利保护，是由议会决定的。这导致了许多延误，并使缺少资金或社会关系的人无法争取到专利权。1852 年，专利局成立。除了简化专利申请程序，它还降低了费用，而且专利在整个大英帝国都有效，不仅限于大不列颠。

专利作为一种政策工具的影响力在美国专利制度的发展中也许得到了最好的体现。美国宪法中有一项涉及版权和专利的具体条款。它赋予了政府向创造者和发明者授予垄断权的权力："为促进科学和实用技艺的进步，对作家和发明家的著作和发明，在一定期限内给予专利权的保障。"[4]

美国最初的专利委员会（Patent Board）于 1802 年被国务院一个单设的专利局（Patent Office）替代。到 1836 年，美国政府颁发了 1 万多项专利，其中一些剽窃了其他国家制造的设备，是由逃避专利约束的无良人士申请的。这种情况就要求重要专利的发明人在很多国家都要申请专利，以保护他们在市场上的主要产品，但最终涵盖的范围往往顾此失彼，引来大量的诉讼。1883 年的《巴黎公约》（Paris Convention）通过了第一部国际专利法，在一个国家获得的专利将最终被所有公约签署国接受。

纺织业

一些最重要的专利和专利战都围绕着纺织业的发明。纺织品生产既是变革的动力,也为这种变革提供了经济基础。公众印象中,工业革命让人想到钢铁厂、机车和煤矿等引人注目的画面,正如透纳(J. M. W. Turner)的画作《雨、蒸汽和速度——西部大铁路》(*Rain, Steam, and Speed—The Great Western Railway*,1844)中所见。事实上,织布机才是引发这场革命的首要功臣。

纺织品是最古老的制成品之一,也是最赚钱的种类,毕竟每个人都需要穿衣服。并且衣服会磨损,对衣物的需求永远不会下降。在欧洲的一些地区,纺织行会非常富有,他们资助兴修了许多大型公共工程,如教堂、道路和钟楼。到18世纪初,欧洲布匹的制造已经高度专业化,是当时最具技术性的工种。纺织材料主要有四种,价格从低到高分别是:羊毛、亚麻、棉花和丝绸。要理解纺织技术的发展方式,就有必要了解每种纺织品从原材料到成品的大体过程。

羊毛织物,原料来自绵羊,从史前时代就是一项重要产业。早在约公元前9000年,绵羊就成为人类最早驯养的动物之一。剪羊毛通常在春季(羊需要厚毛过冬,夏秋两季羊毛会重新生长),剪下的羊毛要清洗干净。然后每根羊毛都要按相同的方向排列,这一过程称为"梳毛"(carding),使用一种梳子或刷子来完成。这样梳成松散的羊毛条之后,再将纤维拧成羊毛线。这一步是手工操作。由于羊毛纤维自然卷曲,这些羊毛线非常结实,可以用菘蓝或靛蓝等天然染料染色。这些线可以纺织成细布,或者几根线结合在一起,制成更粗的纱线,用于手工结绳或后续针织。

亚麻纺织品与羊毛纺织品有不少相似之处,只是原料来自植物亚麻而不是动物。亚麻收割以后,种子清理出来留作他用。为了将纤维散开并与茎中木质部分脱离,需要将亚麻茎留在田里或泡到水中,这一步被称为"沤麻"。接着通过某种方式将亚麻茎捣碎,析出纤维。和羊毛一样,亚麻纤维也需要梳理,通常是用一排尖针反复梳理亚麻茎杆,直至纤维分离并柔顺。然后将纤维捻成线或纱,根据需要染色,再用于纺织品生产。

真正推动纺织业新发明的纤维原料是棉花。棉花是一种全球性植物,野生品种自秘鲁到澳大利亚都有分布,但具有商业价值的品种是生长在温暖气候下的陆地棉（*Gossypium hirsutum*），约 7000 年前，印度河流域最早开始种植棉花。公元前 3000 年，美洲的墨西哥也开始种植棉花。在欧洲，棉花是一种奢侈品，最早从埃及和印度进口。棉织品起初是一种昂贵的织物，因为它的制作非常耗费劳动力，而且棉花只能在埃及和印度等远离英国纺织业的地方种植。棉纤维牢固附着在棉籽上，并卡在棉荚里（图 7.1），手工去籽后得到无籽棉纤维，再进行梳理并捻成纱线。

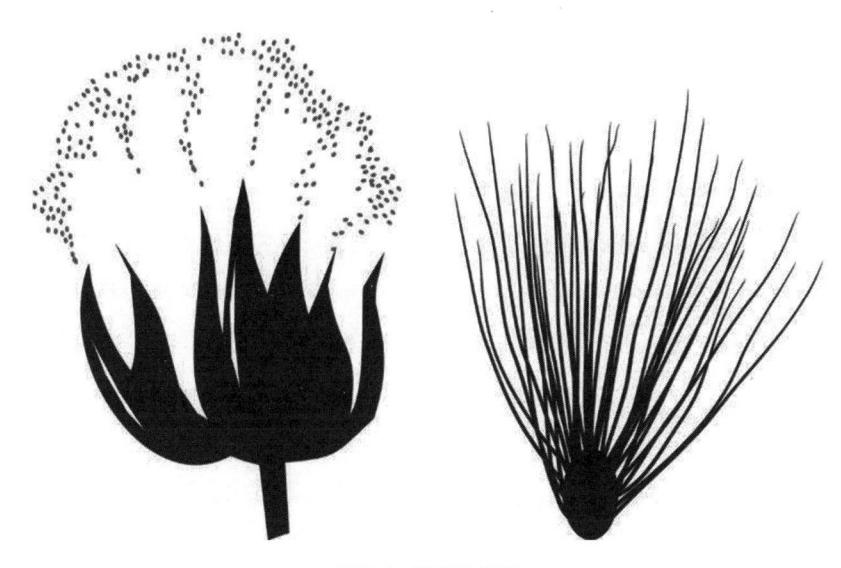

图 7.1 棉花和棉籽

丝绸是最神奇，也最昂贵的纺织品。丝绸的原料来自家蚕（主要是 *Bombyx mori*），公元前 2700 年前后，这些高度特异化的幼虫在中国最早被用作纺织原料。家蚕以桑叶为食，然后进入生命周期中的结茧阶段。将蚕茧浸泡到热水中（某个起源故事说有只蚕茧掉进了一杯茶里），每个由单股丝组成的蚕茧在热水中散开。这些蚕丝经过梳理后纺成纱线，用于织布。

纱线生产出来以后，就可以编织成布料了。无论是亚洲、非洲还是南美洲发明的纺织技术，基础都相同。一组是竖直排列的经线，另一组是与其上下交织的横向纬线。为了织出花纹，需加入不同颜色的纱线。随着时间推移，这些花纹变得越来越复杂（图 7.2）。

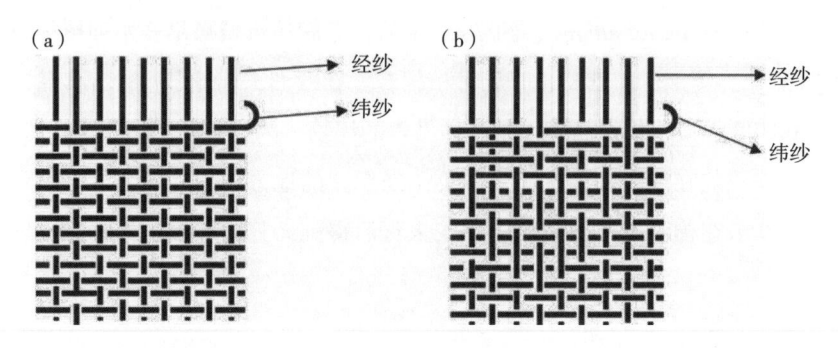

图 7.2 基础纺织和花纹纺织

基础纺织（a）中经纬纱简单地上下交错。而在花纹纺织（b）中，纬纱穿过一条或多条经纱，呈现或多或少的线色，形成复杂的图案。

工业革命初期，纺织品生产的每个单独步骤都是由手工或像纺车这种小型手操设备完成的。中国人最先发明了纺车，约于 1280 年传入欧洲。纺织品生产曾经部分是一种以家庭为基础的活动，但随着时间推移，几乎每种文明都发展出专门手工业者的行会，他们生产大量的布料。织布工需要操作庞大且日益复杂的机器，还要经过多年培训，属于高技能型的工人。工业革命之前，中世纪和近代早期的织布工通常有权有钱，纺织行会还资助建设了道路、运河、教堂、寺庙和学校等。

新机器的发明改变了纺织品制造的性质，且对英国社会产生了重大影响。欧洲各地普遍采用的是包买商制度或作坊制。商人（有时被称为"布商"）将羊毛或亚麻等原材料交付（包买）给工人，工人们梳理、纺纱，然后将纱线交还给商人，由商人转交给织布工，或者工人自己在手摇织机上织布。这通常是一项家庭活动，孩子们负责梳理，老年人负责纺纱和织布。男人和女人都会纺纱织布，尽管在欧洲随着更多设备的发明，织布作为一种职业越来越由男人主导。但在世界其他地区，织布通常是一种女性职业。

商人收回织好的布料，按件付款，并根据质量高低进行调整。大多情况下布料还会经过进一步处理，比如染色和缩绒（fulling）。缩绒是一种用于羊毛布的工艺，使其清洁并增厚。该工艺从洗刷布料开始，用尿液（通常是人尿）清洁和漂白。古罗马人使用的传统方法是将布料放在盆或桶里，用手拍、用脚踩或用棒子敲打。在中世纪欧洲，缩绒工开始向其中添加"缩绒土"（一种含有水合硅酸铝的黏土），使油性物质褪色，布变得更白。击打让纤维舒展（即"毡化"），可以增加布料的体积，使其更柔软、更防水。缩绒用的液体随后用水冲洗干净，布料放在大型架子上拉抻。随着欧洲纺织品产量增加，手工缩绒逐渐被缩绒工厂取代，使用凸轮驱动的锤子来敲打布料。缩绒是一项非常重要的工作，以至于英语中的人名塔克（Tucker）、沃克（Walker）和富勒（Fuller）都源于这项工作。

这种生产制度很受织布工的欢迎，他们可以随心所欲地增减工作，可以协商价格，也可以制定质量标准。他们是某个小企业的主人，拥有一定的社会地位。本地的织布工经常组成团体，有些只是松散的协会，可以互相帮助，而另一些人，如丝织工，则形成了强大的行会。

市场压力和不断增长的需求促进了纺织业的创新。最早的变化是逐步引进更大的织机，直到织机宽度难以徒手将纬纱（水平线）从一侧传到另一侧。解决办法是用梭子将纱线从一侧传递到另一侧，而不必用手。这提高了纺织品生产的速度。目前还不清楚何时最早使用梭子，它可能是约公元前 500 年的一项亚洲发明，最初是使用一根小棍来推动纬纱。但在古代，希腊、罗马、斯里兰卡和中国都使用过不同形状的梭子。到 17 世纪，欧洲和亚洲都已广泛使用梭子。效率最高的是一种船型梭或梭芯梭，其结构是线缠绕在位于梭子中间的销子或梭芯上（图 7.3），然后将线从梭子一侧的洞口拉出。梭芯可以取出，以更换纱线或变换颜色。

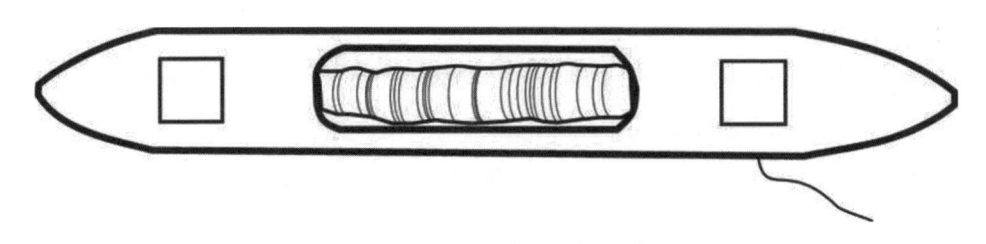

图 7.3　船型梭或梭芯梭的俯视示意图
纬纱缠绕在中间的线轴上，从梭子的一侧拉出。

织机变得越来越复杂。其中两个最重要的革新是引入移动综丝和带苇梳的筘（batten）。综丝是一个环，经纱穿过综丝，通过脚踏板使纱线上下移动，而不是由织布工手工在每根经纱上面或下面移动纬纱。在简单编织中，一半经纱向上，另一半经纱向下，梭子从一侧传到另一侧；然后颠倒经纱的位置，送回梭子，织成下一趟。在织机上加上这个装置（综丝），就可以织出更复杂的图案，因为经纱可以单根或成组控制。

手工织布的时候，一旦纬纱从一侧传到另一侧，就必须用梳子把纬纱压平，使之尽可能接近前一根线。筘和苇梳是一组丝或齿（看起来像芦苇的细木条或金属条），连接在一个横跨织机的回转臂上，能一次性将纬线压实。这比使用手持梳更快更稳定。

大型织机上使用梭子和综丝，效率要比手工织布高得多。织布工遇到的问题是他们的织布速度比纺纱的速度要快，因此在纺纱和织布之间产生了一种工具上的竞赛。

整个18世纪，随着纺织品的需求一直在增长，织布工经营的家庭手工业非常红火，因为需求的增长速度超过了织布工能供给的速度。这就造成了两种观点的对立：一些人认为创新既可以解决生产系统中的问题，也能够充分利用对纺织品日益增长的需求；而织布工则认为，依靠现有的系统，他们便可以提高收入。大多数提升纺织生产的努力都遭到了织布工的抵制，因为这些努力威胁到了他们的利益，并挑战了工人的技术地位。这场斗争的第一个例子是英格兰伯里的约翰·凯伊（John Kay）发明的飞梭。它是在原有梭子基础上简单改进而成。飞梭发明前，人们需要用手将梭子从一侧拨到另一侧，织布工的臂长就限制了布的宽度；而飞梭由投掷装置及后来的各种弹簧系统推动，这样就增加了布的宽度和织造速度。英国和法国的织布工都认为这是对他们生计的威胁，因为在一定时间内能够生产的布料数量增加，就会降低每件布料的价值。在英国，凯伊遭到了织布工的人身攻击。尽管熟练的织布工不喜欢飞梭，但其他纺织制造商喜欢。不过约翰·凯伊及其合作伙伴没有从发明中获利，因为其他制造商盗用了他的发明，并拒绝支付特许费。甚至一度出现过一个"飞梭俱乐部"的盗版者联盟，他们沆瀣一气，相互支付与凯伊的专利侵权案件有关的法律费用。凯伊最终搬到法国，为法国纺织业的机械化做出了贡献，却在相对贫困的生活中离世。

尽管16世纪发明了踏板驱动的纺车使纱线的产量比手工纺纱提高了许多倍，但到18世纪初，织布工的织布速度已经超过了梳理工和纺纱工生产纱线的速度。纱线生产成为纺织品生产的瓶颈，因此成为创新的必然目标。刘易斯·保罗（Lewis Paul，约1700—1759）和约翰·怀亚特（John Wyatt，1700—1766）发明了滚筒纺纱机；理查德·阿克莱特（Richard Arkwright，1733—1792）发明了手动梳理机；托马斯·海斯（Thomas Highs, 1718—1803）发明了珍妮纺纱机，并由詹姆斯·哈格里夫斯（James Hargreaves）加以完善；最后是托马斯·海斯发明并由理查德·阿克莱特收购的细纱机。作为一名发明家，海斯被遗忘，部分原因在于他没有或无法为自己的发明辩护，所以其他人利用和改进了他的设计（表 7.1）。

表 7.1 纺织业的主要发明

年份	发明	发明者 *
1733	飞梭	约翰·凯伊（伯里）
1738	粗纱管	刘易斯·保罗和约翰·怀亚特
1738	滚筒纺纱机	刘易斯·保罗和约翰·怀亚特
1748	手动梳毛机	刘易斯·保罗，其他版本有理查德·阿尔莱特和塞缪尔·克伦普顿（Samuel Crompton）
1764	珍妮纺纱机	托马斯·海斯；还有詹姆斯·哈格里夫斯
1769	细纱机	托马斯·海斯发明并被理查德·阿克莱特和约翰·凯伊（沃灵顿）收购
1771	水力纺纱机	理查德·阿克莱特
1775	刷毛机	理查德·阿克莱特
1779	走锭细纱机（骡机）	塞缪尔·克伦普顿
1784	动力织布机	埃德蒙·卡特赖特
1790	首座蒸汽动力工厂	理查德·阿克莱特
1803	能连续织布的浆纱机	威廉·拉德克利夫（William Radcliffe）
1804	雅卡尔提花织机	约瑟夫·玛丽·雅卡尔

* 原初发明者与设备专利的首位申请人之间存在争论，导致首个可运转原型应归属于谁的问题不够明确。

理查德·阿克莱特：发明与社会流动

18 世纪英国开始出现了创新型社会，理查德·阿克莱特就是其中的个案之一。阿克莱特的父亲是一名裁缝，这是一个依靠手艺的行当，但他的家庭并不富裕，无力送他去学校上学，于是他跟着一位堂兄学习识字。他最初的职业是理发师，也制作假发，但后来开始对梳毛和棉纺感兴趣，这当时完全靠手工完成。在钟表匠约翰·凯伊（John Kay，活跃于 1733—1764 年，不是那位飞梭的发明者）的帮助下，阿克莱特成功制造了一种机械纺纱机，能将原棉纺成纱线。1769年他为此申请了专利，因为由水车驱动，后来被称为水力纺纱机。阿克莱特非常积极地投入设计工作，并将纺织设备申请专利，他的计划是将从原材料到成品纱的整个纱线生产过程集中到一处。通过纱线生产工艺的机械化，阿克莱特实现了两大创举：一是降低了纱线生产的技术要求；二是在纺纱过程中能够使用动力，首先是畜力，但很快改用水力。

阿克莱特吸引了一些投资者，包括纺织业界的织袜商杰迪戴亚·斯特拉特（Jedediah Strutt, 1726—1797）。织袜机是一种模仿手工编织工艺制造筒状织物的机械装置。斯特拉特的贡献在于制造出了德比式罗纹织机，这种织机可以在布料上织出罗纹（实际上是一种反针织法），外观更好看，弹性强且更合身。丝绸是最理想的织袜材料，但太过昂贵，而棉布是一个很好的替代选择，尤其是在阿克莱特发明水力纺纱机之后，棉纱的价格就便宜多了。

1771年，阿克莱特在德比郡的克罗姆福德开设了他的第一家大型工厂，这不是第一家纺纱厂，却是第一家真正成功的棉纺纱厂。他的机器和生产系统被复制，德国和美国都开办起类似的工厂。克罗姆福德工厂已作为历史遗迹被保存下来。

棉纺纱给阿克莱特带来了权力和财富，但凡事都有弊端。1779年，阿克莱特在兰开夏郡比尔卡克雷（Birkacre）的一座工厂毁于反工厂的暴乱。1775年，他试图获得一项涵盖纺纱厂所有方面的专利，这将使他几近完全垄断纺纱业。尽管他一再争取，但1785年议会最终宣布这项专利无效。部分原因是他借鉴了其他发明家的想法，比如托马斯·海斯。虽然遭遇一些挫折，他的发明及其庞大的工业帝国奠定了他的历史地位。阿克莱特于1786年获封勋爵。

阿克莱特的故事揭示了18世纪晚期技术领域的一些新兴趋势。英国的社会灵活性足够高，因此阿克莱特能从他的发明中获益。但与约翰·凯伊的飞梭不同，阿克莱特将其发明置于一个更大的系统之中。他也比凯伊获得了更多的经济支持，在建立商业关系和社会关系方面也更为成功。他们两人都没能捍卫自己的专利权，但有了更好的计划之后，发明本身比起围绕发明而形成的生产系统就显得没那么重要了。阿克莱特的故事也有助于宣扬"白手起家者"的文化理念，即出身低微的普通人能通过聪明才智和努力工作而获得较高的社会地位和财富。

拉尔夫·马瑟（Ralph Mather，约1755—1836）是一位反对纺织工业化的传教士，认为这会造成社会的破坏。他发表了《兰开夏郡贫困棉纺工情况的公正陈述》，文中写道：

> 阿克莱特的机器只需要很少的人手，雇用的还都是孩子，再加一个监工协助。一个孩子生产出的产品，在过去平均需要雇用达十个成年人才可以完成。珍妮纺纱机有一两百个甚至更多纱锭，可以同时工作，但只需要一个人来操作。过去十年间，理查德·阿克莱特从一个身价不过5英镑的穷人，摇身已经坐拥2万英镑资产。然而，成千上万的妇女如果得到工作的机会，必须从早到晚地梳理、纺纱，盘卷5040码的棉纱，所获不过四五便士而已。(Mather, 1780)

蓬勃发展的纺织业

纺纱厂的完善能够以极低的成本生产出大量的纱线。到18世纪90年代，欧洲有数以千计的纺纱机，阿克莱特本人就雇佣了2万多人为他工作。于是发明家们的注意力转向了纺织业的织造端。埃德蒙·卡特赖特（Edmund Cartwright, 1743—1283），一名圣公会的牧师，出人意料地为机械改进做出了贡献。1784年，他发明了第一台动力织机，并于1785年申请了专利。这种织机使经纱的升降过程机械化，梭子自动来回传送。卡特赖特在唐卡斯特（Doncaster）建立了一家工厂，继续研究非常复杂的织造问题。他解决了其中的一些难题，比如编织简单图案的方法，但作为一个商人他并不成功，他的工厂在1793年被债主接管。

1789年，威廉·拉德克利夫（William Radcliffe，约1761—1842）在柴郡的梅勒开办了一家棉织厂，基础织机在他的工厂里得以完善。1804年，他对织机进行了重要的改进，发明的棘轮可以使布料一边织一边向前移动。理论上讲，运用这些革新能使织机永不停息，只要及时添加纬纱和经纱，机器长转，就可以源源不断地得到布匹。

基本纺织品占了纺织市场的大头，但纺织不仅要满足实用的需求，也要成为时尚。因此编织花纹属于纺织工业中最重要的部分，这一工艺比设置经纱并与纬纱交叉要复杂得多。为了制作花纹，特别是丝绸锦缎中的那些复杂花纹，需要将许多不同颜色的纱线织进布料中，这就意味着每根经纱都必须单独控制。最古老的织法是，织布工拉动装纬纱的梭子穿过织布机时，只需要简单地从经纱上方或下方通过。而当布片越来越大，图案越来越复杂时，织布工就必须配有一个或多个助手（往往是儿童），他们拉动一根末端有环的绳子（综丝，经纱从中穿过）抬起经纱。这种织法必须遵循一套指令才能完成花纹，非常慢且容易出差错。

纺织的自动化

1725 年，法国丝织工巴西勒·布雄（Basile Bouchon）发明了一套系统，利用一根穿孔的纸带来控制经纱的提升。这个系统的应用可能源自能自动鸣响的排钟，它用到设置钉子的圆筒。圆筒旋转时，钉子按照设定的顺序敲响排钟，钟师会用一张带孔的纸来为不同的旋律设置钉子。应用在织布机上，纸上打的孔控制着是否将经线提起。

布雄发明的系统很有用，但并没有比旧系统节省多少劳动力。1728 年，他的一名同事让·法尔肯（Jean Falcon）用穿孔卡代替了纸带，卡片比纸带更耐用，还能连在一起用于织更大的图案。雅克·德·沃康松（Jacques de Vaucanson, 1709—1782）再度改进了这一系统。沃康松是一位机械大师，他发明的能吃谷喝水、会拍动翅膀和排便的机器鸭等闻名于世。这一经历让他对如何控制机器有了更深刻的见解。1741 年，沃康松被任命为丝织业的督察，巡视并改革这一行业，以便与英格兰和苏格兰竞争。他借鉴了布雄和法尔肯的思路，于 1745 年制作出一台能自动织布的机器。他的机器不被织工们接受（有一次还有人扔石头砸他），最终并没有被引入纺织业。

约瑟夫·玛丽·雅卡尔（Joseph Marie Jacquard, 1752—1834）是一名丝织工，他意识到纺织自动化的巨大优势。他采纳了早期发明家特别是沃康松的想法，制造出第一台自动提花织机。除了控制经线的穿孔卡之外，他还增加了一个棘轮装置，这样当每条纬纱放下并拉到位时，穿孔卡就会向前推进一排。1801 年，雅卡尔在巴黎工业博览会上展示了他的自动织机。三次像这样的"拿破仑时代"博览会旨在促进法国工业和推动现代化，使法国能够与日益工业化的英国竞争。许多法国织布工畏惧雅卡尔织机，就像英国织布工畏惧水力纺纱机和动力织布机一样。但是雅卡尔织机的优势太明显了，以至于在 1806 年被宣布成为公共财产。到 1812 年，法国已有一万多台雅卡尔织布机。雅卡尔则因其贡献得到政府养老金和每台机器的特许费。

尽管雅卡尔提花织机的功能非常完善，但在法国没能物尽其用。大革命时期的法国，人们认为精致的图案是保皇主义，而且过于昂贵。这项技术在英国则如鱼得水，增强了英国纺织业的实力。菱形格纹和佩斯利羽状纹逐渐成为人人都能买得起的时尚品。

卢德派

纺纱厂和织布厂的建立破坏了家庭手工业，织布工开始纷纷失业。19 世纪初是欧洲经济纷争的时期，法国大革命和拿破仑的崛起导致了长期的战争。织布工世世代代都在采取行动来保护他们的工作，这可以追溯到中世纪，因此当工厂开至诺丁汉时遭到了当地织布工的抵抗，他们联合起来攻击和破坏这些讨厌的"大机器"。1811 年此类活动形成了一股浪潮，织布工自发组织起来，誓要追随"卢德国王"（King Ludd，有时也称"卢德将军"）[5]。这些后来被称为卢德派的人摧毁了诺丁汉郡、约克郡和兰开夏郡的羊毛纺织厂和棉花纺织厂。这些郡县是纺织业的中心地带，丰富的河流让水力资源便于利用（图 7.4）。卢德派在该地区受到广泛的支持，但部分由于政府担心在战争时期发生内乱，于是在 1812 年通过了《惩治捣毁机器法》（Frame Breaking Act），将破坏机器定为死罪，并派 12000 名士兵前往执法。至少有 23 人被判处死刑，其他参与者也被发配到澳大利亚。

随着纺织工业的扩张，以及更加有利可图，变化不仅体现在纺织工人身上，如织布工地位下降、家庭手工场的棉纺生产体系瓦解，而且发生在整条生产链上。英国政府在 1750—1860 年通过了一系列的《圈地法案》（Enclosure Acts）。该系列法案将公共土地的控制权转移给私人，而许多人原本有权在公共土地上放牧。许

> WHEREAS,
> Several EVIL-MINDED PERSONS have assembled together in a riotous Manner, and DESTROYED a NUMBER of
>
> # FRAMES,
> In different Parts of the Country:
>
> THIS IS
> ## TO GIVE NOTICE,
> That any Person who will give Information of any Person or Persons thus wickedly
>
> ### BREAKING THE FRAMES
> Shall, upon CONVICTION, receive
>
> # 50 GUINEAS
> REWARD.
>
> And any Person who was actively engaged in RIOTING, who will impeach his Accomplices, shall, upon CONVICTION, receive the same Reward, and every Effort made to procure his Pardon.
> ☞ Information to be given to Messrs. COLDHAM and ENFIELD.
>
> Nottingham, March 26, 1811

图 7.4　反对破坏机器的告示
悬赏揭发与卢德运动有关的人员。

多小型农户，通常是佃农，因无法进入公共土地而难以维持生计。到 1845 年，约 28000 平方千米的土地在圈地运动中被私人占有，这些土地中有很大一部分曾用于牧羊，为纺织业提供原料。许多流离失所的人搬到大城市和工业城镇找工作。

　　这些人一旦进入工厂和城市里，就几乎一文不名，生活在极端贫困中，价值甚至不如他们操作的机器。雇用童工、对妇女的剥削、车间内的体罚及缺乏社会援助都加剧了工作场所的危险性。实物工资制度是雇主剥削工人的方式之一。在该制度中，老板向工人支付产品（通常以虚高的价格），或支付代币或被称为"托米票"（Tommy tickets）的期票，这些票据只能在工厂经营的商店里消费，而其价格也是虚高的。这在英格兰许多地区引起了骚乱，并导致了 1831 年《实物工资法》（*Truck Act*）的出台，该法案规定工人的工资必须用"王国货币"支付。与一些通过议会法案来改善工作条件的尝试不同，这项法案得到了一些工厂主的支持，他们认为实物工资制度造成了工厂垄断，使工人无法在公开市场上购买想要的产品。

关联阅读

新卢德派：对抗未来还是另谋出路？

我们对技术的态度一直爱恨交加。爱上技术很容易，只要购买任何产品的最新版就行了（尤其是在你其实并不需要新东西的时候），你就已经在支持和参与技术世界了。然而表达对技术的担忧却很困难。在什么情况下人们日常的担忧——如脸谱网（Facebook）的隐私被暴露，发愁工作可能被机器人抢走——会让人们形成反技术的世界观？大家可以接受你不买无人驾驶汽车或是不用推特网（Twitter），但要反对整个技术社会，则往往会被人看作古板、天真或危险。然而有越来越多的人表示，他们已经受够了技术世界。

"新卢德派"是个统称，指代那些形形色色的反对使用或改进现代技术的个人和团体。他们认为工业革命是现代技术从可控走向不可控的转折点。有些人反对这个词，因为它指的是1811年失败的暴力卢德运动；而另一些人则接受这个词，因为它把他们与长期抵制技术取代人类和破坏人类利益的历史联系起来。对技术的看法五花八门，如果说有什么能让人们团结起来的话，那就是如果世界继续越来越依赖技术，未来会变得非常糟糕；反之，拒绝技术能让我们更健康、更快乐，社会联系更紧密。

很多新卢德派将他们的观点追溯到雅克·埃吕尔，他在《技术社会》中表达了对现代技术的批判。他指出，技术的逻辑建立在生产效率和自然世界的从属性之上，而忽视了对人的所有关切。反技术运动涌现出许多杰出人物，如柯克帕特里克·塞尔（Kirkpatric Sale）、雪丽丝·格兰蒂宁（Chellis Glendinning）和约翰·泽赞（John Zerzan），他们赞同埃吕尔的批判。循着这一思想，大多数新卢德派都提出要回归到前工业革命和农业时代的技术水平。塞尔是自治区域（autonomous regions）的倡导者，格兰蒂宁则拥护生态区域的乡土文化（bioregional land-based culture）。泽赞的立场更进一步，被描述为"无政府原始主义"（anarcho-primitivism），他认为我们应该回到前农业文化，恢复狩猎采集的生活方式。

新卢德派之间最大的分歧在于个人、团体和政府应该做些什么来抵消技术的影响。大多数反技术人士提倡将个人责任与某种程度的干预相结合的观点，干预包括通过市场或政府来保护环境和减少社会不平等。一些反技术人士认为，只有大规模干预才有可能防止未来的灾难。一小部分人认为什么都做不了，只有全球崩溃才能引导我们走向技术上负责任的新型文明（Civilization 2.0）。例如，塞尔与凯文·凯利［Kevin Kelly,《全球评论》(*Whole Earth Review*) 的前社长,《连线》(*Wired*) 杂志创始主编］在1995年打赌：到2020年将有一场全球灾难，包括环境灾害、贫富战争和全球货币体系的崩溃。

大多数反技术的拥护者都拒绝暴力，因为它在道德上是错误的，而且可能会疏远一般公众，但最极端的反技术思想支持者认为，只有直接行动才能迫使人们改变他们的行为。最臭名昭著的直接行动例子是西奥多·卡钦斯基（Theodore Kaczynski），即广为人知的"大学炸弹客"（Unabomber）。卡钦斯基原本是一名数学家，他辞去了哈佛大学的工作，生活在蒙大拿州的荒野中。从1978年开始，他向不同的人邮寄了16枚炸弹，致使3人死亡，23人受伤。1995年，他写信给一些媒体机构，表示如果他的反技术文章《工业社会及其未来》能发表在一家主流报纸上，他就不会再寄出任何炸弹。最终《纽约时报》和《华盛顿邮报》发表了他的文章。1996年美国联邦调查局逮捕了卡钦斯基。

在讨论技术史的时候，反技术的观点也是需要考虑的重要内容。这些观点是历史记录的一部分，也提醒着我们，技术是人类活动的产物，没有任何人类活动可以凌驾于批判性的审视。

改良者

并非所有的工厂主都对工人的处境无动于衷，他们不仅认识到了贫困造成的人道主义问题，也认识到疾病、酗酒和暴力导致劳动力减弱和不可靠，会提高经济成本。罗伯特·欧文（Robert Owen, 1771—1858）及其在苏格兰新拉纳克

（New Lanark）的工厂就是尝试将工厂制度变得更人性化的突出典范。新拉纳克工厂由大卫·戴尔（David Dale）和理查德·阿克莱特创办，利用了克莱德河瀑布的水力。欧文说服他的合伙人买下这家工厂，开始按照慈善原则经营，例如禁止使用童工、帮助工人照看婴幼儿、为其子女提供教育。尽管工厂持续盈利，但由于欧文在改进措施上的花销，盈余所剩无几。1813年欧文成立了一个新的投资团，成员包括政治思想家杰里米·边沁（Jeremy Bentham）和贵格会领袖威廉·艾伦（William Allen）。

尽管新拉纳克工厂在商业上取得了成功，但在格拉斯哥附近的奥比斯顿和印第安纳州的新哈莫尼，另外两家类似的社会主义/平等主义的商业公司都破产了。欧文于1828年退出了新拉纳克的经营，将注意力转向改善工作条件、社会主义政治和合作运动。尽管在欧文有生之年，他提出的诸如工作场所更加平等的想法并没有改变多少工人的处境，但他所倡导的许多事情，如为工人提供免费教育、设立工厂安全巡视员、工厂主须遵循用人标准和工资法令、改革《济贫法》以救济最贫困的人，都是他为后人留下的宝贵遗产。

工厂制

纺织工业的出现克服了手工生产的局限性，在这一过程中逐渐显露出工厂制的威力。首先，它实现了生产的集中，摆脱了经济性差的包买制。把原材料送到一个工厂要比送到很多小作坊的效率高得多。

其次，工厂制提高了商品的整体质量。由于只有高度熟练的工匠才能生产出最好的织物（这一点直到现在也是如此），因此大规模生产普及之前，纺织品的总体质量是很低的。

第三，工厂制降低了工作技能的要求。纺织厂的工人只需要学会几道工序，这比培训一个工匠要快，也更省钱。虽然这是熟练工匠反对工厂制的一个主要原因，但也使大规模就业成为可能。生产系统的去技能化伴随着新阶层的熟练工人崛起，他们是设计、制造和维护自动化设备的技术人员和工程师。工厂制还创造了管理和办公岗位，因为必须雇人来监督生产、管理材料的供应和交接、记录工作时间和工资名单、做会计、付税款，以及做所有其他与商业公司有关的事情。

第四，不断变化的经济体系，有利于投资的普遍开放的市场，使工厂的创建成为可能。不同的团体可以筹集资金来改进机器以提高他们的竞争地位，或者通过集体投资来开办新公司，这都促进了创新。

随着工厂制的完善，还有另一个问题亟待工厂主解决，这就是如何创造并维护商品的市场。生产出商品固然重要，但商品必须能卖得出去，这就是一种不同类型的技术和社会的挑战。

约西亚·韦奇伍德：超越工厂

工业革命关于这一方面的故事，我们可以参考约西亚·韦奇伍德（Josiah Wedgwood, 1730—1795）的人生轨迹，他的陶瓷工厂已经成为工业革命期间工业转型最具标志性的例子之一。韦奇伍德出生于制陶世家，最初和兄长一起经营，后来到常春藤工坊（Ivy Works）创办了自己的公司。韦奇伍德意识到陶器生产的每个步骤都可以拆分，每项操作都可以交给专门负责的人完成，这样就不用一个人完成备土、塑型、上釉和收尾等全套工序。这虽然不是一个原创的想法，但韦奇伍德围绕着劳动分工的原则建立起他的陶瓷工厂。1769年，他利用当时最先进的工厂技术创建了一家名为伊特鲁里亚（Etruria）的新工厂（图7.5）。反复的实验让他掌握了测定窑温的新方法，从而可以更好地控制陶瓷烧制的质量。韦奇伍德还推出了三种新型陶瓷，分别是"王后瓷"（Queen's Ware, 1762）、"黑陶"（Black Basalt, 1768）和"碧玉"（Jasper, 1774）。

"王后瓷"得名于夏洛特王后（Queen Charlotte），韦奇伍德获准为夏洛特王后制作茶具和咖啡具。他得到了夏洛特的许可，可以称自己的陶瓷系列为"王后瓷"，并有权说自己是"王后陛下的御用瓷商"（Potter to Her Majesty）。这是最早的名人代言事例之一，而且是个绝妙的主意。为韦奇伍德工作的都是最杰出的艺术家，他们的精巧制品获得了富人和贵族的高度赞赏。俄罗斯叶卡捷琳娜大帝订购了两套不同的餐具，其中较大的那套包含952件瓷器。然而韦奇伍德开创的大规模生产方式意味着中产阶层也可以购买相同风格的陶瓷制品。他的产品销往社

图 7.5　伊特鲁里亚陶瓷厂
韦奇伍德先进的陶瓷厂。可以看到运河流经工厂，便于运输。

会的各个阶层，这也部分归功于制造商日益重视推销他们的产品。

其他方面，韦奇伍德也是改造市场交易的领军人物。18 世纪的道路普遍很糟糕，大多数比土路好不了多少，干燥时尘土飞扬，泥泞时无法通行。在很多地方，最适合赶路的季节是冬天，因为路面会结冰。许多人认识到，糟糕的交通状况对生意造成了不良影响。韦奇伍德和其他实业家出资修建运河，以解决大宗货物从工业区向市场运输的问题，原料从港口和产区运进来也更加方便。经韦奇伍德的投资和游说，人们开凿了连通两河的特伦特—默西运河（Trent and Mersey Canal），他在运河边修建工厂，然后就可以利用运河来运输原料和成品。到 19 世纪中叶，运河的总长度已经超过 6000 千米。运河的运力很高，一匹驮马只能运送 100 千克货物，而同样的一匹马可以拉动约 55 吨运河里的驳船。

运河是一种良好的解决方案，但也有很大的局限性。最关键的是，运河只能建在水系丰沛的地方。水闸虽可以克服高度差，但同样会减慢运输速度，而且建造和维护成本高昂。沿着山谷走很容易，但穿越高地则是一个严峻的工程挑战。威尔士的庞特基西斯特渡槽（Pontcysyllte Aqueduct）就是世界工程史上的一个奇迹（图 7.6），它引导兰戈伦运河（Llangollen Canal）跨越迪河（River Dee），高 38 米，长 307 米，花了 10 年的时间规划和建造，于 1805 年开通。运河很适合进行点对点的运送，但要增加分支或交叉点时，运河就不是很灵活了。

图7.6 迪河上的庞特基西斯特渡槽
该渡槽为驳船运输而建，也是一大工程奇迹。

蒸汽动力

纺织工业和工厂概念在转变生产方式的同时，蒸汽机的发明为机械化浪潮开辟了道路。蒸汽装置至少可以追溯到古希腊时期，当时亚历山大里亚的希罗曾描述过一个由蒸汽驱动的旋转球。列奥纳多·达·芬奇（Leonardo da Vinci，1452—1519）提出利用蒸汽建造大炮（Architonnerre），并将这个想法归功于阿基米德。尽管达·芬奇的装置在理论上可行，但确实超出了那个时代的技术能力。

用蒸汽推动活塞比试图推动炮弹务实得多。18世纪很多人制作过蒸汽机，其中最重要的是纽科门的常压蒸汽机。托马斯·纽科门（Thomas Newcomen，1664—1729）是一名五金供应商兼浸礼会牧师。当时蒸汽机主要用来抽取煤矿和锡矿中的水。纽科门的想法基于先前英国发明家兼工程师托马斯·萨弗里（Thomas Savery，约1650—1715）和法国物理学家丹尼斯·帕潘（Denis Papin，1647—约1713）的工作，帕潘还是罗伯特·波义耳（Robert Boyle）的朋友。所有的早期蒸汽机能量利用率都很低，但它们证明了蒸汽的热能可以转化为机械能。纽科门蒸汽机由一个水箱、一个加热室和一个带活塞的汽缸组成，活塞连接着杠杆臂。推动杠杆臂便可以让泵运转。这种蒸汽机被称为常压蒸汽机，因为它们不是通过蒸汽的膨胀来推动活塞，而是通过蒸汽的凝结，使得气缸内的压力低于大气压。这就需要向汽缸中注入冷水，迅速冷却汽缸而降低压力。外部大气压力迫使活塞下降，直到压力平衡，杠杆臂返回其初始位置。

当詹姆斯·瓦特（James Watt，1736—1819）开始研究蒸汽机时，他意识到一大困难是部件的精度不够，特别是活塞和汽缸之间的接触不够紧密。瓦特的职业生涯始于仪器制造，他在伦敦受过训练，尽管在格拉斯哥没有数学仪器制造商，但当地的锤业行会禁止他开业（该行会成员是"挥舞锤子的人"，包括铁匠、金匠、钟表匠、军械匠和锁匠）。格拉斯哥大学的一群教授，包括著名化学家约瑟夫·布莱克（Joseph Black），为瓦特在大学提供了工作机会和场地，那里不属于行会的管辖范围。这对瓦特来说是个绝佳的机会，不仅有了工作，还使他与科学界建立起联系。在约翰·罗宾逊（John Robinson）的建议下，瓦特于1762年开始研制蒸汽机。瓦特早期的模型并不太成功，但他发现格拉斯哥大学有一台纽科门蒸汽机模型，经过研究，他明确了基本原理。更重要的是，他发现了纽科门蒸汽机的主要问题，即冷却汽缸会浪费巨大的能量。他的解决方案是建造一个单独的冷凝器，从而保持汽缸的热度。

即使有了这项重大的发明，将蒸汽机转化为商业产品还是困难重重。因为制造这样一台精密机器非常昂贵，而且受限于当时工人的加工技术能力。瓦特与约翰·罗巴克（John Roebuck，1718—1794）建立了合作伙伴关系，后者是斯特灵郡卡伦钢铁厂（Carron Iron Works）的老板。在罗巴克的支持下，瓦特建造了第一台全尺寸蒸汽机。尽管获得了蒸汽机的专利，但瓦特没能推广他的机器，而且罗巴克陷入财务困难，将其专利份额卖给了马修·博尔顿（Matthew Boulton，1728—1809）。博尔顿在伯明翰拥有一家索霍铸造厂（Soho Foundry），他与瓦特合作并大获成功。他们的成功很大程度上应归因于约翰·威尔金森（John Wilkinson，1728—1808）的工作，他的贡献是实现了精密气缸的制造，极大改善了活塞和汽缸之间的气密性，从而大大提升了蒸汽机的效率。威尔金森曾发明过一种制造高性能大炮的新方法，先把炮身铸成实心的，再在一个巨大的车床上钻出炮管（图7.7）。威尔金森为博尔顿和瓦特提供精密气缸，并为自己的工厂购买了几台蒸汽机，还鼓励瓦特扩大蒸汽机的使用范围。

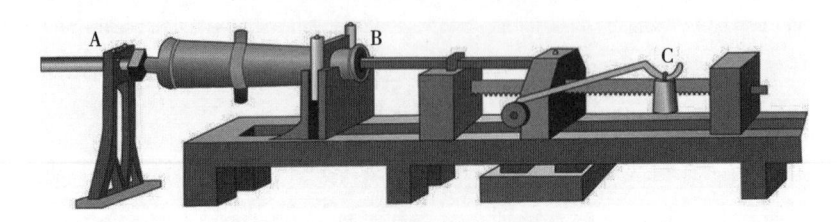

图 7.7　威尔金森炮钻机（炮筒镗床）

钻头（B）向金属炮膛内水平施加压力的时候，炮筒（A）会旋转，齿轮沿着齿条（notched plate）移动。连接的杠杆和砝码（C）迫使钻头施加的压力始终是水平的。

1776年，第一台具有商业价值的瓦特蒸汽机组装成功（图7.8）。对早期蒸汽机而言，最大的市场应用是水泵，但随着蒸汽机的成功，其动力优势得以凸显，将蒸汽动力用于其他用途的需求就越来越大。蒸汽机制造商面临的最大工程学问题就是怎样把直线运动转变成圆周运动。最直接的办法是使用一根曲轴，但曲轴的专利已被他人注册，瓦特不愿意分享自己的专利以换取曲轴专利（将直线运动转换成圆周运动）。1781年，瓦特和博尔顿通过发明太阳－行星齿轮（sun and planet gear）而绕过了曲轴的专利限制。它使用活塞末端的固定齿轮来推动机器轴上的旋转齿轮，这样一来水车能做的任何事都可以用蒸汽机完成。蒸汽机的优势在于它可以放置到任何地方，这使得大规模生产摆脱了水路的限制；但其缺点是成本较高。水车在初期建设完成以后，几乎可以免费使用，但蒸汽机需要持续供应燃料。蒸汽动力之所以如此快速地在英国扩散，其中一个原因就是英国有许多储量巨大的煤炭资源，分布于南威尔士、英格兰中部和北部，以及苏格兰的克莱德和艾尔郡等地。蒸汽机形成了一个正反馈机制，它增加了对煤炭的需求，反过来蒸汽机又为煤矿开采中的抽水机、升降梯和运煤车提供了动力。

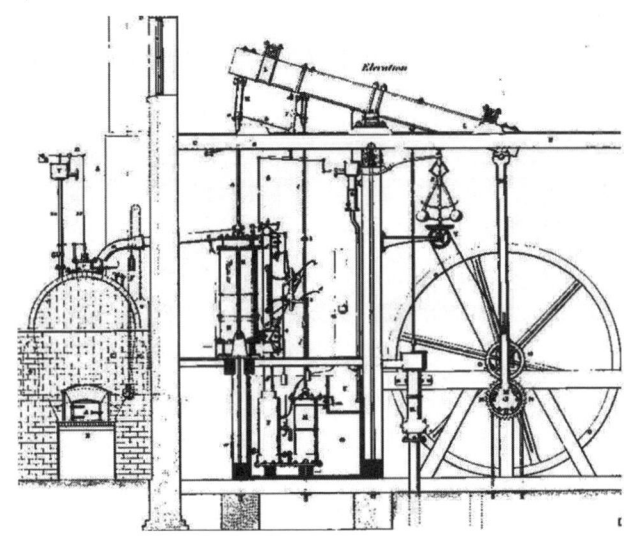

图 7.8　瓦特蒸汽机设计图

蒸汽从左边的锅炉进入中间的汽缸。冷凝的蒸汽被收集到主汽缸下面的小汽缸中。注意大轮中间的太阳－行星齿轮及上方的离心调速器。

蒸汽交通

"活塞"能够让轮子转动，这就促成了交通运输方式的变革——机车的发明。最初的机车不过是实验性的演示，但它们清楚地表明，蒸汽动力可以用来推动车辆。

发明低压固定机之后不久，蒸汽机就被改进用于新型的交通方式。尽管人们早就尝试过发明自行推进的交通工具，如达·芬奇的弹簧马车，但最早的蒸汽马车或三轮车是 1769 年尼古拉－约瑟夫·居纽（Nicolas-Joseph Cugnot, 1725—1804）发明的。随后他又发明了"蒸汽车"，这是一个笨拙的三轮怪物，重达 2 吨，前面有一个大锅炉（图 7.9）。它能动起来，但速度很慢，最高时速约为 3 千米。约 1784 年，威廉·默多克（William Murdoch, 1754—1839）以瓦特的蒸汽机为基础建造了一辆蒸汽马车的工作模型，但没有后续进展。蒸汽马车推动了蒸汽交通的理念，但并不实用。因为载重太小，无法携带足够的燃料行驶太远，而且需要光滑平坦的道路（这在当时很少见）。

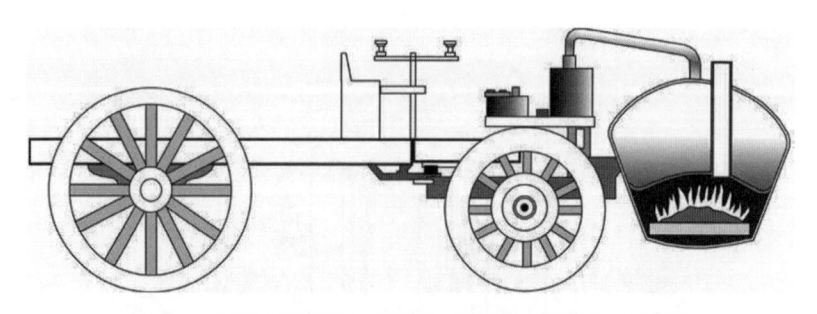

图 7.9　1769 年尼古拉 – 约瑟夫·居纽的"蒸汽车"示意图
最前面是锅炉的剖面图。

蒸汽机车

类似问题的影响，无疑促成了蒸汽铁路机车的诞生。矿井曾使用轨道来引导矿车，早期的蒸汽机也在矿井使用，两者结合起来就引发了交通革命。1804 年 2 月 21 日，理查德·特雷维西克（Richard Trevithick，1771—1833）在威尔士梅瑟蒂德菲尔（Merthyr Tydfil）附近潘迪达伦铸造厂（Pendydarren）的轨道上驾驶蒸汽机车。随后修建了一些小型铁路，如 1812 年马修·默里（Matthew Murray，1765—1826）的米德尔顿铁路和他的机车"萨拉曼卡"（Salamanca），接着是 1813 年开始在威拉姆煤矿铁路运营的"喷气比利"（Puffing Billy，喷气比利是现存最古老的蒸汽机车，现在伦敦科学博物馆展出）。1825 年，乔治·斯蒂芬森（George Stephenson，1781—1848）建造了第一条公共铁路——斯托克顿和达灵顿。斯蒂芬森被称为"铁路之父"，他设计的轨距（车轮之间的距离）为 1.44 米，成为世界各地铁路的标准轨距。

在美国，巴尔的摩和俄亥俄铁路公司（Baltimore and Ohio Railroad Company）成立于 1827 年，并成为最大、最成功的公司之一。在接下来的几十年里，美国的铁路出现了爆炸式增长，促进了国内贸易和殖民地的开拓，因为这些铁路大多修建在内陆地区（表 7.2）。铁路的发展也对工业化的速度产生了影响，因为铁轨和机车增加了对金属的需求，蒸汽机的功率增大，而更强的工程技能需要制造效率和功率更大的高压蒸汽机，这就带来了精密加工的出现。一旦有了大规模精密加工的技能和工具，它们就可以用于许多其他工业用途。

表 7.2 英国和美国的铁路里程　　　　　　　　单位：英里

年份	英国	美国
1830	100	40
1840	4000	2800
1850	6000	8500
1860	9000	28900
1870	15500	49100
1880	27500	87800
1890	38600	163500

钢

蒸汽动力的发展及其创造的工业生产能力也促进了采矿和冶金的增长。特别是在工业革命期间对钢铁的需求急剧增加，生产技术的变化使大规模生产钢材成为可能，而且价格低廉，使用钢材要比铁、石材或木料等更为经济。炼钢可以追溯到古代，少数钢制品可以追溯到约公元前 1800 年。成规模生产的钢材包括罗马时期的诺里克钢（Noric Steel，来自现在奥地利和斯洛文尼亚的凯尔特地区）及印度和斯里兰卡的乌兹钢（Wootz Steel），都依赖于某种天然存在的铁矿石合金、高温窑炉的坩埚熔炼技术，以及能够耐高温并吸收杂质的陶瓷容器等发明。即使在古代炼钢的鼎盛时期，钢制品也是一件昂贵的奢侈品。

随着时间的推移，欧洲的炼钢技术逐渐退化，因此在中世纪，只有斯堪的纳维亚半岛还出产一些钢材，炼钢技术可能是通过伏尔加河商路从中东带到那里的。当从 11 世纪开始十字军遭遇伊斯兰军队，他们面对的是一支拥有优势武器的对手。欧洲人对大马士革钢的迷恋由来已久，从而刺激了贸易和冶金的发展。到 16 世纪，格奥尔格乌斯·阿格里科拉（Georgius Agricola，1494—1555）在他的《矿冶论》(*De Re Metallica*，1556，旧译《坤舆格致》)一书中写到了钢铁制造业。

铁变成钢的核心问题在于温度。将铁加热到熔点，并长时间保持该温度进行提纯和铸造，是一件既困难又昂贵的事。在大多数地方，木炭被用于金属的加工、炼制，这种需求导致了森林的过量砍伐。煤比木材或木炭更适合用来炼铁，因此只要有煤，它就会成为首选的燃料。尽管煤很好用，但它也有一些局限。煤的质量差异很大,有的是褐煤,像硬化的泥炭一样充满杂质,也有的是无烟煤,一种坚硬有光泽的黑煤,杂质含量较低,适用于烹饪和家庭取暖。这个问题的解决办法是焦炭。焦炭是将煤在无氧的条件下加热,以去除水分、煤焦油(一种含有苯酚和芳香烃等有机化合物的混合物)和其他杂质。到13世纪时中国已经发明了焦炭,可能是人们将制取木炭的方法应用于煤炭。目前尚不清楚欧洲人是否通过与亚洲的接触得知这种工艺。第一个"炼制"煤炭的专利在1590年授予了约翰·索恩伯勒主教(Bishop John Thornborough),他也是约克郡教长。索恩伯勒对煤炭的兴趣很可能来自他的炼金术研究。

到1709年,亚伯拉罕·达比一世(Abraham Darby I,1678—1717)建造了一座高炉来炼铁,使用的是焦炭而不是木炭或煤(图7.10)。他生产的铸铁被用来制作铁锅,或充当其他钢铁厂的基础原料,但他在38岁时意外去世,这项工作半途而废。

本杰明·亨茨曼(Benjamin Huntsman,1704—1776)发明了一种新式坩埚

图 7.10 18 世纪中期的高炉剖面

中央的炉膛装有矿石,从下面加热,空气从侧面鼓入。熔化的金属通过炉子底部的铁水沟流出。

炼铁法，他发现使用焦炭而非木炭可以产生 1600℃ 的高温，足以将铁熔化并混合形成合金钢。亨茨曼原先是一个钟表匠，他想制造更好的弹簧用钢。他的方法效果很好，但在本地没有市场，多年来他只能把大部分钢材卖给法国的餐具制造商。他没有申请专利，其他制造商最终发现了他的方法。亨茨曼在谢菲尔德建立了工厂，凭借拥有钢铁厂和坩埚钢，谢菲尔德成为欧洲最大的工业中心之一。

由于坩埚法的使用，钢铁产量显著增加，但其仍是一种特殊产品，大多用于工具、餐具和武器。亨利·贝塞麦（Henry Bessemer，1813—1898）开创了贝塞麦法，使钢铁的大规模生产成为可能（图 7.11 和图 7.12）。贝塞麦在 1856 年的《无需燃料的钢铁制造》一文中首次描述了这套方法。他最初计划是生产用于造炮的高品质钢

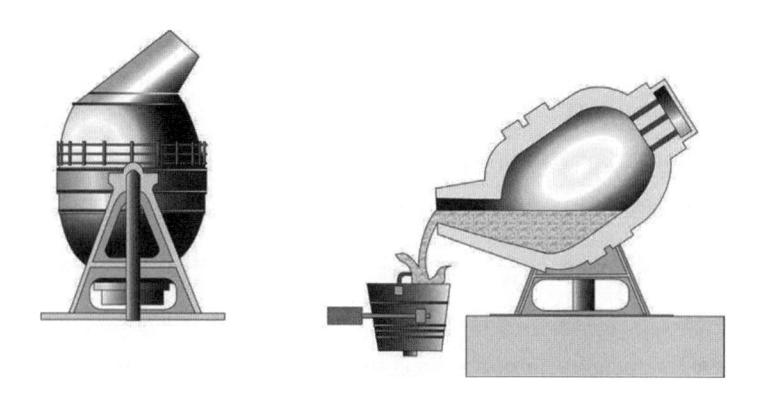

图 7.11　贝塞麦转炉示意图
空气从底部鼓入熔化的金属中。炉工观察炉顶火焰的颜色，以确定冶炼是否完成。

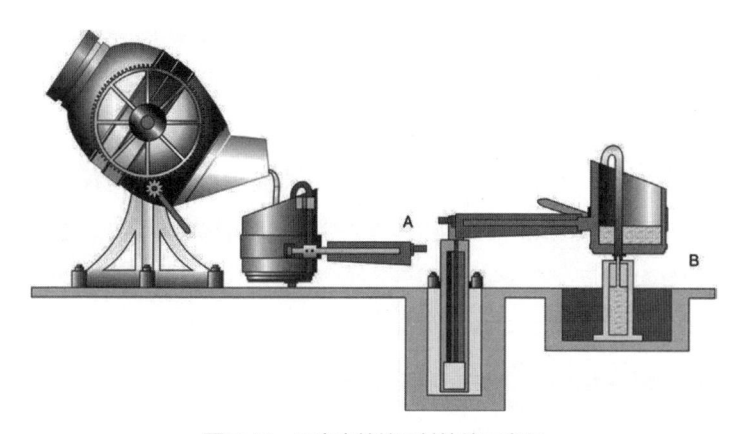

图 7.12　贝塞麦转炉及其铸件示意图
熔融的钢倒入钢水桶或钢水包中，在液压升降机上旋转，从钢水包底部将钢水抽入模具，从而滤过所有矿渣。

材，但多起桥梁事故中铸铁结构部件的损毁，刺激了建筑和铁路对钢材的需求。

贝塞麦法的基本原理是将空气吹入熔融的铁水中，燃烧掉杂质，或使其形成矿渣浮到表面，然后人工清除。使用空气炼铁的想法并非源于贝塞麦，但他设计和建造的贝塞麦转炉使其能够以更低的价格生产更多的钢。转炉本质上是一个绕轴转动的巨大坩埚，可以容纳 30 吨的铁水。当 1855 年前后贝塞麦开始在谢菲尔德生产钢时，每吨的价格比其他钢铁生产商低 20 美元。没过多久，他开始将他的方法授权给其他制造商。贝塞麦总是胸怀大志。他的钢铁厂规模宏大，他设计了巨大的冲压机来加工成型单件钢铁制品，还发明了一种批量生产平板玻璃的方法。

公司

与发明浪潮同等重要的还有两项关键的技术进展，虽不涉及新机器，却促进了工业时代的来临。第一是有限公司的设立，第二是现代银行的创建。英国在这两项隐形技术上都处于领先地位，由此成为一个殖民大国。

通过某种组织来处理经营业务的概念非常古老，起源于中世纪的行会甚至更早。康曼达（commenda）或商业合同是在中世纪晚期发展起来的，随着合同数量的增长，专门研究商法的人数也在增加。随着这些组织商业的方法在贸易中变得越来越重要，商人的金钱和权力稳步增长。这引发了一些社会问题，因为商人处于社会等级的最底层，却逐渐拥有最多的财富，而上层阶级受制于传统被禁止从事商业活动，但他们可以影响或直接控制商业运作的法律。对此的解决方案是创建一个负责业务的组织，但不由上层阶级管理。这也使得零散的投资更加容易，许多人将钱投入企业。随着大西洋贸易的增长，很多航行都得到了这类投资的资助。

随着贸易和商业变得越来越重要，欧洲各国政府成立了特许公司。为了交换政府授予的某种产品、服务或资源开采的垄断权，特许公司向某些重要人物提供了赚大钱的机会。在那个利益冲突的概念迥异于今天的时代，一个人在政府或宫廷中的角色，以及他们对金融企业的责任，往往并不存在多少区别。这是促进欧洲经济转型的因素之一，先前是基于易货和贸易的系统，以及被称作重商主义的资本主义早期形式。从扑克到玻璃瓶，几乎所有东西都可以垄断，但最重要的特许公司是那些经营远途贸易的公司，如荷兰东印度公司（Dutch East India Company）或哈德逊湾公司（Hudson's Bay Company）。

1851 年博览会

工业时代最伟大的象征是 1851 年 5 月 1 日至 10 月 15 日在伦敦举行的万国工业产品博览会（Great Exhibition of the Works of Industry of all Nations）。一定程度上这是英国对 1844 年巴黎成功举办工业博览会这一盛事的回应。博览会由英国皇家工艺制造与商业学会（The Royal Society for the Encouragement of Arts, Manufactures and Commerce）的一些主要成员组织，包括亨利·科尔（Henry Cole，高级官员兼工业设计师）、弗朗西斯·富勒（Francis Fuller，测量师）和查尔斯·迪尔克（Charles Dilke，出版商）。他们吸引了维多利亚女王的丈夫阿尔伯特亲王的兴趣。1849 年，阿尔伯特亲王为支持举办博览会，宣称它"将带给我们一场真正的考验，生动呈现全人类在应用科学这个伟大任务中所取得的发展成就，同时作为新的起点，所有国家将能够确立未来的努力方向"[6]。在他的支持下，博览会从政府、企业和公众那里筹集到总计 20 万英镑的资金，他们还获得了重要人士和公司的参会承诺。这次博览会展出了来自世界各地的 1.3 万件展品，包括一台能够操作的提花织机、各种蒸汽机和机车、厨房电器、工艺品、收割机和钢铁冶炼模型。博览会还举办讲座，展示异域植物标本，并在严密的安保下，展出了当时最大的钻石光之山（Koh-i-Noor diamond）。博览会还主办了第一届国际摄影大赛，并建立了与爱丁堡之间的公共电报联络。

有超过 600 万人次到场参观，博览会盈利 18.6 万英镑（约合今天的 3650 万美元）。这笔钱被用来资助维多利亚与阿尔伯特博物馆（Victoria and Albert Museum）、科学博物馆（Science Museum）和自然历史博物馆（Natural History Museum），这些博物馆至今仍在运营。

博览会展馆本身就是工业时代的一个奇迹。这座建筑由约瑟夫·帕克斯顿（Joseph Paxton）设计，绰号"水晶宫"（Crystal Palace），建筑采用铸铁框架和平板玻璃（图 7.13），到 20 世纪，这套材质被用于摩天大楼建造中。建筑采用模块化结构，使用大规模生产的标准化构件。大部分构件都在工厂制造，然后到海德公园组装而成。建筑本身长 564 米，宽 139 米，高 33 米，有 9.2 万平方米的展厅空间，建筑用玻璃面积达 8.4 万平方米。不幸的是，水晶宫在 1936 年被大火烧毁。

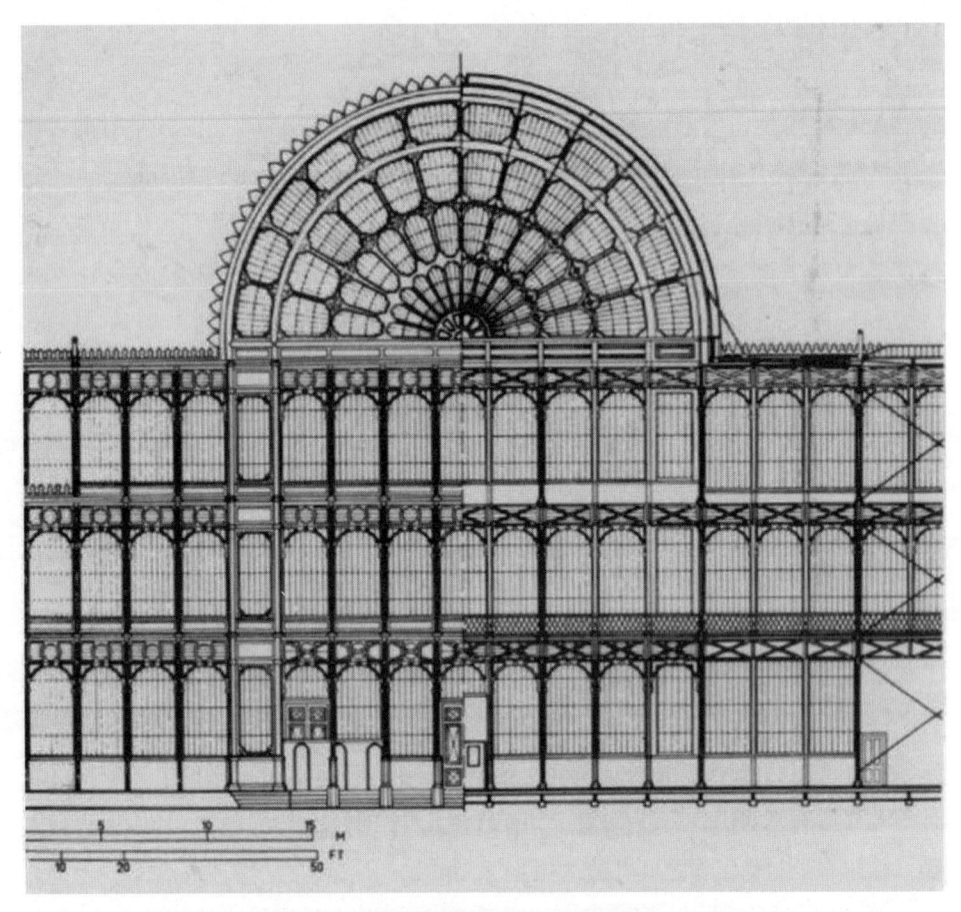

图 7.13　约瑟夫·帕克斯顿设计的 1851 年万国博览会水晶宫建筑图纸
该建筑基于模块化设计思想，使用尽可能多的通用构件。大部分构件都在工厂生产并在现场组装。

能源与化学

随着工业化的进行，能源变得愈加重要。几千年来，燃料一直以木材为主，但随着欧洲人口增长和工业发展，使用木材作为燃料导致森林过度砍伐，建筑用木料短缺。煤和焦炭用于取暖和工业生产，效率比木材或木炭更高，而英国幸运地拥有大量的煤炭供应。随着工业上对焦炭的需求增加，生产商发现了一个棘手的问题：炼制焦炭产生的气体可能会爆炸，还有一种黏稠的焦油状残留物，也必须从窑炉中清理出来，否则会毁坏窑炉。工程师兼发明家威廉·默多克（William Murdoch，1754—1839）曾与博尔顿和瓦特一起研制过蒸汽机，他对煤气进行实验，并在找到净化方法后在1792年将其用于他在伯明翰寓所的照明。焦炭制造商认识到煤气的商业潜力，它主要是由氢气、甲烷和一氧化碳构成的混合物，收集起来便可以用于照明和取暖。1812年，伦敦和威斯敏斯特煤气灯焦炭公司（London and Westminster Gas Light and Coke Company）首次将煤气（后来被称为"城市煤气"）用于商业。直到20世纪下半叶被天然气取代，煤气制造业一直都举足轻重。

另一方面，人们仍将煤焦油视为一种废弃物，往往倾倒在当地溪流或河水中，破坏生态环境，在某些地方至今尚未解决。但是曾被看作有害工业废料的煤焦油，日后却改变了工业界的进程，这一切都要归功于有机化学的发展。化学作为一个技术领域经常被忽视，但那些发展先进化学工业的国家将在国际贸易中占据主导地位，并处于技术发展的前沿。尽管像制酸这样的化学工业从文明起源以来就已经存在，但它们在很大程度上是手工作业，基于世代相传的配方。直到18世纪晚期，主要由安托万·拉瓦锡（Antoine Lavoisier，1743—1794）发起的化学革命才让人们有可能清楚地理解化学的性质。从科学术语的角度来说，有机化学研究的是碳基化合物，因此煤和煤焦油自然成为有机化学的研究对象。研究人员希望能合成天然有机化合物，从而迈出了工业有机化学发展的第一步。

1856年，伦敦皇家化学学院的首席化学家奥古斯特·威廉·冯·霍夫曼（August Wilhelm von Hofmann）让一名学生尝试合成奎宁。奎宁是当时已知的唯一能治疗疟疾的药物，而它的原料金鸡纳树皮只能从秘鲁和爪哇等少数地方以极高的价格购得。由于英国在疟疾流行的地区拥有大量殖民地，因此奎宁的价值巨大。这个学生就是威廉·亨利·珀金（William Henry Perkin，1838—1907），他使用煤焦油作为合成试剂的原料。虽然合成奎宁的实验失败了，但珀金注意到他制备的一种化合物将布料染成了鲜艳的淡紫色。他开创了第一种合成苯胺染料。这一发现纯属偶然。当时世界各地的纺织工厂使用的都是天然材质的染料：用菘蓝染蓝色，胭脂虫染深红色，骨螺（*Bolinus brandaris*）的黏液染紫色。这些染料每个批次都不一样，而且容易褪色。苯胺染料具有极强的色牢度和一致性。除了苯胺染料在工业上的实用性之外，珀金还很幸运，维多利亚女王在1862年的皇家博览上身穿淡紫色的丝绸长裙（不是用苯胺染色的），使淡紫色持续几年成为最时尚的颜色，珀金因此大赚一笔。

染料工业的创建固然重要，它促成了拜耳（Bayer）和巴斯夫（BASF, Badische Anilin-und Soda-Fabrik）等工业巨头的发展，但意义更为重大的是，它是现代科学研究和工业应用的首次成功结合。珀金开辟了广泛的新工业产品之门，包括塑料、杀虫剂、溶剂、润滑剂、药品、化妆品、油漆和染料，以及炸药。通过研究煤焦油获得的许多知识也适用于不断发展的石油工业，石油将在20世纪取代煤焦油成为工业有机化学的基础材料。将科学知识转化为实用产品是萦绕着几代人的梦想，1662年成立的伦敦皇家学会，其真正目标之一就是创造知识以改善制造业。但在珀金之前，科学家和工业之间知识转移的实际案例尚不多见。随着19世纪结束，科学的力量越来越受到工业化的支持，如韦奇伍德和瓦特等实业家领袖开始资助科学研究，从而对工业做出了重大贡献。热力学的发现就是科学和技术最重要的交集之一。新的科学思想部分来自对蒸汽机的观察，以及炮筒镗床（正是这些工具才使瓦特的蒸汽机成为可能）持续产生热量的事实。1824年，萨迪·卡诺（Sadi Carnot, 1796—1832）出版了《论火的动力》（*Reflections on the Motive Power of Fire*），改变了人们对热和能的理解。

随着工业的发展，工厂主开始追求新产品及制造现有产品的新方法，他们开始认识到效率的价值，渴望更好地控制生产的物理工艺。科学研究提供了加强控制的可能性，因此科学和工业化开始取代老旧的以手工艺为基础的体系——那是工业革命前制造业的特征。

在社会层面上，工业革命不仅创造了新产品，还创造了新的群体和社会关系。实业家要求获得经济和政治权力，并帮助推翻了基于旧阶级制度的封建特权体系残余。新的技术人员（工程师、建筑工人和机械师）和工业管理人员（律师、会计师和经理）阶层不断壮大，并作为中产阶层——介于工人和工业所有者之间的阶层——也获得了权力。他们不像地主和实业家那样富有，但凭借他们的教育水平和集体购买力，他们既是新经济的必要基础，又是制成品的重要市场。工人处于经济体系的底层，生活很艰难，但从长远来看，制造业比自给自足的农业更赚钱，就业更可靠，提供的机会也更多。

新经济主要位于西欧和北美的中大西洋地区，使这些地区的人们比世界其他地区的人们拥有更大的优势。尽管在许多情况下，不同文明在技术实力上的差异很明显（比如郑和下西洋期间中国人见到的列国，或是十字军与伊斯兰军队在巴勒斯坦遭遇），但西方工业化导致工业和非工业区域及民族之间形成的鸿沟，我们至今仍能感同身受。

工业革命的意义

工业革命并没有预先计划，但当时的人们知道他们生活在一个惊人变化的时期。最早使用"工业革命"一词的人是法国外交官路易-纪尧姆·奥托（Louis-Guillaume Otto），他经历过法国大革命的恐怖统治和拿破仑时代。1799年，他称法国正在与其他国家竞争，以创造新型的工业。法国经济学家阿道夫·布朗基（Adolphe Blanqui）曾论述过"工业革命"（la révolution industrielle）的影响，他在1827年指出，英国工人住得更好，产品更便宜，法国在工业机器生产方面落后。到了19世纪30年代，整个欧洲都在使用这个词。1844年，弗雷德里希·恩格斯（Friedrich Engels）在他的《英国工人阶级状况》（The Condition of the Working Class In England）一书中写到了"工业革命"。1881年，英国历史学家阿诺德·汤因比（Arnold Toynbee）举办了以"工业时代"为题的讲座。

历史学家至今仍在争论为什么会出现工业化，这一时期是否应该被称为革命，以及什么条件导致了经济、工业和社会变革。支持革命说一方的事实是，不仅仅出现了工厂等新事物，而且所有经历了工业化的国家，其社会结构都发生了巨大变化，从而称之为一场革命。反对革命说一方的事实则是，工业化是经过几代人的努力才发生的，因此是一个比较渐进的过程，而不是突然的变化。另外，法国大革命等其他事件也改变了社会关系。

从技术的角度来看，新的设备得以发明，解决现实世界问题的新体系得以创造。工业革命以三项显著的技术进展为特点：

1. 工业实现机械化。
2. 用水力和蒸汽动力取代人力。
3. 工业生产规模化。

这三项进展导致了技术上的分化，即那些工业化地区和那些继续采用传统生产方式的地区，随着时间的推移，它们在动力和生产方面的差距不断扩大。

工业化的另一个后果是充分开发自然资源的能力。尽管大规模的资源开采是所有强大帝国的特征，但开采的速度和规模都大大增长了。与开采速度相联系的是开采区域的扩大，从马车一两天运送材料的距离扩大到全球范围。这消除了商品和资源之间在经济性和实用性方面的区别。在过去，像丝绸和大马士革钢这样的高价值商品才会被运到很远的地方，但食物、燃料和大多数原材料都必须就地取材，城市甚至整个帝国的建立都是因为本地资源充足。而到工业时代，地方性开始消失，因为无论货物是铁矿石、煤炭、原棉、煎锅、钟表、钉子、书籍、树木还是鲸油，都不重要。所有这些都可以从任何地方运到另外任何地方。

论述题

1. 为什么是纺织业引发了工业革命？
2. 工业革命对穷人来说是好还是坏？
3. 卢德派指的是哪个群体，他们对工业化的抗争为什么会失败？

注释

1. 赞美诗《耶路撒冷》(*Jerusalem, And Did Those Feet in Ancient Time?*) 成为英国最著名的爱国歌曲。

2. 因为惠灵顿就读的时候，伊顿公学没有操场，也没有集体活动，所以不太可能做出这样的评价。
3. 1623 年英国颁布《垄断法》。
4. 美国宪法，第一条，第 8 款，第 8 节。
5. "卢德"（Ludd）一名来源不明。有些人认为这个名字来自一个叫内德·卢德（Ned Ludd）的人，或者是安斯提的卢德拉姆（Ludlam of Anstey），据说他在 1779 年破坏了织袜机。此事虽无可靠的证据，但它确实表明人们业已存在对机器的不满。
6. 阿尔伯特亲王，在市长宴会上的讲话，《伦敦新闻画报》，1849 年 10 月 11 日。

拓展阅读

  工业革命的资料非常庞杂，这个时代的任何发明都有数十或数百本有关的书或文章。泰瑞·雷诺兹（Terry S. Reynolds）的论文《工业革命的中世纪根源》（*Medieval Roots of the Industrial Revolution*，1984）可以作为一个引论，将早期发展与 18 世纪工业的增长联系起来。劳拉·莱文·弗雷德（Laura Levine Frader）的《工业革命：文献中的历史》（*The Industrial Revolution: A History in Documents*，2006）用民众自己的语言对这一时期进行了考察。利亚姆·布朗特（Liam Brunt）的论文《英国和法国农业的新技术和劳动生产率》（*New Technology and Labour Productivity in English and French Agriculture, 1700—1850*，2002）对技术的影响提供了一个更专业的视角。丹尼尔·R. 海德里克（Daniel R. Headrick）《帝国的工具：19 世纪的技术和欧洲帝国主义》（*The Tools of Empire: Technology and European Imperialism in the Nineteenth Century*，1981）研究了帝国的权力和问题。反技术运动是工业革命时期的重要事件之一，其中最著名的就是卢德运动。人文与科学电影公司拍摄了一部优秀的纪录片《卢德派》（*The Luddites*，2007），回顾了这一事件。有关历史分期的史学问题，R.M. 哈特韦尔（R. M. Hartwell）的论文《是否存在工业革命？》（*Was There an Industrial Revolution?* 1990）提供了一种思考该时期的有趣方式。

第八章时间线

1775—1783 年	美国独立战争
1792 年	伊莱·惠特尼引进轧棉机
1817—1825 年	修建伊利运河
1838 年	查尔斯·古德伊尔发明硫化橡胶
1839 年	第一条商业电报线路
	路易-雅克-曼德·达盖尔首次发明实用摄影术
1853 年	海军准将马修·佩里开启与日本的贸易
1861—1865 年	美国南北战争
1866 年	美国与英国实现电报联络
1871 年	德国统一
1874 年	托马斯·爱迪生在门罗公园创建研究实验室
1893 年	西屋电气公司在尼亚加拉大瀑布建造了一台交流电发电机
1906 年	英国皇家海军"无畏"号战列舰开启军备竞赛
1908 年	弗里茨·哈伯以空气为原料合成氨
	亨利·福特开始生产 T 型车
1914—1918 年	第一次世界大战

第 八 章

大西洋时代

全球贸易和工业中心从地中海和亚洲转移到大西洋地区。美国独立战争后，其作为创新源泉的地位日益凸显，且由于几乎控制了整个北美大陆，有丰富的自然资源可供开发。在美国，聪明才智和创造性备受推崇，像托马斯·爱迪生和亨利·福特这样的人成为工业和文化的传奇人物。工业化当然也有其黑暗的一面，战争期间国家便借用了工厂的力量。第一次世界大战是第一场全面工业化的战争，庞大的军队装备了新式武器，巨大的战舰在海洋上游弋。这也是第一场直接利用科学家成果的战争，因为化学工业生产出化学武器用于战场上。

技术变革的中心，从地中海地区，尤其是位于亚非欧交界的东岸，转移至欧洲的西端以及宽阔的大西洋。共同促成这种转变的是贪婪、追求冒险，以及了解世界的渴望。随后欧洲社会与南北美洲的文明发生了激烈碰撞：前者装备着世界上最强大的武器；后者虽然文化上同样发达，但缺乏火药与海军力量，对欧洲人的流行病也毫无招架之力。对美洲的征服，直接加快了西欧的技术发展：它不仅转变了西欧的经济结构，而且带来了只有通过技术创新才能解决的各种挑战。

长远看来，北大西洋沿岸国家拥有着世界上最先进的技术，首先是英国，然后是美国，在新技术的开发和应用方面领先世界。美国作为世界强国和科技巨头的崛起，让我们得以深入了解技术在历史上的地位。事实上，"扬基修补匠"（Yankee tinkerer）是美国历史上一个典型形象，代表着一批用智慧和勤奋解决问题的实干家。从本杰明·富兰克林（Benjamin Franklin, 1706—1790）到亨利·福特、托马斯·爱迪生，再到苹果电脑公司的两个史蒂夫（史蒂夫·沃斯尼亚克和史蒂夫·乔布斯，Steve Wosniak and Steve Jobs），发明家在美国文化中备受赞誉。像古代中国的发明时代一样，新的设备和技术助力美国成为世界强国。

虽然新发明变得很重要，但对"下一件大事"（next big thing）的兴趣还算不上美国早期的主要特征。在这个新国家成立初期，先前的美洲殖民地并非都急于实现工业化，但随着时间的推移、人口增长带来的需求和对整个大陆资源的获取，在 19 世纪和 20 世纪初形成了巨大的工业化压力。尽管引进新技术有时会在国内造成灾难性的影响，但工业化早期在许多方面都是一场无声的革命，由于美国工业忙于供应国内市场，国际竞争直到 20 世纪初才真正开始。随后，美国利益在激烈的冲突中被推向世界，第一次世界大战成为美国和世界历史上的一个重大转折点。

1776 年，也就是詹姆斯·瓦特发明其改良蒸汽机的那一年，13 个英属美洲殖民地联合起来宣布独立。虽然美国独立战争的起源很复杂，但其原因之一是强加在殖民地开拓者身上的经济不平等，正是这种不平等推动了英国工业化的发展。大西洋殖民地的资源以较低的成本输入到宗主国，与此同时，各殖民地形成了英国制成品的垄断市场。1770 年 3 月 5 日的波士顿惨案（Boston Massacre）和 1773 年 12 月 16 日的波士顿倾茶事件（Boston Tea Party）等抗议活动凸显了美国殖民地对政治代表权和更大经济自由的要求。尽管英国政府确实采取了一些措施来改善形势，比如降低茶叶税，但它对抗议的回应却越来越专横武断。这导致了 1775 年爆发的美国独立战争，直到 1783 年签署《巴黎和约》，英国承认美国的独立，战争才正式结束。

尽管英国与其前殖民地之间的冲突继续引发了诸如 1812 年美英战争之类的问题，但大西洋贸易的经济因素成为前殖民地和宗主国联系的纽带。然而，以农业为主的殖民地从自给自足的小农经济转向工业强国，并不是一个简单的命题。美国在现代世界的力量远远超过了北美大陆殖民地在独立战争时期的实际地位。在美国当然有赚钱的机会，但最初大西洋西岸的经济势力主要集中在加勒比海那些产糖的岛屿，以及南美洲。

食糖一直是人类历史上最重要的贸易商品之一。虽然食糖的原材料有很多种，但主要还是甘蔗。甘蔗原产于亚洲，巴伯甘蔗可能起源于印度，另外两种，食穗种和白甘蔗起源于新几内亚岛。大约 350 年，印度人发现了糖的结晶工艺，把当地原本的一种小吃变成了商品。伊斯兰商人和农民将甘蔗和制糖技术传播到整个中东和伊比利亚半岛。十字军东征期间，欧洲人才第一次尝到了精制糖的滋味。12世纪，威尼斯商人在提尔城（Tyre，今属黎巴嫩）附近经营糖厂，以供应欧洲市场。

克里斯托弗·哥伦布可能把甘蔗枝条带到了新大陆，但真正将大规模种植园和工厂引入巴西和加勒比群岛的是葡萄牙殖民者。到1550年，该地区大约有3000家糖厂，创造了巨额利润。种植园主最开始使用当地的奴隶，但后来发现非洲奴隶更能适应恶劣条件，从而助长了黑奴贸易的发展。这些糖厂都需要铁制部件来制造压榨机（从甘蔗中压榨出糖液），而提供这些机械部件则促进了欧洲工业化的发展。

这些产糖的岛，尤其是伊斯帕尼奥拉岛是大西洋贸易最重要的目的地之一。"三角贸易"可以有多种方式，但都在欧洲、非洲西海岸，以及加勒比海、南美洲或北美洲的目的地之间形成一个三角形。三角形的每个点都提供某些商品。欧洲提供从纺织品到枪支等各种工业制成品；非洲提供奴隶、象牙、黄金和盐；而新大陆出售糖、朗姆酒、烟草、咖啡、毛皮、贵金属和棉花等产品。18世纪末，欧洲消费的大约40%的糖和60%的咖啡都来自伊斯帕尼奥拉岛。为了生产这些商品，每三个非洲奴隶中就有一个被送到该岛的种植园劳动。人们并不清楚大西洋贸易让多少人沦为奴隶，但估算表明，有900万至1400万奴隶被送到美洲，多达2500万人流离失所（作为奴隶被带到新大陆或在非洲遭到奴役和转卖）。有8%—10%的非洲奴隶去往北美洲。

一次远洋贸易可能会装载枪支、玻璃珠和铜器，从英国启程前往非洲换取奴隶。他们将奴隶卖到甘蔗种植园，再把那里生产的食糖带回英国。实际的贸易模式更加复杂，例如，要取决于参与大西洋贸易诸国之间的政治关系，法国、英国、西班牙、葡萄牙、荷兰和美国的势力都在争夺利润，它们时而开战，时而结盟。贸易商既有像哈德逊湾公司（Hudson's Bay Company）这样的大公司，也有经营一两艘船的小公司，还有海盗船。它们都在期盼找到更多有利可图的货物，无论是通过贸易还是劫掠。

大西洋贸易至关重要，因为长途贸易需要更快、更大的船只，从而促进了舰船技术的革新。人们必须设计和建造能够从欧洲跨越大西洋的船只，以及穿越太平洋到达亚洲特别是中国的船只，从而进入了高桅帆船（tall ship）的时代。19世纪中叶，纵帆船（schooner）和飞剪船（clipper）等新式船只开始航行在大西洋和太平洋的贸易航线上。纵帆船采用的是格夫索具（一种四角帆，帆的顶部有一个撑杆），根据航海传统说法，它是 1713 年由安德鲁·罗宾逊（Andrew Robinson）在马萨诸塞州的格洛斯特（Gloucester）首次建造的。该船经常用作海盗船，是工业时代的一种快速运输工具。

第一艘飞剪船"安妮－麦克金"号（Annie McKim），1833 年在巴尔的摩港为肯纳德和威廉姆森公司（Kennard & Williamson）建造。飞剪船使用方形索具，有一个大的矩形帆，由一根长梁支撑，称为帆桁（yard），穿过桅杆并与之成直角。帆桁延伸到帆外用于控制绳索的部分被称为桁端（yardarm）。飞剪船通常比双桅船大，更适用于货运，特别是运送茶叶的"中国飞剪"（China clipper）。这些船使用最先进的设备，如绞盘、滑轮，以及通过大舵轮控制的舵，从而以最少的船员操纵大船。船员越少，可用来装货的空间就越大，运营船舶的成本就越低。这使得大西洋贸易利润丰厚，进而刺激了其他行业的发展。

因远洋贸易而发展起来的一项重要（但不太光彩的）业务是保险。长途贸易充满危险，船只经常因天气、航行故障、船员不得力或维护不善而沉没。为了预防船舶的损失导致公司或投资者破产，放债人开始提供保险业务。这实际上是一场赌博：保险公司押注这艘船会安全返航，以换取一笔佣金。费用的多少取决于保险公司判定的损失风险。一群缺乏经验的船员驾驶一艘旧船进行长途航行，比起一群经验丰富的船员驾驶一艘保养良好的船进行短途旅行，保险费用要高得多。从事该行业的最著名组织之一是伦敦的劳合社（Lloyd's of London）。劳合社并不是一家保险公司，而是保险商（或承保人）互相交易的市场，于 1688 年在爱德华·劳埃德（Edward Lloyd）的咖啡馆开始非正式地营业。1760 年，为给船舶提供评级系统，该市场的客户成立了船级社（Register Society）。第一本出版的《船级社手册》（Register Book）出现于 1764 年，列出了船东、船长、母港和其他信息，但最重要的是对船体和索具的状况进行评级。这种保险制度促使船东维护自己的船舶，分散了投资航运的风险，产生的利润有助于支持后续的工业发展。

美国的造船商引进新式船舶是一项重要的技术成就，但在这个国家的成立初期，人们对工业革命中技术革新的反应格外复杂。许多革命领导人都有深厚的哲学素养，他们对启蒙思想的奉献就包括关于科学和技术的浓厚兴趣。1743 年，本杰明·富兰克林与乔治·华盛顿、约翰·亚当斯、托马斯·杰斐逊、亚历山大·汉密尔顿、托马斯·潘恩等人在费城创建了美国哲学学会。规定学会的宗旨是开展"哲学实验,让光芒照进事物的本质,致力于提升人运用物质的能力、增进生活的便利或愉悦"。换句话说,是为了知识而探索自然,但同时也留意实际应用。正是出于这样的哲学和实践兴趣,1780年约翰·亚当斯与富兰克林、华盛顿一起在波士顿成立了美国艺术与科学学院。

鉴于富兰克林、亚当斯和其他领导人的爱好,宪法中出现关于发明的条款不足为奇,因为宪法就是由这一批人起草的。宪法第一条第八款赋予联邦政府权利和义务,"为促进科学和实用技艺的进步,对作家和发明家的著作和发明,给予一定期限的专利权保障"。1790年的《专利法》(Patent Act)明确了保护的程度,规定授予那些被认为有用的、重要的和新的发明以14年的保护期。到1836年,已经授予了约10000项专利。虽然这似乎证明了技术领域的活跃,但事实上,许多关于设备的专利从未得到商业应用,比如各种异想天开的飞行器,从物理上就不可能实现。

尽管宪法关注知识产权,富兰克林和其他领导人也努力促进科学技术发展,但独立战争结束后的一段时期,"实际工业化"并不突出。国家继续由农业利益集团主导,经济权力主要属于南部各州。北美人购买的大部分制成品仍然来自欧洲。人们也不太愿意严格执行专利保护,因为复制欧洲进口物品的设计便可以赚钱。即使英国的制造厂已经引入了工厂制和蒸汽动力,北美的制造商仍然使用水力并在当地进行生产。

美国的工业革命和欧洲的工业革命一样,都与纺织工业的变革和动力技术,尤其是与蒸汽动力的发明密切相关。在社会层面,欧洲的工业化过程伴随着社会的动荡,这既是那个时期军事行动的结果,特别是法国大革命和拿破仑的崛起,又有工人阶级和管理阶层的出现或扩张的影响。尽管那些基于土地和世袭特权的旧有财产仍未消失,但在那些经历了最大程度工业化的国家,社会地位结构发生了巨大变化,工厂主进入了上层社会,而在日益城市化的工业区,农场的农民变成了工厂的工人。

美国的情况还有所不同。虽然地主势力依然存在,特别是(但不尽然)南方各州经营的大量使用奴隶的大型种植园,但没有绅士或贵族阶级,土地所有权也更为分散。奴隶既是农场劳动者,也在手工工场或工厂做工,是一种非常经济的劳动力，从而削弱了用机器取代昂贵人工的动力，而这一点是欧洲工业化的主要因素。

随着北美内陆的殖民化，欧洲殖民者取代了原住民，新开辟了数十平方千米的农场、林场和矿场。随着定居点的增加和人口增长，对制成品的需求也在增加。美国北部各州，如宾夕法尼亚和纽约，能够获得煤、铁和其他资源，开始进行工业化以满足市场的需求。他们可以与欧洲商品相竞争，部分原因是可以参照欧洲的设计而不必担心诉讼，而且由于他们的供应链更短，运输成本也会有所降低。

美国的工业化与交通运输密切相关。其大陆面积广袤，人口居住非常分散。在殖民化的早期，人口中心位于沿海或通航的大河附近。当需要运输更多的货物和材料时，距离和地形的问题成为选择的瓶颈。英国曾掀起过开凿运河的热潮，因此不足为奇，改善美国交通的最早建议就是运河。实际建成的最重要的运河提案是伊利运河（Erie Canal），它将沿海的纽约与伊利湖畔的布法罗（Buffalo）乃至五大湖连通起来。大西洋贸易路线的大宗运输从而延伸到内陆。这一提案可以追溯到17世纪末，但技术上的困难令人望而却步，特别是运河必须从哈德逊河的水位爬升180米，抵达约580千米外的伊利湖（图8.1）。虽然大部分河段可以通过人力开凿，但到19世纪初，运河必备的船闸和渡槽技术尚不成熟。

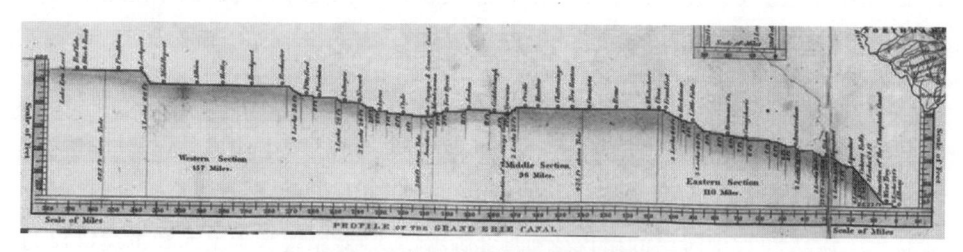

图 8.1　1832 年伊利运河的剖面图
这条运河是重大的工程项目，促进了工业发展。

伊利运河是由杰西·霍利（Jesse Hawley）推动的。他本想在纽约北部种植谷物，然后通过大西洋贸易出售，但运输成本让他的想法泡了汤。在土地经纪人约瑟夫·埃利科特（Joseph Ellicott）的帮助下，霍利说服了纽约州州长德威特·克林顿（DeWitt Clinton）和州议会，投资700万美元修建运河。运河始建于1817

年，1825 年完工。这是一项不可思议的工程壮举，尤其是考虑到美国尚没有专业的土木工程师，测量和规划都由业余人士完成。运河在经济上取得了成功，深入内陆的运输成本降低了 90% 以上。然而，这也付出了巨大的生命代价。一千多名建筑工人在修建运河期间死亡，其中大多数死于疾病，尤其是在修建卡尤加湖蒙特苏马沼泽段期间爆发的疟疾和黄热病，其他人则死于岩石崩落、爆炸事故或建筑工伤。

在五大湖的北侧，1829 年开始修建的韦兰运河（Welland Canal）绕过尼亚加拉瀑布，与圣劳伦斯河上的水闸联动，使五大湖上的航运直接与大西洋相连通。圣劳伦斯河航道（St. Lawrence Seaway）竣工于 1959 年，成为世界上最重要的交通运输系统之一。

尽管运河一经建成就很经济，但美洲大陆的更多地方并不适用运河。解决大宗运输难题的方案是铁路。虽然工程上的难度依然艰巨，但铁路可以铺设到几乎任何地方。18 世纪末和 19 世纪初修建了一些以铁路为基础的小型运输系统，如 18 世纪 80 年代在宾夕法尼亚州托马斯·利珀（Thomas Leiper）采石场建造的 1200 米马拉轨道车系统，以及 1825 年约翰·史蒂文斯（John Stevens）在新泽西州霍博肯设计和建造的蒸汽机车，但它们大多有特殊用途且仅限当地。第一个通用运输商是巴尔的摩和俄亥俄铁路公司（Baltimore and Ohio Railroad）。菲利普·E. 托马斯（Philip E. Thomas）和乔治·布朗（George Brown）在英国花了一年时间调查铁路是如何建造和运营的，然后于 1827 年创立了这个铁路公司，打算将马里兰州巴尔的摩港口与俄亥俄河连接起来。1828 年，这条铁路开始从巴尔的摩修建，并于 1853 年到达西维吉尼亚州惠灵的俄亥俄河。另一条连接巴尔的摩和华盛顿特区的线路于 1835 年完工，成为南北战争期间的一条重要运输线。

19 世纪 30—60 年代，铁路修建日益蓬勃发展，有几十家公司试图在全国各地成立铁路公司。在这波运输业繁荣的早期，运河和铁路被视为连接重要经济中心和东部沿海港口的一种途径，以便将货物从大西洋贸易中售出。其中，棉花就是卖到欧洲国家最有利可图的商品之一。

美国的棉花

可能早在1556年,西班牙人就在佛罗里达种植过棉花,1607年在弗吉尼亚也有小块种植。尽管人们对棉花有潜在的需求,但它还是一种昂贵的产品,因为棉花生产需要大量的劳动力。具体情况是,须从棉铃中摘出棉花纤维(籽棉),然后再将棉籽从籽棉中分离出来,得到"皮棉"。棉辊是一种能将黑籽棉花中的棉籽分离出来的简单机器,由一个安装在压板上的金属或木制的圆筒构成,二者之间缝隙很小,只能容皮棉通过。但美国种植的大部分都是绿籽棉花,棉辊无法使用。因此,每一粒棉籽都必须手工摘除,即使有奴隶劳动,这也费时费力。1790年,南部各州只生产了150万磅的棉花。

包括迈克尔·阿尔玛维瓦(Michael Almaviva)、凯瑟琳·利特菲尔德·格林(Catherine Littlefield Green)、肖恩·保罗(Sean Paul)和约瑟夫·沃特金斯(Joseph Watkins)在内的许多人都曾设法使用机器来解决这个问题,但第一台成功的轧棉机(cotton gin,"gin"是"engine"的缩写)是1792年由伊莱·惠特尼(Eli Whitney)发明的。惠特尼于1794年获得了轧棉机的专利权,但由于形同虚设的专利法和糟糕的商业计划,惠特尼从未从其发明中获得过他所希望的利润。

轧棉机的基本原理是用一个钩或爪将皮棉从一道狭窄的缝隙中拉出。缝隙很窄,棉籽无法通过,只能从纤维上脱落,然后用刷子将皮棉从钩子上取出。一个圆筒上可以安装很多钩子,用手动曲柄(后来由水或蒸汽动力)转动,便可以快速处理大量的棉花。

轧棉机问世后,美国棉花工业爆发式发展。无论是棉花种植州还是控制航运业的北方各州,棉花的经济产值都迅速增长(表8.1)。英格兰的纺织工厂热衷于购买这些棉花,利润推动了美国和英格兰的工业化。这也导致对奴隶的需求大幅增加,奴隶数量从1790年约70万上升到1860年的近400万。

表 8.1 棉花的产量

年份	产量(百万磅)
1790	1.5
1800	35
1830	331
1860	2275

惠特尼最初的计划是在棉花产地附近设立轧棉工厂，收取加工棉花的五分之二作为清除棉籽的费用。如果他真的能够以这种方式掌控轧棉机，他应该富可敌国，但高昂的价格和运输不便很快就让种植园主和当地铁匠仿制了他的设备。惠特尼为了保护自己的专利差点破产。作为一个商人，惠特尼算不上成功，但他成了美国发明界的传奇人物。轧棉机在这一过程中改变了美国历史的进程。它创造出用于投资的资本，刺激了运输道路的延伸，使美国在大西洋贸易中占有更重要的地位。它还影响了美国的社会结构，特别是在棉花种植州，并为日后依赖奴隶劳工的南方农业区与北方工业区之间的冲突埋下了伏笔。

交通运输

货物和人口的南北流动塑造了美国的文化。铁路是各地之间一种廉价的客货运输方式，很大程度上也成功实现了这一目标。铁路系统的创造者，无论是在新大陆还是在欧洲，都没有意识到铁路会对社会产生如此深远的影响。就像古代大帝国的河流一样，铁路也是一种通信系统。铁路线不仅仅运输人员和货物，也使得信息的传递速度大大加快。人们在几天甚至是几个小时内就能知道偏远城镇里发生的事，而不用像从前需要几周骑马或乘船送信。受新的信息流动速度影响最深刻的一个方面是集中管理企业的能力。不同于特许公司时代（那时"代理商"被派往远方村镇监督业务，但只要他们完成公司的总体目标，基本上可以自主），企业主现在可以通过公司总部掌控日常的活动。联邦政府将利润丰厚的邮递业务授予铁路公司，这既是支持铁路，也是保障通信系统的一种手段。

技术的冲撞

随着美国实现了独立，它开始放眼域外。多年以来，美国人就有通往东方的航线，主要是为了寻求茶叶、丝绸和象牙等贸易品。一艘船只要能从漫长的旅程中幸存，将这些奢侈品进口到北美或欧洲，就会获得巨额利润。然而，东方贸易由欧洲势力主导，许多亚洲国家以各种方式限制贸易，阻止美国势力建立大规模贸易。特别是日本对外关闭了所有的港口，仅与荷兰人保持非常有限的贸易。

1846年，受美国政府派遣，海军中校詹姆斯·比德尔（James Biddle）率领两艘船前往日本，试图达成一份贸易协定。他1845年曾成功地与中国谈成过一份贸易协定，却在德川幕府那里铩羽而归。鉴于日本的市场如此封闭，哪个国家如果能打开与日本贸易的大门，就会获得巨大的利益。1848年，船长詹姆斯·格林（James Glynn）通过谈判，成功将在日本遭遇船只失事的捕鲸员带回国，更加激起了人们对日本的兴趣。格林注意到日本缺少现代武器，因此向美国政府建议，通过展示武力或许能劝诱日本开放贸易。

1853年7月8日，海军准将马修·佩里（Matthew Perry）指挥其4艘军舰驶入江户附近的浦贺港。他的装备胜过日本人的任何武器，并且威胁如果不与他进行谈判，就要炮轰这座城市。7月14日，日本官员允许佩里在久里滨登陆，佩里将米勒德·菲尔莫尔（Millard Fillmore）总统的国书递交德川幕府的代表。国书中包含了一份贸易协定的大纲。

佩里随后启程前往中国，然后于1854年2月率领8艘船返回日本，以听候答复。德川幕府的代表几乎接受了美国的所有要求。佩里回国后备受赞誉，国会甚至因此授予他2万美元的奖励。"黑船事件"（日本人称美国军舰为"黑船"）打开了日本的贸易大门（图8.2）。

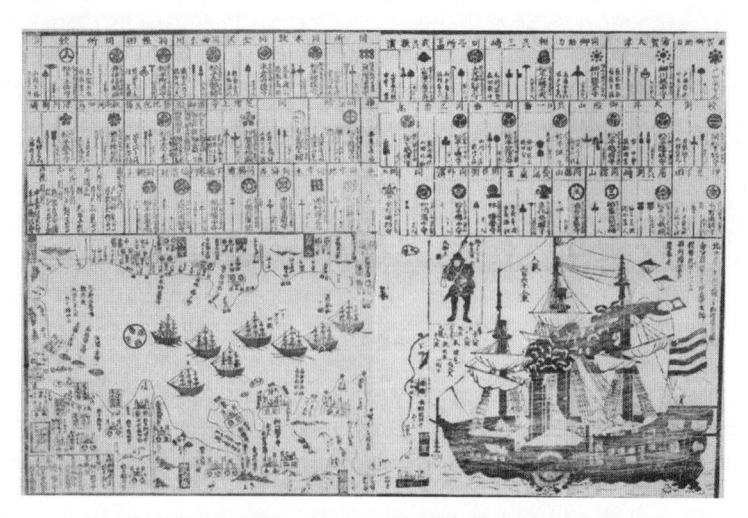

图8.2　美国"黑船"：日本人描绘的佩里准将指挥的美国军舰

佩里和"黑船"的故事通常被视为技术不平等造成影响的一个实例，即日本屈服于美国海军的先进武器，向西方的经济帝国主义敞开了大门。这也被描述为打击了孤立主义，以及日本官僚为了维护封建制度而将外国人拒之门外的严苛手段。这两个说法都有一定道理，但事实更加复杂，取决于日本人如何评估他们所见到的技术及亚洲其他地区的遭遇。日本的内部政局十分复杂，许多派系相互倾轧，天皇朝廷和幕府将军积怨很深，前者如同傀儡，后者操纵实权。佩里的贸易协定为日本官员提供了一条借危局谋求自身利益的途径。佩里的军舰确实可以造成巨大的破坏，但如果不经过长期战斗，美国人也很难真正迫使德川幕府开放日本贸易。这是经过精打细算的风险：通过接受贸易，即便条款苛刻，日本也将在未来获得技术上的平等，并避免其亚洲邻国正在遭受的许多难题。在极短时间内，日本真正变法维新，崛起的军事力量使其在中日甲午战争（1894—1895）中击败中国，势力范围扩大到西太平洋的许多地区。实际上，日本人也创造了他们自己的"黑船"。

美国在国际舞台上首次成功运用武力，但并没有带来自身利益的更广泛扩张，因为美国陷入了内战，并在战后重建期一度陷入内部动荡。

美国内战：破坏性的新技术

美国内战是现代史上最血腥的冲突之一，约62万名士兵死亡，平民死伤更是不计其数。超过40万名士兵带伤返乡。内战的起因很复杂，但从技术的角度来看，这场斗争意味着文化上的分歧，代表了始于拿破仑时代的战争日益工业化。

南方各州主要以农业为主，依赖奴隶。奴隶不仅是种植园的主要劳动力，而且还从事资源开采、家务劳动和工厂做工。南方的经济基于出口，如烟草、糖，特别是为英国纺织工场提供棉花。北方尤其是大西洋沿岸的各州，工业日渐发达，随着一个世纪的发展，数以万计的欧洲移民涌向北方各州，填满了城市，再从那里深入内陆地区。认为南方人都是种族主义者而北方人完全主张平等，这种观点肯定是错误的，但奴隶制在北方遭到了更强烈的抵制，那里从未广泛奉行过奴隶文化，并将奴隶视为对领薪工人的威胁。

北方和南方的领导人都意识到，他们的文化和经济利益正在分道扬镳，内陆地区定居点的开放，关系到双方的后续生存能力。如果北方控制了大量的资源，限制奴隶的使用，南方的领土和经济扩张就会受到阻碍。南方已经进入了密西西比河，这条大动脉通往内陆的大部分地区，并希望至少在西南地区确立奴隶主的权利，从而获得所需的经济和领土实力，以对抗不断发展的北方。

战争最终于 1861 年爆发，南方的军事领导人有充分的理由相信，他们有更优秀的士兵。大部分南方士兵更习惯战场的生活，他们自幼练习骑射。此外，由于战场主要位于南方各州，他们认为自己是在保卫自己的家园和生活方式。南方欠缺的是工业能力和人口。到战争的第二年，北方军队的规模更大，他们的铸造厂和工厂的产量远远超过了南方。到战争结束时，南方邦联已经失去了制造重型武器的能力，甚至无法大规模生产小型武器。南方港口即使只受到北方海军的局部封锁，来自欧洲的战备物资也受到严重限制。正如英国人借助他们的工业能力打败拿破仑一样，北方各州可以将更多的人投入战场，提供大量的枪支、弹药、帐篷和车皮。虽然工业优势并不能保证胜利，但也大大增加了胜算。

除了大规模生产战场装备，美国内战也是铁路和电报首次发挥重大作用的战争。1860 年，铁路主要集中在北方各州，全长超过 35405 千米，而南部邦联各州只有 13745 千米。除了利用所有可用的商业电报线路，北方联邦军队在战争期间又架设了 24766 千米的线路。相比之下，南方各州的线路只有几千千米，主要分布于铁路沿线。战争期间，北方联邦军队发出了超过 100 万份电报，林肯总统平均每天向战场上的指挥官发出 12 份电报。汇总的情报使北方联邦军队对军事形势有更好的战术和战略意识。先进的通信技术改变了战争的作战方式，将一些战场的控制权从前线军官转移到远离战场的指挥官手中。虽然让渡了一些前线控制权，但指挥官可以要求补给和支持，这让战争的基础设施变得更加重要。虽然南方军队更擅长独立作战，自给自足，但那种作战形式（往往成为某种形式的游击战）在越来越强调控制人口中心和战略供应线的战争中很难奏效。

全面战争

这些技术的应用，是战争从孤立行动向所谓的"全面战争"转变的一部分。

在历史上大多数时期，战争是由极少数战斗人员在非常局部的条件下进行的，通常是在战场上的交锋或对防御工事的围攻。许多战争都是通过一场战斗决定输赢，几千米外的人们可能甚至不知道正在发生一场战斗。全面战争意味着一个参战国将整个社会的工作都转移到战备物资生产上。虽然上溯到古代社会也能找到一些先例，如斯巴达人投身于战争，但全面战争实际上是工业时代的产物，原本用于商品生产的工业能力被重新定向，甚至重新装备，以制造战争所需的东西。这不仅是工厂主尽力履行军方合同，而且引入了政府对工业能力的集权控制，并将资源（如矿物、食物和电力）作为战备物资予以调用。

可互换零件

美国内战影响了军事工业的发展，其中一个方面就是可互换零件的使用日益增多，尤其是滑膛枪等小型武器。随着时间推移，火炮等武器逐渐实现了各种形式的标准化。例如1588年攻击英格兰的西班牙舰队，就充分说明了标准化问题的重要性。由于每门大炮都是单独手工制作的，西班牙舰队的炮兵军官每人都带着一套圆环，代表他们所指挥大炮的口径。他们用这些圆环对身边的炮弹进行分类，以找到适合其火炮的炮弹。虽然可以在战斗前完成，但这是一项既缓慢又令人沮丧的事情，如果不得不在战斗过程中来做，甚至可能影响胜负。

到了19世纪，火炮的制造更加统一，因此武器的分级更为明晰，如"拿破仑大军团"（Napoleon's Grande Armée）使用的"12磅炮"或英国海军携带的32磅炮等，都已经足够标准化，炮兵不必再检测每枚炮弹的直径。然而当时的情况仍然是某个制造商的武器通常是统一的，但各制造商之间并不兼容。

不同制造商之间零件的统一化，这个想法最早来自法国炮兵军官让-巴蒂斯特·瓦盖特·德·格里博瓦尔（Jean-Baptiste Vaquette de Gribeauval，1715—1789）。他不仅提出了关于法国火炮标准化的规则，而且倡导建立一套生产体系，零件可以在不同的铸造厂生产，共同协作。这需要在设计方面大力加强控制，并引入基于精确测量的技术参数，而不是各自打造的生产工具。换句话说，主要的变化不在于滑膛枪零件必须相同，而是用来制造滑膛枪零件的机床必须相同，制造商必须以同样的方式读懂和理解设计的技术参数。

摄影

除了战场上不断变化的技术，美国内战也是最早被大量拍摄记录的战争之一。由于保留了影像资料，我们对战争状况的历史记录比以往任何战争都要清晰得多。像马修·布雷迪（Mathew Brady）、乔治·S. 库克（George S. Cook）和亚历山大·加德纳（Alexander Gardner）这些摄影师，实际上都是深入战场、随部队行军。这些图像是用达盖尔银版法或更灵活的卡罗法（也称塔尔博特照相法）制作的。1827 年，约瑟夫·尼塞福尔·涅普斯（Joseph Nicéphore Niépce，1765—1833）发明了第一张照片，而路易-雅克-曼德·达盖尔（Louis-Jacques-Mandé Daguerre，1787—1851）在 1839 年发现了一种易于操作的方法，可以捕捉玻璃板上的图像。法国政府获得了达盖尔照相法的专利，但政府并没有垄断这一技术，而是宣布将其作为礼物赠送给世界。尽管人们拍摄了成千上万的达盖尔银版照片，但达盖尔的方法几乎被威廉·亨利·福克斯·塔尔博特（William Henry Fox Talbot，1800—1877）1834 年发明的照相法所掩盖，该方法在 1839 年得以公开展示。塔尔博特照相法，更广为人知的名字是卡罗法，可以在纸上显影。塔尔博特极力保护他的专利，但随着创新层出不穷，他于 1855 年首次专利到期后未再申请专利续期。到 1860 年，摄影已经成为一项商业活动，有各种公司生产照相机、化学药剂和洗印设备。

新的欧洲

当美国开始其漫长而痛苦的战后重建进程，在欧洲，工业化对国际政治的影响也开始显现。当时，英国拥有着全球数亿人口的市场和自然资源，开创了有史以来最强大的帝国。由于种种原因，尤其是出于对英国势力扩张的回应，有两个地区达成了统一。首先是意大利，1861 年撒丁岛的维托里奥·埃马努埃莱（Victor

Emmanuel of Sardinia）领导统一了除教皇国（Papal City）之外的意大利各邦。1870 年，除奥地利外，日耳曼诸邦国统一为德国，由德皇威廉（Kaiser Wilhelm）和"铁血宰相"奥托·冯·俾斯麦（Otto von Bismarck）统治。这是一个"大博弈"的时代，欧洲列强寻求通过政治、战争和贸易来攫取土地和权力。然而，所有欧洲大国，无论大小，在其行动背后是日益增长的工业化需求。工业需要自然资源，国家需要工业产品来供应民众和装备军队。落后不仅在心理上很难接受，而且在军事上也可能是灾难。这一点在普法战争（1870—1871）中暴露无遗，当时德国军队彻底击溃了法国军队。

新工业时代的时间和地点

电报、铁路和汽船带来的难题之一便是时间。传统上，各地的时间是根据当地的习俗和观测结果确立的。小镇上的时钟通常是基于天文观测设定正午时刻（精确度相差很大），这样就能确立该地区的时间。由于地球上每个地方的正午时间都不同，每个城市、小镇和村庄都有各自的时间。当火车和电报将许多城市和小镇连接起来的时候，各地时间互不一致的问题就凸显出来，时刻表和运行图一片混乱，甚至根本没法制定。在英国，铁路从 1847 年开始使用格林尼治标准时间（GMT）。到 1855 年，英国大部分地区已在使用标准时间。而在北美，美国和加拿大的铁路联营企业同意从 1883 年 11 月 18 日正午开始使用标准时间，并将北美大陆划分为五个时区。此事能够实现，有赖于匹兹堡的阿勒格尼天文台可以在 12 点整向全国发送电报信号，从而每个人都能知道确切时间并调整时钟。这有助于实现北美的时间标准化。发明家兼铁路工程师桑福德·弗莱明（Sandford Fleming，1827—1915）在 1879 年提出全球标准时间，但直到 1929 年，世界上大多数国家才接受了世界时及其所依据的时区系统。

只有当人们就如何标定自己在地球上的位置达成一致想法后，时区和标准时间才能发挥作用。在大英帝国内部，本初子午线（设定为零度的经线）设定在皇家天文台所在地格林尼治。为了协调导航和计时工作，美国总统切斯特·A. 阿瑟（Chester A. Arthur）于 1884 年召开了国际子午线会议。会议确定了格林尼治经线为本初子午线，尽管法国等一些国家抵制使用英国的地点来绘制地图和设定时间。到1911年，本初子午线、24个时区的标准时间和国际日期变更线已成为导航和计时的规范，并由全球各地的天文台网维持其精准。

时至今日，标定时间仍然是各国政府的一项重要责任，尽管常常是隐性的。时间不仅对交通和日程安排很重要，而且关乎一切事务，从法律案件（如房地产易手的具体时刻）到股票的交易。

关联阅读

查尔斯·古德伊尔：一个警示故事

从1800年到1900年是美国业余发明的黄金时代，许多发明家已经成为美国历史上的传奇。像塞缪尔·莫尔斯（Samuel Morse）和托马斯·爱迪生这样的人永垂青史，因为他们通过发明改变了世界，并靠双手致富。与莫尔斯同时代的查尔斯·古德伊尔（Charles Goodyear，1800—1860）也是发明家的代表，但他的故事经常被用来警醒世人（图8.3）。古德伊尔发明的硫化橡胶运用了试错法，被看作商业上的机遇，然而由于缺乏判断力，商机变成了一场悲剧。

19世纪上半叶，天然橡胶被广泛用于制造管材和救生圈等大量物品。但问题是，天然橡胶在炎热天气下会变得软黏，而在寒冷温度下会变硬并开裂，即使在温和的条件下也容易腐化和解体。古德伊尔从1832年开始进行实验，尝试各种添加剂和处理工艺。虽然得到过一些颇有希望的实验结果，但从未使橡胶完美地固化。在他坚持进行实验的时候，家人几近饿死。1838年，他终于发现添加硫黄和高温处理能"治愈"天然橡胶，使其成为一种坚固、耐高温低温且保持弹性的材料。这一发现是如何产生的，人们有过很多猜测。古德伊尔声称这是他在狭小的阁楼实验室里反复试错的结果，但在同一时期，也流传着另一个把橡胶和硫黄的混合物飞溅到热炉子上的故事。无论哪种情况，古德伊尔都意识到他只是解决了技术问题，而没有解决商业问题。他与两个兄弟一起在马萨诸塞州的斯普林菲尔德

图 8.3　查尔斯·古德伊尔

（Springfield）建立了一家工厂，但没有获得足够的支持以开展大规模生产。他签订了糟糕的特许权使用费协议，并在美国耗费巨资进行专利诉讼。

古德伊尔还把他的橡胶样品寄给了英国的制造商，希望他们感兴趣并采用他的工艺。英国查尔斯·麦金塔公司（Charles Macintosh and Company）的发明家托马斯·汉考克（Thomas Hancock，1776—1865）看到一些古德伊尔的橡胶，这似乎引导他发明了硫化橡胶工艺。汉考克的一个朋友以火和锻冶之神伏尔甘（Vulcon）命名了这种橡胶。在英国，汉考克抢先古德伊尔申请到专利。在看到古德伊尔的样品之前，汉考克已经在固化橡胶方面有过多年的研究，他不可能仅从样品就发明出这个工艺，因此他的专利也代表了他的实际研究，即便是以古德伊尔的工作为基础。古德伊尔起诉了汉考克，曾有人提出如果放弃诉讼就能获得汉考克专利的一半份额，但古德伊尔拒绝了，最终输掉了这场官司。他也失去了法国的专利权，尽管拿破仑三世因其发明而授予他法国荣誉军团十字勋章，但他仍然被关进了债务人监狱。也许由于多年的贫困和接触有毒化学物质，古德伊尔的健康状况不佳，59岁时便猝然离世，还欠下了20万美元巨债。1898年，为了纪念查尔斯·古德伊尔，弗兰克·塞伯林（Frank Seiberling）将他的公司命名为固特异轮胎橡胶公司（Goodyear Tire and Rubber Company），尽管该公司从未雇佣过查尔斯·古德伊尔家族的任何成员。

作为发明代理人的工程师

古德伊尔代表了相对隔绝条件下多年独自工作的发明家，但技术创造的另一条通道是工程。工程师，特别是我们今天所说的"土木工程师"（设计、建造和维护楼房、道路和桥梁等实体结构的人），自人类文明之初就已经存在，但直到18世纪，人们才开始前往学校学习工程知识。第一所土木工程学校是1747年在巴黎创立的皇家路桥学校（École Royale des Ponts et Chaussées）。"工程"在当时还不是一门学术性学科，因此学生要掌握数学（尤其是几何学）、基础物理和水力学。他们观摩建筑工地，与建筑商和设计师一起工作，在某种形式上将学术研究和学徒制融为一体。中央公共工程学院（École Centrale des Travaux Publics）成立于1794年，次年改名为综合理工学院（École Polytechnique）。它重视数学和理科的学习，但始终强调应用科学的重要性，许多毕业生都成了工程师。综合理工学院经历了法国的多次革命和战争，直到今天依然是世界上领先的工程学院之一。

在美国，最早提供工程教育的机构是西点军校（美国陆军学院），它创建于1802年，部分仿照了巴黎综合理工学院。谁称得上美国最古老的工程学院尚有争议。诺维奇大学早在1819年就讲授土木工程，而伦斯勒理工学院在1835年授予了第一个土木工程专业的学位。弗吉尼亚大学工程与应用科学学院成立于1836年，是美国第一所工程学院。1863年，耶鲁大学授予了第一个工程学博士学位。而最著名的工程学院，麻省理工学院成立于1861年，并于1865年开始招收学生，根据组织章程，它将成为一所致力于"工业科学"的学校。

在英国，19世纪初曾有人尝试讲授工程学，但都没有成功。伦敦国王学院1838年开设了第一个持续多年的工程系，随后是1840年的格拉斯哥大学和1841年的伦敦大学学院。在印度，托马森土木工程学院创建于1847年，在印度获得独立后演变为印度理工学院（Indian Institute of Technology）。

在德国，高等工业学校（Technische Hochschule）于18世纪开始出现，最古老的是创建于1745年的卡罗琳学院（Collegium Carolinum），即后来的布伦瑞克工业大学（Technische Universität Carolo-Wilhelmina zu Braunschweig）。最著名的工程学校是弗赖贝格工业大学（Technische Universität Bergakademie Freiberg），它创建于1765年，是世界上最古老的持续设有采矿和冶金专业的大学。它的座右铭是"资源之大学"（The University of Resources），铟和锗元素就是由该大学的研究人员发现的。

正规工程教育的出现，恰逢工业革命助力大众社会形成之时，这并不奇怪。长途的旅行、日益的城市化及增长的人口，意味着传统的寻找专家参与工程项目的方式难以为继，在不断扩张的工业世界中，直接接触甚至私人推荐都已无法满足需要。尽管经验和推荐在工程师的聘用中发挥一定的作用（现在仍然如此），但教育文凭逐渐成为一种更可靠的方式，用来确定谁有技能承担工业化所带来的越来越多的项目。久而久之，工程学院的数量会随着工业社会复杂性的加深而增长。这些工程学院还将开始提供专业培训，从最初的土木工程和机械工程，到20世纪初增加了电气工程和化学工程。培训技术专家有助于发明创造的增速，并且越来越需要有人来维护现有的技术。到19世纪末，公路、铁路、供水系统、煤气管道和电报等基础设施的发展都受益于技术革新，而这些革新只有在这些系统拥有各自特定和专门知识的情况下才能实现。个人发明家仍然重要，但团队变得更加重要，因为团队成员能够提供更广泛的技术知识。

反过来，具有类似教育背景的工程师形成网络，将致力于创建工程标准，涵盖从建筑规范到工具分级等方方面面。这有助于保护工程师的个人利益，他们将成为标准化材料的检验者和生产者，同时也提高了材料产品、建筑和日常生活用具的安全性和可靠性。工程师教育也有黑暗的一面。至少从阿基米德时代开始，直到西点军校和巴黎综合理工学院（该学院至今仍隶属法国国防部），工程师总是与战争联系在一起。

技术与通向大战之路

1885年,柏林会议召开。欧洲大国的代表团纠集到一起,讨论贸易关系并瓜分非洲仅存的殖民地。德国日益强大,刚击败了法国,希望得到更好的领地,却从会议上失望而归。比利时和葡萄牙等小国在非洲控制的领地比德国的领地更有价值,而法国和英国则拥有或控制着南非和埃及等具有经济和战略意义的地区。尽管殖民统治有其历史根源,而德国是殖民竞赛的后来者,但它无法从殖民地获得自然资源,成为影响德国内政和外交政策的一个关键因素。

为克服赤字,德国政府与商业和教育系统合作,建立了一个强大的科学技术体系,核心便是教育。德国的政策是全民教育,到1900年,德国的总体教育水平称冠世界。小学阶段就认定了最聪明的孩子(几乎全是男孩),并输送到大学接受高等教育;而那些对机械和技术感兴趣的孩子则被分流到技校学习手艺。在大学里,最勤奋好学的文理科学生将成为下一代的教授和讲师,而其他人则在商业和政府中工作。那些对技术学科感兴趣的人成为工程师,一些人留在大学任教,另一些人则到工业界或政府里工作。科学领域还有另外一个层面,政府和私人商业利益集团创建了名为威廉皇帝学会(Kaiser Wilhelm Institutes)的一批研究所。顶尖的研究者去威廉皇帝学会工作,其次担任大学的研究人员和教授,再次到工业界。

这造就了一个正式的网络和一个庞大的非正式网络,工业利益集团可以影响研究的领域,研究人员可以将其发现与可能对实际应用感兴趣的人交流。

德国要养活其不断增长的人口,却无法获得像英国那样多的殖民地,也不像法国和俄国那样境内就有大片可耕地。唯一的解决办法就是从现已控制的土地上获得尽可能多的粮食。为此,德国政府鼓励发展密集型农业,引进机械化,并培训农学家和农民掌握最新技术。尽管农业迈向工业化规模很重要,但它需要一种德国不易获取的东西,即用于肥料的硝酸盐。在19世纪,硝酸盐的原料大都来自南美洲西海岸的岛屿,许多岛屿被数百米深的鸟粪石覆盖。这些鸟粪石矿藏非常珍贵,由此还导致了南美太平洋战争(1879—1884),智利向玻利维亚和秘鲁开战。玻利维亚失去了全部的滨海省领土,成为内陆国。南美洲的大部分硝酸盐产量被英国公司控制。硝酸盐的另一个主要产地是印度,也在英国的控制之下。

为了解决这个问题，德国转而求助于国内的科学家。解决农业和工业硝酸盐的匮乏是德国体系发挥作用的最好案例之一。1908年，在卡尔斯鲁厄大学（University of Karlsruhe）工作的化学家弗里茨·哈伯（Fritz Haber）发现了"固定"大气中氮气的工艺。换句话说，他想到一种廉价的方法可以利用大气中约78%的氮气为原料合成氨（NH_3），氨是肥料、工业化学品和炸药的原料。1909年，卡尔·博施（Karl Bosch，瑞典皇家理工学院的毕业生）与钢铁公司克虏伯（Krupp）合作，制造了专门的钢铁容器和设备，将哈伯的发现转化为工业生产流程。这一极具价值的化学发现在不到一年的时间里就实现工业化，帮助德国摆脱了对太平洋进口的天然硝酸盐的依赖，它还为德国提供了将在第一次世界大战期间使用的基本炸药储备。

电

人类对电的认识可以追溯到古代。古希腊人已经知道我们现在所说的静电，亚里士多德推测了闪电的性质，一些考古学家甚至认为埃及人可能已经制造出了原始电池。难题在于电很难控制，要研究它，就需要不断制造且能储存以备用，但实践证明这并不容易。莱顿瓶（Leyden jar）的发明为电的研究打开了大门。它由一个用金属包裹的玻璃瓶及一根穿过瓶口软木塞的金属棒组成。莱顿瓶是一个电容器，可以储存静电发生器产生的电荷，然后电荷能够被释放。它可以被研究者放置到所需的地方，但它只能完全放电，从而限制了能利用其开展实验的类型。本杰明·富兰克林使用莱顿瓶做过关于闪电的实验，特别是发明了避雷针保护建筑物免受破坏。

亚历山德罗·伏特（Alessandro Volta，1745—1827）发现了化学反应和电之间的联系。他将锌和铜的金属薄片用浸泡酸液的纸隔开，发明了能提供持续电流的电池（即伏打电堆）。伏打电堆使电更加可控，并将其用途扩展到实验室之外（图8.4）。

1819年，汉斯·克里斯蒂安·奥斯特（Hans Christian Oersted，1777—1851）

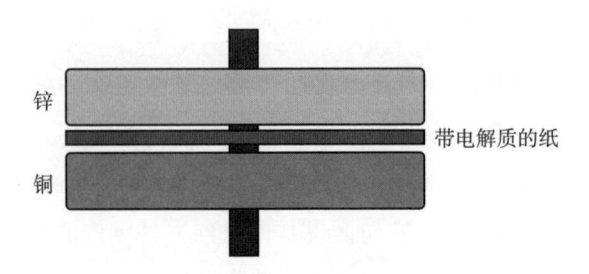

图 8.4　伏打电堆

电堆或电池的发明让电的使用变得可控,通过增加电堆的层数可以产生更多的电。

正在准备向公众演示电流和磁性等各种物理原理。他注意到当电流穿过导线时,导线附近的磁针晃动了一下。这是首次发现电和磁之间的联系。继奥斯特之后,安德烈-玛丽·安培(André-Marie Ampère,1775—1836)在 1827 年提出了多项电磁学原理。同年,乔治·西蒙·欧姆(Georg Simon Ohm,1789—1854)提出电路中的电流等于电压与电阻的比,后来被称作欧姆定律。

1829 年,约瑟夫·亨利(Joseph Henry,1797—1878)开始了电磁铁研究工作。他证明,如果用通有电流的线圈缠绕铁芯,铁芯就会被强烈磁化。他在研究中还发现了发电机的原理,但被同样从事电磁学研究的迈克尔·法拉第(Michael Faraday,1791—1867)首先发表。让导线不断穿过永磁铁的磁场,发电机便可产生电,这奠定了发电的基础。1831 年,亨利设计出电动机,通过线圈的电流能使轮轴旋转起来。

电报

随着人们对电的工作原理有了突飞猛进的了解,加上发电和控制电的能力不断提高,人们开始把电看作可以用于物理实验室之外的东西。电力通信的想法广为传播。弗朗西斯·罗纳兹(Francis Ronalds,1788—1873)于 1816 年建造了一个使用静电的小型电报机,并在其著作《电报和其他电器的描述》(*Descriptions of an Electrical Telegraph and of Some Other Electrical Apparatus*,1823)中介绍了它的用途。罗纳兹展望了电报系统,建议在英国各地铺设电报线,他写道:"如果有一台小型蒸汽机用以驱动足够多的金属板为电池或

相当的蓄电池充电，那么就可以在电报发出而放电的几乎同时为电路充电。"（Ronalds，1823：96）

在俄罗斯圣彼得堡工作的帕维尔·拉沃维奇·希林男爵（Baron Pavel L'vovitch Schilling，1786—1837）利用静电荷和电流计，将电信号传输到5千米外。它利用电力传输产生的磁场来移动指向字母表的指针，从而拼出单词。这个系统虽然笨重迟缓，但其效用有目共睹。1833年卡尔·高斯（Carl Gauss）和威廉·韦伯（Wilhelm Weber）在德国哥廷根运营了一台电报机。1837年，查尔斯·惠斯通（Charles Wheatstone）和威廉·库克（William Cooke）申请了多线电报的专利，并建造了从尤斯顿到卡姆登镇的2.4千米电报系统。1838年，英国大西部铁路公司（Great Western Railway）在帕丁顿站和西德雷顿站之间安装了库克和惠斯通的电报。它使用一系列连接着六根导线的五根针，导线驱动磁铁使针向右或向左偏转以编码信息。第一台商业电报就是惠斯通和库克在1839年与大西部铁路公司合作开启的。

电报是控制火车运行的理想工具，商业电报最初便从铁路的控制系统中发展而来，并利用铁路的路权来架设电线。由于发送信号的速度缓慢，而且成本较高，因此人们致力于发明更精悍的编码系统以加快传输速度。最著名的编码系统是由塞缪尔·莫尔斯（Samuel Morse，1791—1872）及其助手阿尔弗雷德·韦尔（Alfred Vail，1807—1859）开发的。1838年他们提出了莫尔斯电码，发明了莫尔斯电键，一种简单而精巧的信号发送装置。几乎在库克和惠斯通推出他们电报机的同时，莫尔斯和韦尔在美国发明了更简单的双线电磁电报机，并开发了由"·"和"–"组成的莫尔斯电码系统。

到1850年，英国和法国之间已经铺设了一条电报电缆。1861年，电报线连通了美国的东西海岸。经过几次尝试，1866年大西洋电报公司（Atlantic Telegraph Company）将英国和美国连接起来，1870年铺设完成了从英国到印度的电缆。突然之间，以前需要几天乃至几周时间的越洋或铁路行程的通信，可以在几分钟内完成。通过电报进行的大规模通信，意味着来自全国各地乃至全世界的新闻能够让人们了解到周边地区以外的事件，同时也培养出一种民族主义和团结的意识。电报技术还通过集中指挥，改变了战争的进行方式。

商业电力

第二个问题更具技术挑战。最初发电机产生的都是直流电（DC），它以恒定的电压提供电力，电流只有一个方向。这原本没什么问题，为用电而发明的电器，如白炽灯和电动机，用直流电运转得很好。但直流电不能通过电线远距离输送，意味着电力的生产必须紧靠用电区域，反过来意味着必须兴建许多发电厂，而这不太经济。解决传输问题的方法是交流电（AC），它能同时改变电压和电流的方向。交流电可以传输到更远的地方，从而使大型发电站变得经济。许多工程师和发明家都试图用交流电来解决传输问题。1884年，匈牙利工程师卡罗利·齐佩诺夫斯基（Károly Zipernowsky, 1853—1942）、奥托·布莱西（Ottó Bláthy, 1860—1939）、米克萨·德里（Miksa Déri, 1854—1938）发明了最早成功商业化的交流发电机、变压器和电表。而在英国，1886年，塞巴斯蒂安·德·弗兰蒂（Sebastian de Ferranti, 1864—1930）为伦敦电力供应公司开发了交流发电机和变压器，安装于格罗夫纳画廊发电站。处在交流电技术前沿的是尼古拉·特斯拉（Nikola Tesla, 1856—1943），他的发电机、电动机和其他电气设备的专利在美国得到了乔治·威斯汀豪斯（George Westinghouse, 1846—1914）的认可和推广。

交流电和直流电的商业份额竞争，让美国两大电力推动者互不相让，威斯汀豪斯赞成交流电，而托马斯·爱迪生则支持直流电。这场斗争有时被称为"电流之战"，它既是一场宣传活动，也是一场技术规格之争。爱迪生和通用电气公司（General Electric）试图将交流电和用户安危、致命事故联系起来，并通过公开用交流电杀死动物来证明这一点。爱迪生雇用游说者，试图影响各州立法机构取缔交流电系统，甚至秘密资助发明用于执行死刑的电椅，以强调其危险性。1890年，纽约奥本监狱的威廉·凯姆勒（William Kemmler）成为第一个被电椅处决的人。

一系列的电力公司合并导致最终只剩下两家大型电气公司：通用电气公司（它控制着爱迪生电灯公司）和西屋电气公司（Westinghouse Electric Company）。尽管爱迪生和通用电气进行了负面宣传，但西屋电气还是赢得了这场战争，因为交流电更容易分销出去。一个重大的转折点出现在1893年，西屋电气获得授权，在尼亚加拉瀑布建造发电厂。该工厂将使用特斯拉发明的设备生产交流电。著名科学家威廉·汤姆森爵士（Sir William Thomson，1824—1907，即后来的开尔文勋爵）领衔的一个国际委员会建议授予该合同。此处生产的交流电供给布法罗及其周围的重要工业单位。通用电气也没有完全脱离发电系统，因为它一直悄悄地在自己的系统中增加交流设备，并获得了建设输电线路的合同。最终，美国东海岸和加拿大安大略省使用的电力有相当大一部分来自尼亚加拉瀑布。爱迪生则在1892年失去了对其电力公司的控制权，从电力业务中退出，转而从事其他项目。

尽管交流电已成为输送居民和商户电力的标准形式（重工业经常使用自己发电厂的直流电力），但到2007年，美国和欧洲的少数地方家庭仍在使用直流电。使用整流器便可以将交流电转换为直流电，供给现场或附近的用户。技术发展相映成趣，近年来直流电的实际用途急剧增加，许多现代设备，如手机、笔记本电脑、无线电器和卤素灯，都要使用转换器将交流电变成直流电。基本上，任何使用电池的设备都是使用直流电源的。

从许多角度看，作为一种商品，电的创造堪比人们发现火的可控使用。它为大规模的发明浪潮开辟了道路，标志着一种自主运行的新型技术开始出现。尽管电气化之前的机械钟、自动装置和一些钟乐器都有独立的控制机制，但电力消除了许多设备运行中人工干预的必要性。只要电流通畅，电气设备就会自主地工作。尽管电子钟的机制仍然是齿轮系统，但不再需要上发条。冰箱不再需要新的冰块供应，电灯也不需要灯芯、燃料或火柴就能点亮。早期的电气设备通常使用旧有的机械控制系统（例如，齿轮驱动的时钟使用电动机而不是重块），但随着电气设备变得更加复杂，发明家不仅创造了现有设备的电气化形式，还创造了一种新的人工制品：其功能由部件的电气状态控制的设备。这样的设备可以有定时器、各种触发器的传感器，如温度、压力、湿度或声音，以及后来的无线电和光。

这些新机器不仅有自主运行能力，对用户来说它们也造成了一种新的技术障碍。这是第一批没有专业知识就无法操作的设备。作为一个必然的结果，电力时代开创了技术员的时代。

关联阅读

托马斯·阿尔瓦·爱迪生：美国发明家的典范

爱迪生出生在俄亥俄州的米兰，在密歇根州的休伦港长大（图8.5）。他是家中七个孩子中最小的一个，几乎没有接受过正规教育。爱迪生在失控火车面前救下一个孩子，从此改变了他的一生。出于感激，孩子的父亲把爱迪生培养成一名电报员。爱迪生天性好奇，电报员的工作激发了他对技术，特别是通信技术的终生兴趣。在成功发明留声机之前，他发明过许多与电报有关的设备。他对声音技术的兴趣可能源于他自己的虚弱听力，是猩红热和耳部感染的后遗症（并非人们常说的那样，被愤怒的火车售票员打坏了耳朵）。1874年，他以1万美元的价格将其四联电报机卖给西部联合电报公司（Western Union）之后，1876年在新泽西的门罗公园建立了一个研究实验室。这是美国的第一个工业研究中心，当时世界上也寥寥无几。

图8.5 托马斯·爱迪生

在门罗公园，爱迪生召集了一个研究团队，创造或改进了数十种设备。最引人注意的是他在电灯泡方面的研究。爱迪生并没有发明灯泡，而是与一个团队合作，他的团队也不是第一个造出白炽灯的：在其团队开始研究这个问题之前，已经出现过20多种白炽灯。难题不在于灯泡本身，而在于如何让一只灯泡既结实又造价低廉。爱迪生最擅长的是将发明看作系统的一部分，并把这些部件作为生产对象加以优化。因此，爱迪生明白，灯泡只是电力系统的又一个附加物，而爱迪生公司的民用和商用灯泡生产线，率先取得了商业上的成功。

福特和新工厂系统

当爱迪生致力于推动世界电气化的时候，亨利·福特（Henry Ford，1863—1947）开始对交通运输业进行改造。很多大大小小的创新都与福特有关，也有一些并非他的发明，却归功于他。比如，他其实没有发明工厂系统，也没有发明内燃机。虽然他是加强制造业劳动分工的先驱，但韦奇伍德等人远在福特之前就已经引入了分工。福特能在技术史上青史留名是因为两项创新，一项广为人知，另一项鲜为人知。广为人知的创新是自动化装配线。福特让工人和材料在装配区保持不动，而把汽车和零部件送到工人面前。这就要求大大加强对零部件的统筹，早期福特汽车的设计正是基于尽可能减少零部件的数量。这项创新使生产一辆汽车所需的时间从12小时下降到90分钟。福特T型车是第一种使用新技术制造的福特汽车，于1908年首次驶下装配线。它改变了交通运输业。竞争对手的公司，先是美国的公司，然后是全世界的公司，都采用了福特的方法生产。

福特的另一项创新是追求制造过程的垂直整合。同样，这个想法也不是福特的原创，但他为大公司树立了新的标准。这就意味着福特试图拥有全部的产业链，从铁矿、冶炼厂、零部件制造商、装配厂，到运输系统和展销厅。通过坐拥完整的网络，他可以控制成本、交货时间和生产标准。尽管福特没有完全成功地控制产业的所有方面（他进入石油领域的努力半途而废），但与同时代大多数企业家不同，他将汽车视为工业系统的一部分，而不仅仅是待售的产品。

随着其他公司采用他的生产方法，汽车市场逐渐增长，对市场份额的竞争也不断加剧。要保持公众购买新车的兴趣，方法之一便是推出新车型。福特最初反对改变设计，他认为这是一种浪费，但1927年A型车的成功及竞争的压力，促使其公司每年都有新车型上市。虽然大多数变化是外观上的（尾翼和车窗的形状），但其他创新，如电力启动器（1912）、液压制动器（1920）、自动变速器（1934）、盘式制动器（1949）和动力转向系统（1951），都使驾驶变得更容易、更安全。

石油世界

汽车制造业改变了交通运输,造成了广泛影响,但如果没有石油,这项产业就无从谈起。在汽车发展初期,虽然蒸汽汽车和电动汽车也参与了消费市场的竞争,但使用精炼石油的内燃机汽车胜出。其中一个原因是汽车制造商选择了石油燃料,这反过来刺激了研究和开发。然而,最重要的原因是每单位燃料的行驶里程。电动汽车非常适合城市环境,路程短,用电方便,但长途就成了问题。蒸汽汽车既需要燃料又需要水,由于能够携带的燃料重量有限,跑不了多远。

然而,在 20 世纪初,人们还不清楚石油工业是否能为日益增长的运输市场提供足够的燃料。原油自古以来就为人所知,加利福尼亚州的拉布雷亚沥青坑(La Brea tar pits)和阿塞拜疆的比奈盖迪沥青湖(Binagadi asphalt lake)等处的露天沉积物被当地人用作船只防水剂和易燃材料的来源。9 世纪,波斯炼金术士拉齐用原油做实验,发现了一种燃烧时不冒烟的清澈液体。1846 年,亚伯拉罕·格斯纳(Abraham Gesner,1797—1864)重新发现了这种物质,将其称作"煤油"。格斯纳使用煤作为燃料,但从煤中分馏煤油需要多个步骤,成本很高。19 世纪 50 年代,许多人开始尝试用石油来代替煤。美国的塞缪尔·马丁·基尔(Samuel Martin Kier,1813—1874),以及两位波兰的合作伙伴伊格纳西·武卡谢维奇(Ignacy Łukasiewicz,1822—1882)和简·泽(Jan Zeh,1817—1897),开始销售煤油和煤油灯。因为他们的煤油是从石油而不是煤中提炼出来的,所以规避了先前的专利。煤油最终取代了鲸油和其他制品成为照明燃料。

对煤油的需求意味着石油大有市场,在美国宾夕法尼亚州、加拿大安大略省和波兰南部都发现了石油矿藏。随着更多的供应,煤油也用于取暖和烹饪,这反过来又增加了需求。20 世纪初,煤油成为一种大宗商品,进一步勘探发现在美国得克萨斯州、委内瑞拉和俄罗斯均有大型矿藏,并且在中东,尤其是沙特阿拉伯发现了更大的储量。

煤油的精炼会产生其他副产品,如用作沥青的焦油,但其他多数副产品都会被丢弃。当汽油组分被用作内燃机的燃料时,它创造了石油的二级市场。随着汽车工业的发展，汽油和后来的柴油成为比煤油更重要的燃料。电灯的引入进一步减少了对煤油的需求，尽管人们仍生产煤油用于传统油灯和航空燃料。

到 20 世纪中叶，一个用于运输燃料和取暖燃料的生产、提炼、输送和分配的庞大网络已经建立起来了。其他产品，包括润滑剂、塑料和有机化工原料，是石油的重要二级市场。大多数石油储量由欧美公司拥有或控制，但在 1960 年随着石油输出国组织（OPEC，简称欧佩克）的成立，国际形势开始发生变化。欧佩克成员国从最初的五个（伊朗、伊拉克、科威特、沙特阿拉伯和委内瑞拉），发展到现在的 13 个。全球石油产量的 44% 来自欧佩克成员国，已知石油储量的约 74% 也分布在这些国家。

军备竞赛与工业化战争的本质

工业化的一个政治副产品是人们日益认识到控制资源关系到国家利益，不能让其掌握在私人手中。随着欧美势力的壮大，政治领袖和普通民众中的许多人都认为，国家的利益只有通过直接对抗才能得到保障。随之而来的是一场军备竞赛，更新换代的现有武器和新型武器被投入战争。这些武器告诉我们将技术应用于战争的两条教训。首先，也是最明显的一条，与 19 世纪使用的武器相比，这些武器造成的伤害显著增加。部分由于武器本身的杀伤力增加了，高能烈性炸药取代了黑火药，栓式步枪和机枪取代了滑膛枪，但真正造成破坏的是武器使用的规模。工业化和装配线以前所未有的规模向战场提供所需的一切。以最具代表性的火炮为例，索姆河战役中发射的炮弹超过了整个美国内战和普法战争中使用的炮弹总和。

武器带给我们的第二条教训不如第一条那样显而易见，它与管理有关。军备竞赛和战争的工业化要求军队、工业和政府不断提高管理能力，像建造"无畏"舰这样庞大的项目才能成功实施。工程师、电气专家、冶金学家和化学家等技术专家能够发明新的物件，但将他们汇集到复杂的生产系统中，还需要工厂经理、军事指挥官、会计师、政府官僚和律师。

"无畏"舰

19世纪末,两项关键技术进展改变了海军的建设。一是蒸汽动力舰艇的发明,二是钢铁结构取代了木材。这些新型船只的建造先驱之一是著名的工程师伊桑巴德·金德姆·布鲁内尔(Isambard Kingdom Brunel,1806—1859)。1859年,他建造的"大东方"号(SS Great Eastern)下水,这是一艘长210米的巨型蒸汽船,设计能力为从英国运送4000名乘客到澳大利亚,中途无须添加燃料。尽管"大东方"号没能成为客轮,但它被用来铺设跨大西洋的电报电缆。造船商花了20多年时间才将布鲁内尔带来的创新技术完全整合到海军建设中,但到1900年,战列舰已经成为技术上的奇迹。它们使用了最新型的汽轮机、电力通信和照明设备,配备了从装载枪炮到运输货物的所有机械系统。

德国和美国通过建造越来越大的船只和舰队来挑战英国的海军力量,这也是两个新兴工业大国最显著的成果。1906年,英国皇家海军"无畏"号(HMS Dreadnought)战列舰下水(图8.6),它是军舰设计的巅峰,也是军备竞赛的主要推动力。"无畏"号战列舰是庞然大物:全长160米,满载重量22200吨,装备有

图 8.6 英国皇家海军"无畏"号战列舰
作为当时最大的战舰,它引发了一场军备竞赛,其他国家也急于建造自己的超级战舰。

10门12英寸炮,24门12磅炮和5个鱼雷发射管,比第二大的尼尔森级战列舰长30多米,其造价创下了178.5万英镑(相当于今天的21196.7万美元)的纪录。无畏舰的建造部分是出于军事考虑,部分是由于国际关系。如此大规模的建造不可能保密,英国政府建造大型新船的投入被视为借英国海军实力向其他国家发出的警告。德国、法国和其他国家也不甘示弱,开始了他们自己的"无畏舰计划"(表8.2)。

表8.2 截至1916年已建造的无畏舰或无畏级战舰(Moore, 2001)

国家	数量	国家	数量
英国	28艘无畏舰,9艘无畏级巡洋舰	奥匈帝国	4艘无畏舰
德国	16艘无畏舰,5艘无畏级巡洋舰	俄国	4艘无畏舰
美国	10艘无畏舰	阿根廷	3艘无畏舰
法国	4艘无畏舰,3艘超无畏舰	智利	3艘无畏舰
意大利	6艘无畏舰	巴西	3艘无畏舰
日本	5艘无畏舰	土耳其	2艘无畏舰

尽管无畏级战舰令人印象深刻,但它们几乎没有左右到战争的结果。日德兰海战(Battle of Jutland)是英德海军之间的一场大战,却难分胜负。虽然英国皇家海军损失了14艘战舰,而德国只损失了11艘,但德国拥有的战舰少,无法承受这样的损耗。到1914年,"无畏"号已经成为过时的技术,战争中大部分时间都在守卫英国海岸。它只击沉了一艘敌舰——在福斯湾撞击并击沉了一艘德国潜艇。无畏舰的军备竞赛是"一美元拍卖陷阱"的绝佳实例。由于担心在海军对抗中失败,各国建造的这些战舰超出了实际用途。指挥官们不愿意让他们的无畏舰参加实战,特别是无畏舰完全可以被廉价的水雷、U型潜艇和装备有鱼雷的更小船只击伤或击沉。

潜艇和声呐

相比之下,潜艇战非常有效,至少在战争开始时是这样。1914年,德国拥有29艘U型潜艇,在战争的头10周内击沉了5艘英国巡洋舰。到战争结束时,德国已有360艘U型潜艇下水,在整个战争过程中,U型潜艇击沉了超过1000万吨的船只。英国、法国和俄罗斯也使用潜艇，但它们在战争中发挥的作用较为有限。为了应对潜艇的攻击，新的海军战术发展起来，并建造了探测设备。早期声呐（水下声波探测）的研究工作由雷金纳德·费森登（Reginald Fessenden，1866—1932）和保罗·朗之万（Paul Langevin，1872—1946）分别于1912年和1915年开展，之后英国海军部开发了 ASDIC 声呐系统[1]。潜艇仍具危险性，但声呐系统给了水面舰艇反击的机会。

机枪

另一项改变战争性质的发明是马克沁机枪及其众多衍生型号。海勒姆·史蒂文斯·马克沁（Hiram Stevens Maxim，1840—1916）出生于美国，后移民英国。他不是第一个研究连续射击武器的人，早期最著名的武器是加特林机枪，1861 年在美国内战期间发明。马克沁机枪的不同之处在于，它利用一次射击的后坐力重置击发机制，上膛另一发子弹，因此射出第一发子弹后机枪完全自动化。马克沁谈到他的发明时说，1882 年他在维也纳遇到过一个美国人，这个美国人告诉他，"如果你想拥有花不完的财富，坐拥金山，那就发明一台杀戮机器——让这些欧洲人能够轻而易举地割断彼此的喉咙——这就是他们想要的"（Maxim，1914: SM 8）。

马克沁机枪并没有立即取得商业上的成功，部分原因是机枪与当时的武器规格不太匹配。虽然机枪比各种火炮都小得多，但又不是可以单兵携带或使用的武器。英法军队的信条仍然主要基于装备栓动步枪和刺刀的大规模步兵部队。法军为炮兵部队配置了机枪，因为机枪可以不用瞄准就开火，或射击超出视线范围的目标。德国人首先认识到机枪是最好的步兵武器，它的射速和致命火力能帮助部队以少胜多。

第一次世界大战开始后，德国人在与法国人的早期交锋中取得了一些胜利，这鼓舞他们相信可以重复普法战争的胜利。机枪在短时间内解决了法国步兵的突击和骑兵的冲锋。然而，战斗很快就陷入了困境，双方都无法动用足够的力量在正面攻击中战胜对方。德军和协约国军队都试图绕过敌人的侧翼，但由于双方都在尝试同样的策略，这一切只会导致前线延伸得越来越长。

化学战

德国在参战时曾认为，其训练有素、技术先进的军队可以战胜法国，但在英国人的帮助下，技术优势要么因为双方采用了类似的武器和战术而消弭，要么因为英国人可以投入更多的资源而失效。例如，尽管德国的 U 型潜艇很成功，却无法冲破英国的海上封锁，也难以截断流入英国的资源供应。在消耗战中，德国人处于弱势，于是德国军队转向了化学战。德国通过威廉皇帝学会拥有了一套完善的科学研究系统。弗里茨·哈伯，威廉皇帝化学和电化学研究所所长，这位化学家发现了如何利用空气中的氮气合成氨，生产化肥和炸药，他建议将化学品用作一种武器。

1915 年 4 月 22 日，德军在西线发动了第一次大规模化学武器攻击。费力搬到前线的 5700 个钢瓶释放出氯气，一片黄绿色的云团随风飘向法军阵地，氯气比空气更重，因此沉降到战壕和掩体中。氯气很容易获取，它是几十种工业处理工艺的主要原料，从布匹漂白到水的净化，能够大量供应。氯气通过与口鼻和肺部的水分结合形成盐酸，致人受伤甚至死亡。那是一种非常痛苦的死亡过程。面对突袭，措手不及的法军撤退了，抛下很多死伤的士兵。一个超过 6 千米的缺口打开了，德军得以突进，但由于这次攻击计划旨在试验，后续没有足够的兵力取得更大的突破。

随之而来的是一场化学武器竞赛，越来越多的化学毒剂被投放战场。各方都在为化学战做准备，建造或征用化工厂用于战争，同时也设法保护士兵，主要靠使用防毒面具。化学战使用的最毒物质是光气和芥子气。芥子气并不是真正意义上的气体，而是一种油性雾，能覆盖在物体表面，并在环境中保持几天甚至几周的毒性。

化学武器的设计，部分为了杀伤敌人，但更大的目标是用作一种心理武器，并摧毁后方支援系统，尤其是医院。尽管德国在化学工业方面处于世界领先地位，但并没有领先法国和英国太多，因此化学品也没有改变战争的进程，只是让堑壕战对所有人都更加致命。

化学战带来的一个重要副产品是人们认识到科学和科学家也是一种国家资源。因为化学战，参战的主要国家都建立了政府资助的研究模式。为了集结科学家投入化学战而创建的许多组织，如美国、加拿大和澳大利亚的国家研究委员会，都仍在资助科学研究。

坦克

装甲车辆自古就有，但只有在内燃机发明之后，机械化武器才成为可能。1916年9月15日，英军在索姆河战役中首次使用坦克，而首次真正取胜是在1917年11月20日。当时约400辆英军坦克在坎布雷（Cambrai）向前推进了近9千米。德国也试图建造坦克作为回应，但到1917年已面临供应问题，只造出屈指可数的坦克。这些叮当作响的怪物重达43吨，设计得更像是移动的掩体而不是突击车辆，但它们帮助协约国军扭转了战争。坦克是一个很好的发明范例，它将现有装置融合在一起，结合了汽车的发动机、机枪和火炮，所有这些都曾被塞入常规战舰的装甲钢板之下（图8.7）。

图 8.7　英国马克 VII 型坦克
坦克的发明有助于结束堑壕战的僵局。

航空

最后一个值得注意的战争创新是航空。尽管飞机受到更多热切的关注，特别是像加拿大人比利·毕晓普（Billy Bishop，官方记为72次胜利）或德国人曼弗雷德·冯·里希特霍芬（Manfred von Richthofen，80 次确认胜利）这样的王牌飞行员，但他们对战争的直接影响非常小。虽然空战引起更多人的注意，但陆上和海上的侦察对战争的意义更大。这场战争确实起到了一种临场检验的作用，导致了诸如战略轰炸、地面支援、空中摄影和战斗机等设想成型。这也使一些年轻军官相信空中力量对未来的战争至关重要。

战后世界

战争结束时，列强的势力平衡已经发生了变化。战前的工业领袖英国和德国，已经被美国超越了。尽管 20 世纪之交以来，美国生产的钢铁等材料一直比欧洲各国多，但真正将美国带入国际舞台的是战争。美国人对发明的兴趣、不断增长的经济及接近整块大陆的资源，给予美国巨大的推动力。

对美国技术发展贡献最大的不是美国人的各项发明，而是新型社会的建立。建国文件尊奉社会平等和自由的启蒙理想，共和国对先前的政府形式和社会组织的方方面面几乎都做出修正。开国元勋深谙希腊城邦和罗马共和国的古典历史，欣赏英国议会的权力，并学习本土邦联的制度，致力创建一种新的组织。政府形式如此激进，很多人甚至那些支持独立的人，都无法真正相信政府能够运转。例如，曾经有过一场拥戴乔治·华盛顿成为新国家君主的运动，但他拒绝了。建国初期，总统们不知是否能争取到足够的支持让政府运行下去。多年来，最高法院的权力充其量只是理论上的，当选的国会代表在会议期间无法出席或因个人事务影响而离会也并不罕见。

尽管早期存在不少问题，但这个新国家的伟大力量在于维护社会、智识和个人的自由。这并不是说这些自由人人都能完全享有，正如与奴隶制的长期斗争所示，但与当时世界上其他地方相比，美国提供了无与伦比的可能性。这吸引了全世界的人们。美国政府这种无形的技术，其设计带有改善社会的理想，而非仅仅为了控制社会。从某种程度上来说，他们之所以成功是因为他们拥有实现启蒙社会梦想的工具。部分有意为之，部分出于幸运，开国元勋们还创造了一个既欢迎又鼓励新颖事物和创新的社会。即使在今天，美国的发明家和技术革新者也比军事将领和政治家的知名度更高。

论述题

1. 为什么第一次世界大战被称为第一次工业大战？
2. 电力是如何改变社会的？
3. 托马斯·爱迪生、查尔斯·古德伊尔和亨利·福特的生平有哪些相似和不同之处？

注释

1. "ASDIC"来自"反潜部"（Anti-Submarine Division）和"超音速"（supersonics），用作掩护名。海军部后来为这个名字编造了一段虚假的历史，声称"ADSIC"缩写自"协约国潜艇探测调查委员会"（Allied Submarine Detection Investigation Committee）。

拓展阅读

作为一个工业大国，美国的崛起改变了世界历史的进程，并为如何利用发明创造树立了榜样。纺织业是工业革命的基石之一，乔吉奥·列略（Giorgio Riello）的《纺织世界：1200—1850年的全球棉纺织品史》（*The Spinning World: A Global History of Cotton Textiles, 1200—1850*, 2009）设定了全球背景。首次应用工业时代技术的重大战争是美国内战，当时战场上出现了火车、电报、热气球和摄影。巴顿·C. 哈克（Barton C. Hacker）在《跨越两个世界：技术和美国内战》（*Astride Two Worlds: Technology and the American Civil War*, 2016）中广泛收集了各种主题的文章。内战之后，由于电力等工业系统的崛起，工业化国家变得更加强大，托马斯·P. 休斯在《权力网络：1880—1930年的西方社会电气化》（*Networks of Power:*

Electrification in Western Society, 1880—1930, 1993）一书中探讨了这一主题。特别是亨利·福特成为新工业主义的标志，出现了大量关于他的研究。一个比较容易获得的作品集是美国公共广播公司出的《美国印象：亨利·福特》（*American Experience: Henry Ford*, 2013），包括数字化的图像、短片和文章。随着第一次世界大战的爆发，工业增长再次被推上战场。从物质文化角度来看待这场战争，有多部关于战争物件的书。彼得·道尔（Peter Doyle）的《从100件物品看"一战"》（*World War I in 100 Objects*, 2014）和加里·谢菲尔德的（Gary Sheffield）《"一战"物典：改变"一战"的100件物品》（*The First World War in 100 Objects*, 2013）提供了精美的图片和说明文字，适合各种水平的研究。

第九章时间线

公元前 3500 年	最早的烤炉
1790 年	拉姆福德壁炉
1835 年	铸铁炉具开始流行
1851 年	艾萨克·梅里特·胜家制造出缝纫机
1861 年	伊莱沙·奥蒂斯发明安全升降梯
1885 年	第一幢摩天大楼——家庭保险大楼
1927 年	通用电气公司推出炮塔冰箱
1947 年	首台微波炉
	威廉·莱维特开始批量建造房屋

第 九 章

家用技术：让新技术普惠民众

第九章　家用技术：让新技术普惠民众

家用技术是日常生活的技术，对人们的影响也最为直接。工业革命让工业改头换面，同时也改变了个人与技术的关系。工业革命之前，家居所需的大部分物品是由家庭或当地社区生产的。随着工业化的推进，家用技术也焕然一新。房屋的建造方式、食物储存和烹饪手段，以及人们的居住场所都发生了重大变化。来自世界各地的商品出现在家中，家不再是那个制造东西的地方，而成了商品消费的核心。在工业化国家，家用技术推动了相关社会角色和空间观念的改变，郊区在城市周围发展起来，集市则被购物中心所取代。

人们不难通过高楼大厦、战争以及工厂开启的大规模生产来看待技术。当然，它们确实代表着历史宏大视野中的一些重要方面，但是技术在更个体、更人性尺度上的影响，往往更能衡量技术带来的变化，更能彰显技术如何改变社会关系。

家庭生活涉及多种多样的工作。它可能包括做饭、照看和教育儿童、制衣做鞋、制造家用器皿、装饰艺术、照料病患和老人，以及欢庆各类节日。这些活动如何开展以及由谁推动，一直是历史学家、人类学家与社会学家大量研究的主题，既涵盖我们的祖先，也包括当今的社会群体。这些研究揭示了所有文化都包括家庭生活，但其角色——尤其是按性别分配的角色——差别很大。出于生理上的必要性，妇女不得不抚养孩子，但除此之外，有些社会的家庭生活，两性分工近乎壁垒森严；而有的社会中，两性几乎完全融合，共同分担家务。虽然并非所有家务都属于女性，但历史上女性通常比男性承担更多家务。人们在家庭中的角色还受社会地位和经济水平的影响，因此上流阶层的日常活动与工人阶层大为不同。事实上，女性的社会地位容易受到所处时代经济状况的强烈影响。经济不景气时，女性自主权的衡量标准比如获取财产、发起离婚和从事有偿工作等权利会相应降低，而承担的家庭责任往往会增加。在经济形势向好的时期，女性的自主权会提升，有更多的财产权、更大的经济自由，对女性活动的社会约束也会更少。

除了人们所从事的分内工作，还有各种各样被视为公共或私人的活动。随着社会的城市化，技术上更为复杂，公共领域和私人领域之间的界限愈发清晰。在觅食社会中几乎没有私人领域的概念。欧洲中世纪，即使富人也要和家人仆人同在一个大房间里起居工作，难以区分我们今天所谓的公共活动和私人活动。在一些文化中，家庭成员的外出受到严格限制，只有男性可以在无人陪同的情况下外出，公共和私人之间有着显著的区分。

在城市地带，随着文明历经细致的专业分工，居家生产的家用产品数量日趋减少。磨坊承接了谷物研磨，鞋匠制作鞋类，织工纺纱织布，针线女工和裁缝量体裁衣。随着生产活动从家庭生活中剥离，人们越来越重视家庭活动的管理，洒扫庭除，创建一个远离公共区域的私人家庭"避风港"。举止得体的观念，就是部分基于公共空间和家庭空间的思想，以及在每个空间里能做什么或不能做什么。

绿色革命

食物和家庭生活息息相关。在人类历史长河中，无论是小家庭还是聚族而居，食物制备都几乎完全是一项家务活动。放眼全球，许多重大的社会变化都是基于食物收集工艺的革新。学会用火改变了食物形态，人类开始定居则与农业的出现有关。历次粮食产量的增长都会带来相应的社会变化，因为更多的人从农业劳动中解放出来，能够从事其他活动。伊斯兰农业革命不仅促进了庄稼的广泛种植和牲畜广泛养殖，更重要的是集约化农业技术也传播开来。原始工业革命时期的农业变革实现了农业产量（特别是英国）的显著提高，反过来又为工业革命奠定了基础。农业的工业化，让人们在农场中使用上了拖拉机等机器，以及化肥、杀虫剂和灌溉设备。这些工具和技术带来了远超当地所需的大量盈余，并使人员和货物的流动更加顺畅。粮食的安全和可调配推动工业国家成为全球强国。

尽管工业化农业在欧洲和北美取得了成功，却未能推广到世界其他地区。某种程度上是因为墨西哥、印度等国家和撒哈拉以南的非洲地区缺乏支撑工业化农业的基础设施，但更重要的原因是适用于某一地区的农业技术无法简单地照搬到另一地区。

始于 20 世纪 50 年代的"绿色革命"是科学、技术和地方利益之间协作最成功的案例之一，它将新的农作物和耕作技术带到许多国家和地区，特别是墨西哥和印度。绿色革命起步于墨西哥，各方利益齐心协力，试验及改善农业。美国、墨西哥两国政府与联合国粮食及农业组织（United Nations Food and Agriculture Organization，FAO）和洛克菲勒基金会（Rockefeller Foundation）合作。早在 1943 年，洛克菲勒基金会就与墨西哥农学家合作，帮助建立了国际玉米和小麦改良中心，目标是开发新的玉米和小麦（以及此后的其他作物）品种，使它们适合墨西哥的生长条件，并且比旧品种的产量更高。小麦新品种尤其成功，到 1968 年，墨西哥 90% 以上的播种小麦都是由墨西哥科学家培育的。新的农业技术还包括化肥和杀虫剂的使用，以及机械系统的大规模推广（如拖拉机和带升降设备的谷仓）。

1961 年，就在墨西哥的新农业体系初见成效的时候，印度正处于大饥荒的危险边缘。在墨西哥工作的美国植物遗传学家诺曼·博洛格（Norman Borlaug，1914—2009）应印度政府邀请援助当地农业。受福特基金会的资助，博洛格在旁遮普地区安排试验墨西哥培育的小麦。试验获得成功，新技术和新品种得到了广泛应用。

亚洲农业最重要的增产作物之一是"奇迹稻"（Miracle Rice）。国际水稻研究所（International Rice Research Institute，IRRI）是福特基金会、洛克菲勒基金会和菲律宾政府联合创建的机构，主要任务就是培育高产水稻。在国际水稻研究所工作的印度农学家苏拉吉特·库马尔·德·达塔（Surajit Kumar De Datta）找到了 IR8 这个优良品种。即使不使用工业种植方法，它的产量也是传统品种的 5 倍，施用化肥后产量还可以倍增。IR8 后被引种到印度和整个亚洲。

绿色革命虽然部分由美国机构资助，但其成功有赖于当地的科学家和农民。然而，它也存在一些问题。与绿色革命相关的项目带有冷战政治色彩，因为它们鼓励使用西方技术。像拖拉机和化学品之类都是西方政府免费提供或以低价出售的，具有援助和扩大自身影响的双重目的。这一时期，美国和其他西方伙伴在农业方面相较苏联有很大的优势，因为特罗菲姆·李森科（Trofim Lysenko）几乎彻底毁掉了苏联的植物遗传学研究。

对绿色革命也有一些批评的声音：生物多样性的减少，化学品对环境的破坏，依靠农用拖拉机和全球粮食运输系统的工业化农业的碳足迹。博洛格在回应这些批评时说："如果让他们（环保批评者）置身发展中国家的苦难，哪怕仅生活一个月，他们就会为拖拉机、化肥和灌溉水渠大声疾呼，并为本国那些时髦精英试图拒绝给予这些东西感到愤怒，而我在那里生活了50年。"（Easterbrook 1997:80）

另一个至今仍然存在的重要问题是工业化农业的成本太高。这导致农业集中到大地主和商业利益集团的手中，因为家庭农场无法负担集约化农业所需的设备和化学品。与50年前相比，今天的地球可以养活更多的人，这是绿色革命带来的福祉，但技术也将农民锁定在一个特定的体系内，而这个体系还要依赖包括化学和石油在内的其他行业。

火炉和烹饪

食物的制备是考察家用技术的一个合适出发点。烹饪一直是人类生活中最重要的核心事务之一。厨房作为家庭和社区活动的中心，既是公共空间也是私人空间。食物总是和社交紧密联系在一起，好客的观念，以及主、客之责，都与食物密切相关。在人类历史的大部分时间里，家通常只有一个房间，各种家庭活动都在同一个空间进行，而由于准备食物是一项日常和持续的活动，于是烹饪的节奏就决定了一天生活的节奏。即使后来出现了城市生活，房子里面的厨房仍然非常核心。只有非常富有的人才能负担得起为不同活动专门建造房间。现代家庭中食物制备有了单独的空间，但并没有改变厨房仍然是家庭生活的核心地位。由此可见，食物制备的技术可以告诉我们很多关于人与技术及人与人之间的联系。

家庭烹饪方式的变化让我们看到家用技术的性质演变。在人类大部分历史上，炊灶仅仅是一处火堆，气候温暖或夏季时火堆在室外，气候凉爽或冬天则在室内。当定居点稀疏且燃料充足时，火堆不难维持，但随着定居点越来越多，燃料变得越来越少，需要耗费更多的时间和金钱。于是人们开始采取若干策略来解决城市环境中的燃料和空间问题。其中最早的一种方案是采用石砌或砖砌的火炉。在古代，从古巴勒斯坦到中国，许多地区都出现过这种火炉。火炉耗费的燃料较少，热量集中，而且由于石块和砖块能吸收热量，在炉火熄灭或夜晚封炉后仍能长时间保温。

使用火堆烧煮食物有一定的危险性。为了给烹饪提供更稳定的热源，人们发明了烤炉。烤炉最初只是简单的坑洞，放入热炭块，食物用树叶包裹放在上面，然后再用泥土或沙子覆盖。这种烹饪方法为世界各地广泛使用，至今在夏威夷和泰国等地仍然流行。坑炉和烧制陶瓷的窑炉本质上是同类装置，历代都与家庭活动息息相关。大约在公元前3500年，印度河流域、中国北部和埃及开始出现泥炉和砖炉。用陶瓷制成的小型便携式烤炉可以追溯到公元前1600年前后的地中海盆地，大约在同一时期，专门用于烘烤面包的烤炉开始出现。面包烤炉的使用方法与其他烤炉略有不同，因为它有一个生火的炉腔（黏土、砖或石头砌成），当炉子足够热之后，火和灰就被移走，依靠储存的热量来烘烤。这种炉子设计简单，意味着可以就地取材搭建。

随着石头和砖瓦房越来越普遍，火炉取代了明火坑，用于烹饪和取暖。早期的火炉通常是石或砖结构，上面有一个排烟的通道或管道。它们比火堆更容易使用但效率不高，而且会在房子里产生大量烟雾。直到18世纪，炉具才有重大的设计改进，使用烟囱排放烟雾。许多人发明了专门用于取暖的炉子或壁炉，其中最著名的是本杰明·富兰克林，他在1741年给炉子安装了导流板（空气通道），使冷空气在炉膛周围流动，以获取和回收热量，否则热量也会从烟囱中流失。18世纪90年代，拉姆福德伯爵［Count Rumford，英国裔美国发明家、科学家，偶尔充当间谍，原名本杰明·汤普森（Benjamin Thompson），1753—1814］发明了拉姆福德壁炉，这种壁炉使用倾斜的浅炉膛和更符合空气动力学的烟道，从而增强热辐射并减少了室内的烟雾（图9.1）。富兰克林和拉姆福德在设计炉子时都考虑到了能量节约：他们的设计理念都是使用更少的木材获得更多的热量。

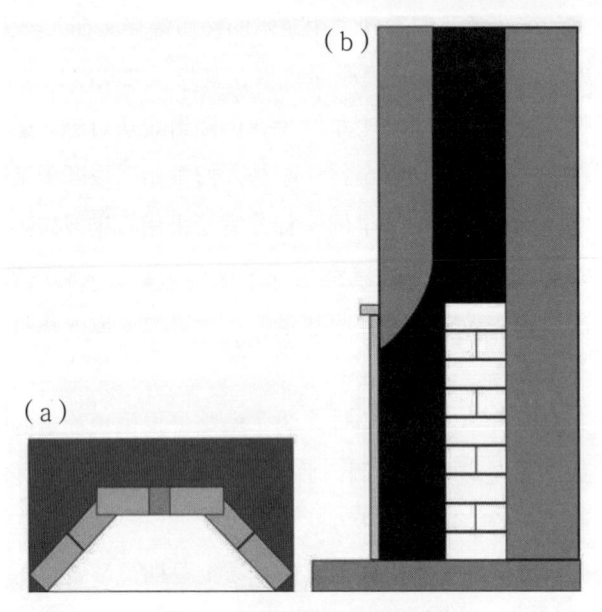

图 9.1 拉姆福德壁炉结构示意图

浅炉膛和窄烟道能够产生更多热量，让烟囱的效率大大提高。（a）为俯视图，（b）为侧视图。如侧视图所示，它们可以改装到已有的壁炉中。

壁炉和烟囱的引入改变了房屋的结构。房屋围绕壁炉而建，成为食物制备以及缝纫、社交、采暖、清洁和娱乐等家庭杂务的场所。当明火早已不再是做饭和取暖的主要方式之后，许多家庭仍然有开放式壁炉，用于社交和装饰。

另一个解决燃料问题的方法是使用木炭。木炭在古代就已为人所知，而制作和使用木炭的工匠可以追溯到古埃及。世界部分地区如中国和印度的城市，木材非常昂贵，用木炭炉烹饪逐渐流行起来，为了便于使用最少的燃料快速烹饪，人们采用诸如翻炒和烧烤的方式烹饪肉丁和蔬菜。而在那些木材充足且价廉的地方，人们就可以长时间地烘烤大块的肉。

在火上做饭，即使是用壁炉，也是一个挑战。人们需要时时关注食物，将火维持在合适的大小也不容易，移动沉重的锅和其他烹饪工具还需要力量。富裕的家庭中，壁炉配有挂钩、可转动的支架和锅架，有些家庭甚至还有升降设备和曲柄驱动的旋转烤肉叉。但即使有各种各样的辅助设施，这仍然是一项又热又累的家务。随着时间的推移，人们发明了各式的火炉，但真正改变壁炉角色的是铸铁的大规模生产。铸铁炉具在 18 世纪末和 19 世纪初风靡于世。到 1800 年，欧洲和美国有越来越多的房子安装了铸铁火炉，尽管传统壁炉仍不在少数。工业时代早期的炉灶并没有真正为厨师考虑。它们通常离地面太近，上面放锅的地方又小又平，如果这个炉灶还设计了用来烘烤食物的隔层，那么它往往太小，几乎无法使用。

由于壁炉集诸多功能于一身，包括家庭采暖、烹饪，以及其他一些家务，如加热洗澡水和烧热熨斗，人们期望铸铁炉也能发挥同样的作用，从而影响了铸铁炉的设计。制造商还越来越注重炉具的装饰性，部分由于炉具是房屋里核心空间的主要家具，部分则由于炉具可以炫耀制造商铸造技艺的精细程度。一些女性抱怨道，这些装饰只是让炉子更难清洗。尽管它比开放式壁炉效率更高，但也有人抱怨壁炉的社交功能正在消失，新型炉灶可能还会有损"道德"。作家兼社会评论家纳撒尼尔·霍桑（Nathaniel Hawthorne）说铸铁炉"单调乏味，没有亲和力"，他更喜欢家人可以围坐的开放式灶台（Hawthorne，1970）。

1835—1839 年，美国共授予了 102 项铸铁炉具专利。其中最受欢迎的是由来自纽约特洛伊的威廉·詹姆斯（William T. James）制造的"鞍囊"型炉。它有一个开阔的前门，但是从火膛到更宽的顶部设计成弯曲的，使它看起来像马上的鞍囊。一些家务劳动指南，如威廉·帕克斯夫人（Mrs.William Parkes）的《家务劳动，或新妇家务管理指南》(*Domestic Duties; or, Instructions to Young Married Ladies on the Management of their Households*，1825、1828 和 1846）中，有关于如何使用新炉具的说明，反映了铸铁炉比开放式炉灶日益受到人们的青睐。

在北美，人们通常会根据季节移动炉灶，天气温暖时把它搬到室外或夏季厨房里，而在一年中较冷的时候把它搬回室内给房子供暖。随着炉子越来越大，移动炉灶变得越来越困难，直到一些富裕人家将家庭采暖和烹饪两种功能分开。

到 19 世纪中叶，煤炭开始取代木材，尤其在大型炉灶中使用更多。但煤炉有其弊端：煤必须是低硫煤，否则煤烟会影响食物的味道，还会使房子充满有毒的烟气。因而必须更好地建造和维护烟道，但煤炭的优势在于温度更高，热能更集中。作为一种热量来源，直到 20 世纪煤炭都是常用的炉灶燃料。

第一个燃气灶出现在 19 世纪初，它以煤气为燃料。詹姆斯·夏普（James Sharp）是英国北安普顿煤气公司的副经理，他进行了燃气灶试验，并于 1826 年获得了燃气灶的专利；1834年，他开始商业化生产燃气灶。1851年的世界博览会上展出了许多燃气灶，但有限的燃气输送系统是其发展的最大限制。直到19世纪80年代，当美国和欧洲主要城市的天然气输送网络扩展到足以覆盖多数城市家庭时，燃气灶才开始流行起来。在很多情况下，燃气灶可从天然气公司租赁，这些公司为创造更大的天然气需求而努力推广燃气灶。

电炉烹饪

电炉是19世纪80年代的发明，但和燃气灶一样，起初使用者不多，直到城市中心实现电气化、家庭中可以使用各种电气设备以后才有改观。20世纪初，电气化才在北美和欧洲普及开来，电气化网络从主要城市中心向外辐射。1881年，托马斯·爱迪生在纽约试行了路灯照明和商业电力系统，同年，爱迪生在英国戈德尔明（Godalming）又进行了另一次公共电气化试验。这些试验获得了大众的接受甚至赞许，但技术问题和设备成本限制了电气化的进程，直到20世纪20年代，随着生产成本的下降，需求才开始上升。家庭用电问题的悖论在于，既需要建成一个复杂的系统让人们能够用上电，同时又需要一定数量的用电人群，让复杂系统的建设足够合算。这种起步难题部分通过电力公司瞄准市政府需求而得到解决，市政府曾参与提供公共场所燃气照明、道路修建、供水和下水道系统等服务。市政用途的电网一旦建立，再接入商业用户和家庭用户就容易得多。

微波炉：发明家的机缘和预期

随着城市中心电力系统的建立，居民用电量呈稳步增长之势。大多数家庭最初的电器是灯具，但电力公司为了提高用电量，开始发明越来越多的家用电气设备。家庭的电气化，让人们用上了热水器、洗衣机、吸尘器、烤箱和收音机。厨房最近新添的加热工具之一便是微波炉。这是一个机缘巧合的发明，它得益于电子管行业的进展。1920 年，阿尔伯特·赫尔（Albert W. Hull，1880—1966）制造出一种能产生微波的磁控管。该装置是第二次世界大战期间使用的雷达系统的核心部件，有着极高的科研价值。1946 年，在雷神公司（Raytheon Company）工作的工程师珀西·斯宾塞（Percy Spencer，1894—1970）注意到，当他靠近运行中的磁控管时，口袋里的一块糖果融化了。他又尝试加热爆米花和鸡蛋。他制作了一个吸收微波能量的金属盒，发现它能快速加热食物。斯宾塞和同事罗利·汉森（Roly Hanson）由此启动了一个秘密项目，他们称之为"快速小腊肠"（Speedy Weenie）。1947 年，雷神推出了首个商用微波炉，名为"雷达炉"（Radarange），专供大型餐厅和机构使用。它和冰箱一般大，并且需要安装冷却管道。1952 年前后，即便公司推出了小型家用款，销量仍很惨淡。1965 年，雷神公司收购阿曼纳制冷公司（Amana Refrigeration），该公司对家用电器市场颇有了解。1967 年，一款台面型微波炉问世，销量骤增。今天，超过 90% 的美国家庭都购买了微波炉。

微波炉是一项有趣的技术案例，因为它说明了人们对工具的预期功能与其实际功能之间的差异。最初的家用微波炉体积很大，通常大到可以放进一整只鸡，因为它们是为了取代传统烤箱而设计的。对于初代微波炉的发明者来说似乎顺理成章——微波炉比传统的燃气炉或电炉加热速度更快、更清洁，耗能也更少，因此微波炉将胜过传统炉具。对于战后的现代住宅来说，它似乎是个完美的选择。但微波炉的问题在于，它不能烘焙食物，不能让食物变色、酥脆或焦糖化，而这些都是传统烹饪方式所能做到的。用微波炉做熟的鸡胸肉实际上是蒸熟的，看起来像一堆松垮的白肉块。而烘焙过程中食物发生了大量的化学反应，这样才能产生像金黄色的蛋糕或酥皮馅饼的效果。微波炉并未取代燃气炉和电炉，而是充当一种主要用于加热食物的工具，比如那些包装好的预制食品。调查显示，最常见的两种用微波炉加热的食物是冷咖啡和爆米花。专职厨师通常对微波炉不屑一顾，也很少有烹饪书会建议使用微波炉，除非是用来解冻或融化食材，以便用于更传统的烹饪方法。微波炉的故事告诉我们，效率和节约并不总是人们采用新设备的决定性因素。

冷藏

虽然食物加热是史前家庭生活的一部分，但食物的机械制冷进入家庭的时间并不长。寒冬波及地区的所有文明都会利用寒冷来保存食物，但这完全是一种季节性行为。富有的罗马人在夏天从山区采运冰雪，售卖各种风味的冰雪制品。到1200年前后，像北欧这样的温带地区，人们冬天收集冰块，通常用锯屑包裹作为隔热材料，储存在冰窖中，以备夏季使用。尽管在许多地方，采收并利用天然冰很普遍，但对天然冰的商业开发，以及将冰装入冰箱送给商业和家庭使用，这种做法始于19世纪初，并在20世纪初达到顶峰。弗雷德里克·都铎（Frederic Tudor，1783—1864）利用专门设计的船只和冰库，将冰从新英格兰各州（康涅狄格、缅因、马萨诸塞、新罕布什尔、罗德岛和佛蒙特）运往英国、印度、加勒比地区乃至澳大利亚，发了一笔横财。送冰人成为城市生活中的熟悉身影，运送冰块作为一种商业行为一直持续到20世纪。到1920年，随着人工制冷技术的发展，天然冰的使用在很大程度上被人造冰所取代。制冷技术是工业革命的产物，也是热学相关科学知识的实际应用。1805年，奥利弗·埃文斯（Oliver Evans，1755—1819）设计了第一台使用汽化制冷的机器，与此同时约翰·戈里（John Gorrie，1803—1855）向人们展示了一台能够制冰的机器，尽管他的机器未能取得商业成功（图9.2）。

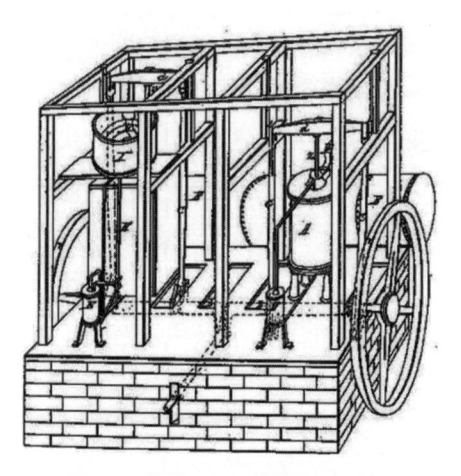

图9.2　约翰·戈里的制冰机示意图

现代家用冰箱的起源实际上来自巴尔扎·冯·普拉登（Baltzar von Platen，1898—1984）和卡尔·蒙特斯（Carl Munters，1897—1989）研制的气体吸收式冰箱。他们发明的冰箱没有活动部件，乍一看似乎有些反常的是，它使用丙烷、电或煤油来制冷。气体吸收式冰箱利用蒸发（受热点）和冷凝的循环，将冰箱内部的热量排到外部空气中。1923年AB北极（AB Arctic）公司开始生产这款冰箱，1925年工业巨头伊莱克斯（Electrolux）将其收购，并扩大了家用冰箱的生产。

与气体吸收式冰箱相竞争的是使用电动压缩机的机型。领衔开发这一系统的是通用电气公司。它们的一些早期机型需要单独的房间安装部件，然后再连接到厨房的冰箱上。这是一件奢侈品，却属于通用电气促进家用电力消费的更大计划。1927年，通用电气推出了一款更便利的炮塔（Monitor Top[①]）冰箱（图9.3）。它包括一个盛放食物的小箱体，顶部是压缩机和热交换线圈，罩有一层装饰性机罩。尽管这套设备仍然是奢侈品，但其销量达到100多万套，取得了商业成功。在最初的机型中，压缩机系统中的气体不是二氧化硫就是甲酸甲酯，这两种气体都是有毒的。部分由于冷却剂的危险性，20世纪30年代富及第公司（Frigidaire）找到了毒性较小的化学物质氟利昂。但后来人们发现它对大气臭氧层有严重影响，1987年氟利昂在大多数地方被禁止使用。

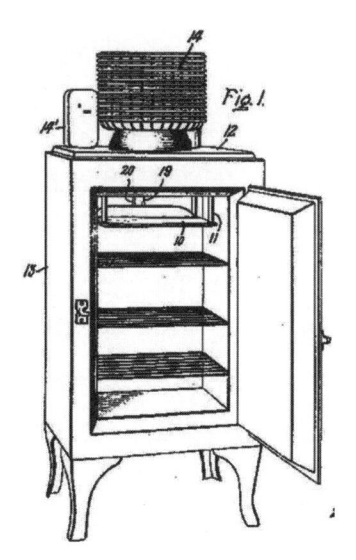

图9.3 通用电气的炮塔冰箱专利

[①] "莫尼特"号（Monitor）是美国海军的第一艘铁甲舰，此款冰箱外形类似该舰顶部的炮塔而得名。——译者注

直到第二次世界大战后，冰箱作为常见家用电器才真正实现普及。战后，冰箱的大量生产使价格下降，而技术进步，如添加冷冻区和除霜系统等让冰箱更加吸引人。家用冰箱的使用不仅提高了食物的安全性和品质，而且提供了新的商机，因为冰块、冰激凌等冷冻产品和其他商品可以面向家用市场销售了。冷冻食品的先驱之一是克拉伦斯·弗兰克·伯德赛（Clarence Frank Birdseye，1886—1956）。伯德赛从加拿大拉布拉多的因纽特人那里学到了快速冷冻鱼的方法。快速冷冻的食物不会产生大粒冰晶，而大粒冰晶会导致解冻后的细胞损伤和质量下降。接下来他又发明了一种快速冷冻肉类、水果和蔬菜的方法。1929年，伯德赛把他的公司和专利卖给了高盛（Goldman Sachs）和波斯塔姆公司（Postum Company），后者发展成为通用食品公司（General Foods Corporation）——世界上最大的食品加工公司之一。冷冻食品让人们有机会品尝到非应季食物，并且相比于罐装和脱水等其他保存方式，还改善了食物的味道和品质。

缝纫机

另一个最终电气化的家庭用具是缝纫机。用机器进行机械缝合来连接材料的最初设想，通常要归功于托马斯·山特（Thomas Saint，人们对他知之甚少）。他是伦敦的一位家具木匠，1790年，他获得了皮革和帆布的缝纫机专利，但并未制造出实际的缝纫机。机械缝合的各种问题实际上是由三位发明家解决的：沃尔特·亨特（Walter Hunt，1796—1860）、巴泰勒米·蒂莫尼耶（Barthélemy Thimonnier，1793—1857）和小伊莱亚斯·豪（Elias Howe, Jr., 1819—1867）。1833年前后，亨特发明了穿行上层线的眼孔针和输送下层线的梭子。当上层线形成一个环时，梭子穿过它，形成一个锁定的针脚。蒂莫尼耶利用钩针创造出锁针，但不同于山特和亨特，1840年他在巴黎经营的一家作坊里使用80台缝纫机，真正将其设备发展到商业水平。蒂莫尼耶的生意遭到裁缝的攻击，并因1848年的革命而中断。他搬到英国却赚不到钱，因为他的机器已经被其他发明家超越了。豪在许多方面都是三个早期创新者中最成功的，尽管他的机器也依赖于眼孔针和梭子系统（与亨特的机器相同）。1846 年，豪凭借他的设备获得了专利，但直到成功起诉其他缝纫机制造商，他才从自己的成果中获利，并最终通过专利使用费赚取了 200 多万美元。

在豪成功起诉的人中，有一位是艾萨克·梅里特·胜家（Isaac Merritt Singer，1811—1875）。他接受过工程师培训，当看到一台正在修理的缝纫机时，他便着手改进设计。1851 年，他为我们今天所熟知的这种缝纫机申请了专利，该缝纫机在刚性臂上安装了上下往复运动的顶针。他还利用脚踏板来驱动机器。尽管胜家不得不向豪支付专利费，但他还是大获成功。他的机器运转良好、易于保养，而且坚固耐用——这正是美国大殖民时期频繁搬迁的家庭所需要的东西。胜家公司后续又推出新型号，包括 1880 年的第一台电动缝纫机。到 1900 年，胜家缝纫机占到了全球销量的 80% 左右。

然而，胜家的成功并不仅在于机械方面，他还是市场营销的先驱，将分期付款引入到家用市场。这一体系使得家庭能够通过分期付款购买，即使收入低微的人也能买得起昂贵的缝纫机。胜家还设立了销售区域，将美国划分为多个地区，实际上创立了特许经营业务。胜家去世时留下了价值 1400 万美元（约合今 2.9 亿美元）的遗产。

家用缝纫机的发明还促成了缝纫纸样这一辅助发明。缝纫纸样最早由艾伦·路易斯·柯蒂斯·德莫雷斯特（Ellen Louise Curtis Demorest，1825—1898）发明，而埃比尼泽·巴特里克（Ebenezer Butterick，1826—1903）和艾伦·奥古斯塔·波拉德·巴特里克（Ellen Augusta Pollard Butterick，1831—1871）这对夫妇使其在商业上获得成功。巴特里克公司将底样印于拷贝纸（tissue paper），能够用针别在布料上，以便精确剪裁衣服的各个部分。使用这些底样，任何人只要有一台缝纫机，就可以制作出风格迥异的服装，又时尚又合身。直到 19 世纪末，家居时尚一直受当地风俗的主导，但有两项进展推动改变了时尚的观念。首先是时尚杂志的出现，始于《时尚芭莎》（*Harper's Bazaar*，美国，1867）、《大都会》（*Cosmopolitan*，美国，1886）、《时尚》（*Vogue*，美国，1892）和《妇人画报》（*Fujin Gaho*，日本，1905）。尽管这些杂志瞄准城区市场，促销商业营造的时尚服装，但它们很快成了家庭缝纫的灵感来源。1907 年前后电影的出现，也成为时尚观念的来源。像巴特里克等底样制造商［以及后来《时尚式样》

(*Vogue Patterns*)和《麦考尔》(*McCall*)等来源]从新闻、时尚杂志和电影中复制出时尚,并将时尚和时尚产业的概念传播开来。

直到20世纪,对于极为贫穷的人来说,手工缝制仍然是制衣的主要方法,但缝纫机让更多即使买不起或买不到新衣服的人学会了做衣服。机器也让妇女能够通过缝纫、更改和修补衣服来挣钱,这成为一种家庭手工业。

虽然缝纫机改变了数百万人的家庭生活,但缝纫机在许多方面的工业应用是工业革命中纺织革命的高潮。服装业在19世纪末迅速发展,服装的大规模生产成为可能。与大多数工业革命相关的行业不同,服装行业雇佣了大量女性,她们大多是按件计酬的低薪针线女工。工作条件通常很糟糕,但制衣业为那些缺乏技能或教育的人提供了就业机会。在美国,早期的服装业是移民的最大雇主之一。服装业降低了服装的单位成本,只有最穷的人才买不起成衣。如今,服装业的全球总值超过1万亿美元(2017)。那些低薪、危险的血汗工厂仍是时装业的阴暗面。两个案例突显了这些长期存在的问题。1911年,位于纽约市阿希大厦(Asch Building)第8、9、10层的三角腰公司(Triangle Waist Company)厂房起火,146人丧生。后来发现工厂主将门锁住,以防止工人歇口气或偷衣服。2013年,孟加拉国达卡区的拉纳广场大楼(Rana Plaza)倒塌,造成1134人死亡,其中包括许多制衣工人。当楼板出现大裂缝时,大楼内的人员已经被疏散,但第二天制衣工人又在扣工资或解雇的威胁下,奉命回去上班。虽然人们发现该建筑的所有者曾使用劣质材料,并在大楼上非法加盖了三层,但纺织厂主也因忽视工人安全而受到谴责。

城建

家庭内部设施改变了家庭布局和家务劳动,与此同时,房屋本身的结构也发生了变化,尤其是工业革命之后。随着工人阶级获得了经济权力,不同的家庭活动也越来越分散到不同的房间。厨房专门用于食物制备,浴室用于个人卫生,卧室用于睡眠,起居室用于娱乐和家庭聚会,等等。更多的房间意味着需要更多空间,但在城市地区,特别是欧洲和亚洲,这种空间要么不足,要么极其昂贵。最初的解决方案是城市横向扩张，在土地相对便宜的北美有这样发展的空间，但是随着城市的扩张，交通成为一个问题。人们离工作地点太远，无法步行上班，只有最富有的人才坐得起马车，所以解决方案是引入公共交通。巴黎和伦敦等城市创建了地铁系统，许多城市也设立了有轨电车和客运铁路系统。

另一个解决方案是建立卫星社区。铁路系统的发展，让人们住在大城市之外的城镇并通勤上班变得经济。不仅现有城镇成为居住社区，铁路连接还促进了新郊区的建设。社会改革家埃比尼泽·霍华德（Ebenezer Howard，1850—1928）在英国率先发起了"花园城市"运动，提议建立绿地环绕的小型社区，并与大城市中心相连。最初的计划是在城市规划的基础上创建一个新城，将工业区和居住区分开。霍华德根据自己的想法协助创建了两座城：莱奇沃斯花园市（Letchworth Garden City）和韦林花园市（Welwyn Garden City），都位于伦敦北部。

摩天大楼

另一个解决城市中心高昂土地成本问题的方法是向上建造。由于对土地的巨大需求，像纽约、芝加哥（20世纪初世界上发展最快的城市）、巴黎和伦敦等大城市的房地产价格昂贵，促使其提升人口密度。这确实意味着建造高层建筑，但有两个因素实际上限制了建筑高度。第一点对任何爬过高楼的人来说都是显而易见的：爬楼梯很累，搬运日用品、家具和其他物资都是一项挑战。第二点不那么明显，那就是建筑高层的供水问题，任何供人居住或办公的建筑都需要洗浴、饮用和消防的供水。

供水的问题通过发明高压泵得到解决，如1851年约翰·阿波尔德（John G. Appold，1800—1865）发明的叶轮泵。当电机可以在市场上买到后，这些水泵的应用更为广泛，同时建筑师在建筑顶部设计了水箱，然后利用重力向管道系统供水。

电梯的发明则解决了人员和物料的移动问题。早在罗马时代就有各种各样的升降台，但它们通常不安全，且耗费大量人力，需要随时留意。1852年，伊莱沙·奥蒂斯（Elisha Otis，1811—1861）发明了安全升降梯（图9.4）。它包括一根用于牵引轿厢的绳子或钢缆，以及一个弹簧系统，当绳子断裂时能够弹出钢夹。奥蒂斯成立了奥蒂斯蒸汽升降梯公司（Otis Steam Elevator Works），1853年纽约世界博览会上，他公开展示了安全升降梯，引起轰动。1857年，第一部客用升降梯安装在了纽约市E.V.豪沃特大楼（E. V. Haughwout Building）。伟大的德国发明家兼实业家维尔纳·冯·西门子（Werner von Siemens，1816—1892）在1880年发明了第一部电梯。

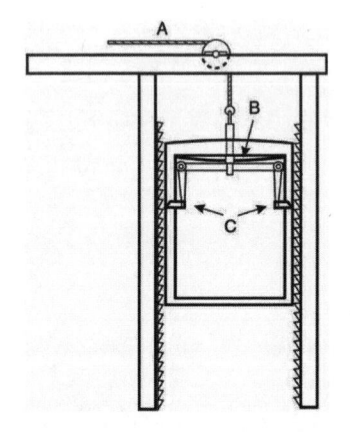

图9.4　1861年伊莱沙·奥蒂斯的安全升降梯专利图

第一座摩天大楼——家庭保险大楼（Home Insurance Building）于1885年建成。这座楼有十层高，从总高度来看并非鹤立鸡群，却是建筑史上的一个里程碑，因为它使用了内部框架系统，而不是由外墙承载建筑的重量。该框架包括一系列钢或铸铁的柱子和横梁。这是解决大型结构基底厚度问题的唯一可行方案，因为在传统设计中，地板必须贯穿外墙之间的跨度。因此，建筑物越高，承重墙就必须越宽，常常达到几米厚。家庭保险大楼并非首次使用内部框架，因为各种形式的框架已经在英格兰用过，包括1851年建成的水晶宫，但家庭保险大楼成了大型建筑的标准。建筑的高度竞赛接踵而至（表9.1）[1]。

表 9.1　早期摩天大楼

年份	建筑物	所在城市	高度（米）
1889	会堂大厦（Auditorium Building）	芝加哥	82
1890	世界大楼（New York World Building）	纽约	94
1894	曼哈顿人寿保险大厦（Manhattan Life Insurance Building）	纽约	106
1899	公园街大楼（Park Row Building）	纽约	119
1901	费城市政厅（Philadelphia City Hall）	费城	155.8
1908	胜家大楼（Singer Building）	纽约	187
1909	大都会人寿保险大楼（Met Life Tower）	纽约	213
1913	伍尔沃斯大楼（Woolworth Building）	纽约	241
1930	克莱斯勒大厦（Chrysler Building）	纽约	282
1931	帝国大厦（Empire State Building）	纽约	381

城市和汽车

随着廉价汽车的出现，越来越多的人可以住在远离工厂和单位的地方，这反过来创造了第一批基于汽车通勤的郊区。一般而言，这些郊区距主城区不太远，入住者是相对富裕的家庭，买得起汽车。在许多城市，20世纪前二三十年都有大批中产阶层家庭逐步搬离市中心和工业区。这并不是说城市里没有富人区和贫民区，但汽车的出现意味着更远的物理距离，人们各得其所。

郊区的激增发生在第二次世界大战后。在亚洲和欧洲，郊区的发展因战争的破坏而稍有延迟，但在美国，以及加拿大和澳大利亚的部分地区，人口向城市的迁移几乎是紧随发生。与第一次世界大战后的复员不同，回国的士兵没有重返农场，而是被吸引到城市地区工作。在美国，1944年的《退伍军人权利法案》（*Servicemen's Readjustment Act*，也被称为 *G. I. Bill*）规定，为退伍军人提供用于教育的资金、用于抵押和创业的低息贷款。士兵在战时大多接受过各种训练，从焊接、驾驶卡车到开大型飞机，他们找到工作，购买汽车，大批搬到郊区。

第二次世界大战前为中产阶层建造的房屋常常借鉴某种简化版的庄园住宅。

主房临街，带一个门廊，作为从公共空间到私人空间的过渡，而车库位于地块后方，尽可能远离生活区，就像先前马厩的位置一样。进入车库要穿过房子后面的一条小巷，这条小巷还是回收垃圾和运送煤炭等物资的通道，也是工人的入口，这种设计因占用更多的土地而昂贵。随着汽车在城市和郊区生活中变得越来越重要，车库的位置转移到主房的侧面，作为附属车库或车棚。这样需要的土地更少，因为无须修建和维护一条小巷，人们足不出户就能上车；侧面车库意味着地块较宽，还意味着开发商无法在一个街区上随意安置太多房屋。最终的郊区用地规划将车库置于房子前方，靠近街道。现代郊区住宅的主要临街特征就是一个巨大的车库门，而不再是便于出入的前门。

世界上每座城市都有郊区，它们面临着同样的问题。当地民众如何平衡郊区的好处与进出城市交通所耗费的时间和金钱？特别是在亚洲和欧洲这样地价昂贵或用地受限的区域，郊区的形式有别于美洲和澳大利亚。在日本，铁路交通四通八达，人们从小房子或公寓步行到车站。尽管日本是汽车的主要生产国，但在那里保有一辆汽车的成本很高，而且即使在郊区，也没有足够的空间能容纳汽车。住房贵和住房难迫使许多人离开城区，但良好的通勤系统意味着他们可以继续在城市中心工作。

特大城市（人口超过1000万）往往环绕着特大郊区。例如，北京有四个"近"郊区和六个"远"郊区，人口超过1500万，围绕着人口约200万的中心市区[1]。郊区由公路和地铁系统连接，但城市总体如此之大，以至郊区的就业岗位比中心城区还多。北京及其郊区的大多数人住在单元房里，乘交通工具上班。由于以前汽车很少，交通拥堵在北京曾经很罕见，但随着越来越多富起来的人将汽车视为交通工具和社会地位的象征，交通拥堵现在成了一个重大问题。城市与远近郊区的最大区别在于人口密度（表9.2）。

---

[1] 此处作者将东城区和西城区视为中心城区，海淀区、朝阳区、丰台区、石景山区视为近郊区，通州区、大兴区、房山区、门头沟区、昌平区、顺义区视为远郊区。未包括平谷区、密云区、怀柔区和延庆区。——译者注

表9.2 北京及其郊区的人口密度

地区	人口密度（人/平方千米）
北京市区	24685
近郊区（4个）	7259
远郊区（6个）	915

建筑师夏尔-埃德华·让纳雷-格里（Charles-Édouard Jeanneret-Gris，1887—1965），就是人们熟知的勒·柯布西耶（Le Corbusier），他说："房子是供人居住的机器。"（Le Corbusier，1923）勒·柯布西耶是建筑领域现代主义运动（有时被称为国际风格）的先驱之一。现代主义倾向于赞扬简洁线条的美、尖端的材料和建筑技术的使用，以及机器的力量。现代主义者摒弃了19世纪末之前大多数建筑形式中的装饰性润色，并试图通过重新考虑空间的使用，将理性主义和科学思想引入到建筑中。他们使用结构钢、混凝土，以及塑料和胶合板等新材料。尽管现代主义住宅仍然是建筑杂志热衷的主题，但它们不太受公众欢迎，人们觉得这些住宅有点冷淡、朴素，且常常缺乏存储空间。然而，现代主义者的一些想法已经改变了天际线，因为大多数摩天大楼反映了现代主义的美学，并使用了高度工程化的材料，如结构钢、胶合板、塑料和浇筑混凝土。

批量生产的房子

在纽约郊区莱维敦的住宅中，人们可以看到工业方法和家庭生活的交汇。这个开发项目是威廉·莱维特（William Levitt，1907—1994）的想法，作为一名建筑商，他在第二次世界大战之后意识到人们对住房有巨大需求。1947年，莱维特父子公司（Levitt and Sons）在纽约长岛的拿骚县建造了2000套出租房。这些房子在两天内就全部租出，公司又在开发项目中增加了4000套房屋。1949年，莱维特开始出售他们所谓的"平房住宅"，计划底价为7990美元（约合2015年的81740美元），即使今天看来价格也算便宜。他们提供了五种房型，尽管这些差异主要是外观上的。这些大型开发项目中还包括学校和公园。到1951年，莱维特父子公司已经在纽约、宾夕法尼亚、新泽西和波多黎各的规划社区建造了17000多套房屋。

莱维特把成本控制得很低，因为他在建造房屋时采用了流水线的方式。系统中的各个施工团队只承担一项工作，他们从一个建筑工地转移到下一个工地，框架工人只搭建框架，接着是管道安装工、电工和装修工。他们使用自家工厂的预制木材搭建每栋房子的框架和通用部位；窗户、浴缸、门和水槽等都是相同的（尽管它们可能颜色不同），可以互换，而且是批量购买。每个管道长度、每条电线走线，以及地板尺寸，都在施工过程中经过计算和考虑。

郊区：科技之梦还是与世隔绝

家用技术和汽车的结合，创造了许多人心仪的住所——设施齐全的现代房屋宽敞又舒适，而在一两代人之前还仅仅是富豪家庭的专享。甚至连娱乐活动都应有尽有，收音机、电视、立体音响系统，以及后来的视频播放器和电脑，将世界带进了客厅、卧室乃至浴室。

事实证明这也是一个陷阱。郊区如此之大，以至于不仅仅上班需要开车或长途通勤，还需要送孩子上学、赴约、上课、娱乐和参加体育活动。采购每样食物都需要交通工具，虽然各种罐头、包装食品和冷冻食品可能意味着一个家庭每月只需购物一到两次，但这也意味着，从古希腊时期的集市到老城的隔壁商铺发展而来的社区意识已然消失。人们日益觉得，相比于左邻右舍，他们与电视上看到的人物更为熟悉。

工业革命和中产阶层崛起给社会生活带来了变化，其中之一便是家庭意识的建立，它基于一种僵化的观念，即男人和女人都有适当的活动范围。贯穿整个历史的性别隔离，从严格的活动和身体隔离到几乎完全融合。在大多数情况下，隔离的程度和理由是基于人为或自然律法的某些要求。在战后的工业世界，郊区代表了经济和社会的某种性别隔离，因为女性辞去或被迫放弃了她们在战时从事的工作，而经济发展强劲，许多家庭只需一人工作养家。到20世纪中期，"核心家庭"，即由父亲、母亲及其子女组成，但没有像祖父母或姑姨这种大家庭成员的家庭，逐渐成为工业化国家家庭生活的标准模式[2]。媒体喜欢强化这种社会组织形式，而郊区似乎成为核心家庭的具体体现。

人们对郊区生活的扩张也有所回应。从 20 世纪 50 年代开始，到 60 年代日渐鼎盛，批评郊区的声音把那里的生活描绘成枯燥、乏味、种族主义的，将保守的故步自封体现得淋漓尽致。郊区被推销宣传为中产阶层对财产和家庭满足感的实现，但人们常常发现，在相同房屋构成的无尽迷宫中，郊区是一个乏味而同质化的世界。在北美，郊区生活的压力导致了像眠尔通（meprobamate）和安定（diazepam）这类处方药的使用，被开给数百万女性。滚石乐队（The Rolling Stones）在 1966 年的歌曲《妈妈的小帮手》（Mother's Little Helper）中对此进行了讽刺。讲述郊区生活的电影，如《相逢何必曾相识》（Strangers When We Meet，1960）、《天堂单身汉》（Bachelor in Paradise，1961）和《鲍勃、卡罗尔、特德和爱丽丝》（Bob & Carol & Ted & Alice，1969），从轻喜剧到黑暗悲剧应有尽有。1975 年，艾拉·莱文（Ira Levin）写了《复制娇妻》（The Stepford Wives，后来分别于 1975 年和 2004 年改编为电影）一书，讲述了一个田园诗般的郊区社区故事，那里所有的女人都被替换为"机娘"（gynoids）———一种真人的机器人复制品。

简·雅各布斯（Jane Jacobs，1916—2006）是研究关于城市和郊区的结构和意义最重要的评论家之一，她 1961 年出版的《美国大城市的死与生》（The Death and Life of Great American Cities）仍在影响着世界各地的城市规划。雅各布斯的论点包括：现代城市规划是建立在科学管理的基础之上的，这种科学管理已经应用于工厂生产。城市实际上是一种机器，要使城市变得"井井有条"，就意味着要对其清理（城区改造）并划分功能区，这样就会有工业区、商业区和住宅区，这些区域将由干道和高速路连接，以便从居住区可以顺利地进入工作区。雅各布斯认为，这种"井井有条"的体系实际上摧毁了社区，扼杀了创新，孤立了个人，最终导致美国城市的经济衰退。尽管"科学"的城市规划理念影响了世界各地的城市，但今天被认为最有吸引力的城市往往将住房、娱乐和商业融为一体，而不是隔离开来。

家用技术，或与日常生活关系最密切的系统和设备，已经改变了人类组织形式。家用技术的核心问题是提供食物、住所和社会支持。这三样东西获取方式的改变是由外部条件导致的，如电力的发明，但人们对家居的关注也是在更广泛的社会中推广生活方式的驱动力。例如，工业化世界中私人住房的需求，既是家庭经济实力上升的结果，让拥有住房的梦想成为可能，也是私人住房的建设和使用成本下降的结果，这得益于工业化、交通运输系统，以及支持从食品配送到下水道和路灯等所有事务的市政服务网络。

到20世纪中叶，"家"成为创新和销售的一个非常有价值的经济对象。例如，想想电视上与改善某种家庭事务相关的广告数量：更干净、更安全、更芬芳、更易储存和烹饪的食物，以及一个有助睡眠的地方。每个广告都声称某种技术（通常是"新的和改进的"）将以某种方式让生活变得更美好。一种愤世嫉俗的观点认为，广告商经常试图让人们对其所拥有的东西感到不满，从而让他们购买并不真正需要的东西，但事情并不像它看起来那么简单。虽然人们常常对过去抱有一种普遍的怀旧之情，但一般情况下，今天可用的材料要优于过去可用的材料。今天，我们能够使用的洗衣皂确实比25年或50年前的洗衣皂清洁效果更好[3]；家用电器更加可靠；即使是像房屋涂料这样不起眼的东西，也是现在的产品更安全，毒性更小，更容易涂抹，而且有无限多种颜色。

现在还是过去的东西更好用，并不是家用技术的真正问题。真正的问题在于，技术导致的家庭领域变革对个人和社区的关系产生了什么影响。家庭是文明创造的核心，人们居住的空间被设计用来支持家庭结构。随着文明带给我们专门职业和经济力量，能够为不同活动创造独立空间，这种变化既发生在家庭，也发生在市场。专门化的空间迎合了公共和私人领域的开创，以及控制何人可以在何地活动的思想意识。与人际关系一样，我们可以看到，城区租住公寓者的社区与郊区私人业主的社区关注的问题不同。郊区的购物中心表面上看起来可能就像古希腊集市的现代版，是人们聚会和购物的地方，但它实际上是一个私人空间，并没有真正开放给公共活动。当公共空间消失后，私人空间和公共空间、家庭空间和商业空间之间的交互也就不复存在了。

关联阅读

工业化与性别角色

技术是否具有性别特征？换句话说，我们是否有意无意地在构成我们技术世界的设备和系统中嵌入了性别差异的概念？虽然有人会说，锤子或笔记本电脑并不知道或不在乎它是被男人、女人还是火星人使用，但物品不是技术。锤子或电脑之所以出现并以某种方式使用，取决于一系列有关设计、财务、市场营销、法规、教育和社会期望的决策。当我们以这种方式呈现技术，而不是将其作为一系列人工制品时，我们就会更加清楚地看到，性别是嵌入在技术中的。在大公司、政府和监管机构的董事会或领导层中，女性只占一小部分；女性在工程、计算机科学和汽车行业才刚刚崭露头角。直到目前为止，男性一直是大多数医学和生物物理研究的测试对象。我们不难发现，像锤子和汽车这样的物品都是围绕平均体型的男性设计的，又或是医学治疗往往基于其对男性的预期效果。在涉及人造世界时，我们可以完全从字面意义上理解古希腊哲学家普罗泰戈拉（Protagora）的名言："男人是万物的尺度。"（Man is the measure of all things.）

我们还可以将性别视为公共领域男性和女性参与技术运用的问题。在这一点上，我们看到女性的地位随着时间推移而发生了巨大变化。在农业世界中，性别和工作的区分在很大程度上是没有意义的：每个人都要工作，只有富人才有能力按性别进行劳动分工。这并不意味着对男人和女人的社会期望没有差别，而是说农业的核心活动必须由每个人承担。在某些时期，妇女获准从事诸如织布工、陶工、酿酒师或企业主等职业。然后，通常与经济低迷时期相伴而来，女性被迫离开了她们创造和使用技术的岗位。工业革命的到来是许多妇女的福音，她们可以通过进入工厂做工获得一定程度的自由，即使她们的工资只有男性的一小部分，那也比在温饱农业中近乎做奴隶要好。到19世纪末，在工厂做工的妇女大多分流到特定的行业岗位，如纺织业。即使到今天，全球纺织业仍然依赖大批工资低廉的妇女纺纱织布。妇女被排除在重工业之外，如钢铁制造、汽车装配线和建筑业，因此也被排除在高薪工作之外。

历史上许多领导人和社会评论家都曾争论过哪些活动适合男性，哪些活动适合女性。这些角色又经社会规则所强化，社会规则包括社会规范中不成文的大众期望，也包括明确规定男人和女人什么能做或不能做的法律。

具有讽刺意味的是，新工具和新产品的推出，消除了在获取技术和工作方面存在性别差异的理由，只要这些技术和工作不是基于宗教或社会的信条。更好的分娩医疗保健，加上1867年尤斯图斯·冯·李比希（Justus von Liebig，1803—1873）推出的婴儿配方奶粉，降低了长时间哺育的必要性。从20世纪20年代的乳胶避孕套开始，到1960年口服避孕药的面世，可靠的避孕措施将生育控制权交给了女性。19世纪末，大规模公共教育的推行逐渐去除了对妇女的教育限制。

另一个限制女性完全融入职场的重要性别差异是体力。这种限制通常是一种粗略的概括，因为总是有强壮的女人和虚弱的男人，但那些需要充沛体力的工作，如炼铁和消防，传统上仅限于男性。然而，发明创造最重要的目标之一就是减少生产中对肌肉力量的需要。从古希腊起重机到汽车工业中的动力转向系统，所有发明都减少了对肌肉动力的需求。第二次世界大战期间，由于急需，重工业向女性敞开了大门，原始肌肉力量与现代工业劳动之间很明显没有多大关系，在数字生产时代，它的地位更低。

认识和处理技术中的性别问题可能意味着专门为女性打造像锤子这样的人工制品，但更重要的变化将在于，女性和其他受忽视的群体被纳入到创造和维护我们技术世界的体系中来。参与技术的创造和使用，带给我们自决的力量、摆脱依赖的自由，以及价值感。

家用技术的悖论

在工业化国家，越来越多出现在家庭中的机器被宣扬为既能改善生活方式，又能减轻工作负担。1983年，学者露丝·施瓦茨·考恩（Ruth Schwartz Cowan）出版了《妈妈要做更多事：从开放式壁炉到微波炉的家居技术悖论》（*More Work for Mother: the Ironies of Household Technology from the Open Hearth to the Microwave*，1983）一书。她指出，每当发明一种家用新设备，它都许诺会节省时间和提高生活质量,但实际上,女性花在家务活动上的时间反而变得更多而不是更少。随着吸尘器和洗衣机等清洁工具成为家庭的标配,过去那些在室外进行或不常做的家务变成了家庭管理的常规工作,不仅如此,家务活动的标准也在提高。地毯不是一年清理一两次,而是每周至少用真空吸尘器清扫一次;污垢不仅仅要扫除,它还是缺少道德和不讲卫生的标志;规整都算不上干净,有了现代家用工具,家庭主妇不得不追求一个消毒、无菌的环境。除了那些沉重的设备,向妇女出售的还有大量化学"武器",包括清洁剂、专用肥皂和去污剂、气味控制剂、下水道清洁剂和消毒剂,现代许多中产阶层家庭的化学品储备会让古代炼金术士羡慕不已。

家用技术的意义

在工业化世界中,网络和基础设施的成功建立,使得家用领域的机械化成为可能,从而带来了家庭的最大变化。人们建成了供水和排污系统,架设了电力和燃气管网,让煤炭、取暖燃料、冰块、牛奶和信件的运输系统深入千家万户。交通工具方面,先是铁路,后来是汽车,把人们送到工作和服务场所,促进了城市和郊区的发展。运输系统需要轨道和公路、电力系统和加油站。电工、水管工、草坪和园林工、油漆工、装修工、维修工和一大批其他辅助工人的出现,满足了现代家庭的需求。随着时间的推移,人们与巨大的网络相联通,使得现代住宅成为可能。

然而,家居技术化还有一种更微妙和更深层次的影响。它将家庭领域从一个生产和消费的场所转变为一个仅围绕持续消费而设计的地方。家庭曾经是食品加工的场所,不仅烹制肉类,还能缝制衣服、制作肥皂、制造和修理工具。像洗衣服这样经常在室外进行的集体活动减少了,取而代之的是在房子内部进行的个人活动。虽然像制罐头这样的技能仍代代相传,但它们只是辅助性活动,现代家庭的生存并不有赖于此。换句话说,家庭现在是一个技术使用的训练场。它向我们灌输技术的效能和使用,并将我们置于家庭所依赖的网络中。

论述题

1. 住宅的设计如何反映了家庭技术形式的变化？
2. 郊区得以发展依赖了哪些技术？
3. 社会关系的观念如何塑造住宅的物质环境？

注释

1. 还有一些建筑达到了更高的高度，但直到 20 世纪 70 年代，新的建筑材料和技术重新激起了摩天大楼竞赛，以 1972 年高 442 米的世贸中心（World Trade Center）为首。2001 年世贸中心被恐怖分子摧毁。
2. "核心家庭"一词是指家庭的最小功能单位，1924 年在英国首次使用，但直到 1947 年后才得到普及，核武器时代让其带上一丝冷战的现代主义意味。
3. 秘密在于开发出可以分解污渍的酶，这是实验室成果进入家庭的又一个例子。

拓展阅读

技术的历史往往青睐像铁路和武器这样的"大"技术。从实际和个人角度来看，家用技术对人的影响更多，并具有更重要的经济影响。对烹饪的密切关注来自普丽西拉·布鲁尔（Priscilla J. Brewer）所著的《从壁炉到灶台：技术与美国家庭的理想》(*From Fireplace to Cookstove: Technology and the Domestic Ideal in America*, 2000)。鲁斯·施瓦茨·考恩是研究家用技术的杰出学者，她在《我们如何获得每日面包，或称家用技术史揭秘》(*How We Get Our Daily Bread, or the History of Domestic Technology Revealed*, 1998) 一文以及她的开创性著作《妈妈要做更多事：从开放壁炉到微波炉的家居技术悖论》中介绍了她的研究。理查德·哈里斯（Richard Harris）和彼得·拉克姆（Peter Larkham）在《变化中的郊区：基础、形式与功能》(*Changing Suburbs: Foundation, Form and Function*, 1999) 中考察了我们的居住地和生活方式。玛格丽特·伦卓甘·费勒（Margaret Lundrigan Ferrer）和托瓦·纳瓦拉（Tova Navarra）撰写了一部更流行的作品《莱维敦的前 50 年》(*Levittown: The First 50 Years*，1997）。乔安娜·默伍德-索尔兹伯里（Joanna Merwood-Salisbury）的《芝加哥 1890：摩天大楼和现代城市》(*Chicago 1890: The Skyscraper and the Modern City*，2009）一书将公共空间和私人空间连接起来，审视了现代城市的外在变化。

第十章 时间线

- 1763 年 —— 普鲁士建成第一所公立学校国民小学
- 1847 年 —— 英国《工厂法》引入 10 小时工作制
- 1927 年 —— 第一通横跨大西洋的电话
  - 电影《爵士歌手》首先使用声音技术
  - 查尔斯·林德伯格独自飞越大西洋
- 1929 年 —— 大萧条开始
- 1933 年 —— 阿道夫·希特勒在德国掌权
- 1936—1939 年 —— 西班牙内战
- 1939—1945 年 —— 第二次世界大战
  - 德国采用闪电战
  - 雷达、喷气式飞机和火箭等新武器的发明
- 1945 年 —— 美国对日本使用核武器

第 十 章

第二次工业革命与全球化

在20世纪，机器的尺寸、功效和复杂性都有了显著提高。随着电报和电话等新通信系统的出现，企业和政府的集权达到了新水平。为了生活在新技术时代，培训的必要性促成了大众教育运动。制造和维护那些复杂设备也需要培训，没有专业知识甚至都无法操作。作为工业化的结果，经济走向全球，同时冲突也波及世界。欧洲陷入了采用新一代战术和日益强大武器的第二次世界大战，这场大战是首次使用重大技术的战争，密码、飞机、雷达和火箭都左右了战争结果。而终极武器——核弹，只有那些愿意并有能力投入大量工业资源的国家才能制造出来。

在殖民主义时代，为了获取全球资源，欧洲人走遍世界各地，将这些资源带回欧洲。到了20世纪，工业化的推动和交通运输的变革创造了一个全球市场，工业品的生产和消费从欧洲北美扩散到更广阔的世界。在许多方面，20世纪的开端始于第一次世界大战的落幕。这场战争使用的是20世纪的武器和19世纪的战略。它以最生动的方式展示了在大规模破坏性任务中，规模化生产、现代科学应用和工程概念的力量。它还表明工业和政治也是全球性的，因为要调用世界各地的人力和物资投入战争。

战争还让工业国家之间确立了一套新关系。英国受到重创，但依然强大。法国同时遭受了领土损失和经济困难。德国尽管在战争中没有被他国入侵，但失去了领土，遭受了巨大的经济和社会损失；其还经历了一段被法国占领的时期。俄罗斯资源非常丰富，但工业基础设施十分落后，俄国革命正在爆发，并最终创建了一个社会主义国家，被孤立的时间超过两代人。在亚洲，日本加入协约国并协助太平洋上的英国海军，窃取了德国在东亚的占领地；甚至第一次世界大战之前，日本在 1904—1905 年的日俄战争中击败了俄国，这些胜利导致日本于 1937 年决定全面入侵中国。由于美国在第一次世界大战之前只参与有限的国际贸易，几乎没有人注意到，它已经悄无声息地一跃成为世界上最强大的工业国。北大西洋地区已经成为世界技术和工业的中心。

工业的重大变革总有赢家和输家，但新型工作和商业扩张创造的就业机会通常多于失去的机会。这点对于身处快速变化时期的人们来说并不明显，但工业世界的趋势正是更多的人口和更多的工作。因工厂的出现而陷入贫困的织布工、被蒸汽挖掘机取代的挖沟人可能没有从技术变革中受益，但他们的后代生活在一个变革后的世界。13 世纪欧洲农民的生活与 16 世纪农民的生活几乎没有什么不同，但 1890 年出生的人可以乘坐马车旅行，还可以在有生之年看到人类漫步月球。

工业化带来了许多长期后果。虽然承载了更多的人口，但在各个工业化国家，每户的子女数量开始下降，而平均死亡年龄在缓慢提高[1]。部分原因是医学水平的普遍提高，医生、护士、新药和医院变得更多，但它也关乎影响 20 世纪的社会变革。随着政府开始意识到工业产能对国家利益的重要性，以及保护劳动人口的政治价值，政府在人们日常生活中的角色开始发生改变。社会行动主义也推动形成了新的政治和社会环境。始于 19 世纪的社会改革运动，包括反奴隶制运动、反对童工、争取妇女选举权、禁酒令，以及红十字会等医疗服务团体。其中一些运动与宗教组织有关，但这些运动逐渐超越特定群体，甚至跨越国界。

劳工

工业社会运动的另一方面是劳工的组织。工会，虽然只是与旧行会体系间接相关，但仍然有着相同的宗旨，特别是改善那些十分危险的矿山、铸造厂和工厂的工作条件。工会还试图缩短工作日和工作周的长度，争取 10 小时工作制，它于 1847 年在英国提出了《工厂法案》(Factory Act)。该法案限制了妇女和儿童的工作时间，它后来成为适用于广大工人群体的标准。从 19 世纪 60 年代开始，人们进一步努力将劳动时间限制在每天 8 小时或每周 40 小时。八小时工作制运动是整个工业世界劳工斗争的一部分，在某些地区得到推行，并被某些雇主采纳（如亨利·福特，他于 1914 年提出八小时工作制），但直到 1938 年美国制定《公平劳动标准法》(Fair Labor Standards Act)，它才成为一项通行规则。

劳工运动的目标还包括更高的薪酬和避免遭受随意处置。美国劳工联合会（American Federation of Labor）和英国工会联合会（Trade Union Congress）等组织为争取工人权利而斗争，有时是通过激烈的交锋，有时是通过谈判和劝服民众。早期的劳工运动是工人权利、社会改革的和政治行动的混合体。对工业化的政治反应催生了新的政治团体，以及对旧政治集团的修正。在这些新团体中有社会主义者，这个术语在19世纪和20世纪早期涵盖了马克思主义者、共产主义者、社会民主主义者，甚至无政府主义者。从长远来看，工会为在岗工人赢得了权力，但往往会放弃直接的政治和社会行动，以免被贴上"危险激进"的标签。

工会有时被描述为卢德派，因为只要生产新的工具会危及某些岗位，他们就会反对引进这些工具。新技术往往会开创新型的工作，这导致人们更换工作，例如工业革命使得人们从农田转移到工厂工作。这种变化往往令一代人一贫如洗，但随后几代人的经济状况却能有所改善。

然而，自动化时代的劳资关系存在着一个固有的技术悖论。由于自动化和机器人的使用，工人在生产系统中失业，一大批人将不再有能力购买自动化工厂生产的产品。向自动化和数字经济的转变，创造了计算机程序员等新型工作，但自动化的主要目标之一是在所有经济部门中减少或消除对人工的需求。在20世纪，那些工厂下岗工人的子女可以找到银行出纳员和公交车司机的工作，但随着自动柜员机（ATM）和自动驾驶汽车的出现，这些工作也在消失。上一层级的工作，如经理和计算机程序员需要接受大量教育，世界上许多地方可能负担不起甚至无法提供这些教育。这加深了技术应用中赢家和输家的差距。

大众教育

最强大的隐形技术是教育。教育是一项技术，让我们可以利用和开发其他技术。

历史上大部分时间里，多数教育都是非正式的，立足于教会儿童在本地环境中工作和生活的必要技能。享受正规教育的只有富人和少数学者阶层（一般由教师或牧师组成）。学校作为独立的学习场所自古就有，比如柏拉图学园（建于公元前387年前后）和印度的普什帕吉里学校（建于公元前200年前后），但这样的机构屈指可数。大学和其他高等教育场所，如伊斯兰学校（Madrasas），出现于10世纪和11世纪，但它们是面向精英的机构，为已经掌握了阅读、写作和基础数学技能的学生而设计。

普通公众应该接受正规教育的想法曾多次被提出，但建立国家资助的初等教育体系，最早付诸行动的是普鲁士。1763年，腓特烈大帝（Frederick the Great）颁布法令，要求5—12岁的儿童接受教育，并建立了国民教育体系。国民小学（Volksschule，字面意思是"人民学校"，但实际上指的是义务初等教育）教授阅读、写作、基督教义和音乐，后来增加了数学和历史等科目。普鲁士向所有人提供免费的小学教育，建造学校并培训教师。它还建立了中学。从1812年开始，所有中学生都必须参加结业考试，即中学毕业考试（Abitur），获得高分才能进入大学深造，或在企业和政府部门找到好工作。

直到美国独立战争（1775—1783）和法国大革命（1789—1799）之后，普鲁士模式才被其他地方采用。新政府希望灌输民族主义意识，培训有用技能，但存在一些问题。教育投入巨大，而且在美国，教育是由各州而不是联邦政府控制。19世纪70年代，日本开始引入公共教育，遵循普鲁士的模式；直到19世纪80年代，法国和其他西欧国家才建立起公共教育；英国则是19世纪90年代；而美国直到1918年才有了全国性的公共教育。

随着公共教育的出现，教育理论也有所发展。大多数基础教育都立足于记忆和死记硬背，通常使用国家审定的教科书。该方法是基于这样一种观点：儿童是尚未发育的成人。教育要通过严格的纪律甚至是体罚，来惩戒注意力缺乏或逆反行为。哲学家让－雅克·卢梭（Jean-Jacques Rousseau）认为孩子并不是缩小版的成人，而是像种子长成大树一样长大成人。玛丽亚·蒙台梭利（Maria Montessori，1870—1952）和创办华德福学校的鲁道夫·斯坦纳（Rudolf Steiner，1861—1925）等人在观察儿童发展的基础上，提出了不同的教学理念。为测试和衡量发展水平，1904年，法国教育部要求阿尔弗雷德·比奈（Alfred Binet，1857—1911）设计了一种测试儿童智力发展水平或心理年龄的方法。1908年，他与泰奥多尔·西蒙（Théodore Simon）合作，制作了比奈－西蒙测试。尽管该测试本应是针对智力发展水平的科学测量，但许多人将之视为智力测试，因此这是第一个

IQ（智商）测试。

在 20 世纪，教育水平和区域成功水平之间呈现出很强的相关性。那些教育水平高的地区，特别是以识字率衡量为高的地区，工业增长更强劲，官僚机构更胜任，医疗保健更优质，军队更加训练有素，也更具创新精神。反之亦然。教育水平低的地区工业化水平较低，官僚机构人浮于事，健康状况不佳，军队缺乏训练，创新能力较低。作为一项技术的教育，似乎非常接近于技术决定论，有了公共教育，就可以走向一个能够发明和管理复杂技术的社会。

对未来的期盼

随着第一次世界大战的落幕，未来世界似乎比以往更加触手可及，创造未来的是那些坚信进步的人，他们拒绝保持与过去的联系。亨利·福特，有史以来最具影响力的实业家之一，1916 年接受《芝加哥论坛报》（Chicago Tribune）记者采访时说："历史或多或少都是胡言乱语。它是传统。我们不想要传统。我们想活在当下，唯一值得一提的历史就是我们今天创造的历史。"

许多人都持有福特的观点，而且不仅仅是在美国。1914—1918 年的世界大战被许多人视为拿破仑时代遗留下来的一场战争，战争是为了那些无关紧要、早该过时的君主，而他们掌权只是因为历史的阴差阳错。除了造成一代年轻人死亡，发明了机械化的杀戮方法，它一无所获。这是历史拖累了人民，唯一的前进道路就是拥抱未来，而这就意味着新技术。新时代的特征之一是发明中心某种程度上转移到了美国。在两次世界大战之间的这段时间，从透明胶带到调频收音机，所有东西都是由美国发明的。罗伯特·戈达德（Robert Goddard）在 1920 年的《自然》（Nature）杂志上发表了《达到极限高度的方法》（Method of Reaching Extreme Altitude）一文，他认为火箭可以到达月亮，让儒勒·凡尔纳（Jules Verne）的梦想成真。1927 年，查尔斯·林德伯格（Charles Lindbergh）从纽约直飞巴黎，震惊了全世界。发明家不再只是创新者，而是围绕其发明而壮大的产业开发的代名词。福特、爱迪生和贝尔不仅是发明家，还是商业领袖和新时代新人类的象征。

在这个发明的新时代，甚至连信息也比以往传播得更快。1920年10月，西屋电气赞助的KDKA电台开始广播，商业广播开始出现。1866年，跨大西洋电报首次传送成功，被看作19世纪最伟大的技术成就之一。1927年，大西洋两岸的电话服务创立，不过它使用的不是电缆而是无线电。报纸通常每日两版，来自百代电影公司（Pathé）、赫斯特报系（Hearst Metrotone News）和福克斯电影新闻（Fox Movietone News）等公司的新闻短片提供了来自世界各地的图像和录音。从1927年开始，电影的声音不再是单独录音，而是融合到胶片上。阿尔·乔尔森（Al Jolson）的《爵士歌手》（The Jazz Singer, 1927）经常被认为是第一部"有声电影"，但它并不是第一部商业化利用该项新技术的作品——这一殊荣属于福克斯电影新闻的新闻短片——查尔斯·林德伯格独自飞越大西洋。然而，《爵士歌手》是第一部使用新技术的票房热卖大片，创造了超过262.5万美元（相当于今天的3.66亿美元）的收入。新技术是可能带来巨大收益的。

哈德逊河之下的霍兰隧道（Holland Tunnel）连接了纽约的曼哈顿和新泽西州的泽西城，新泽西州的人们可以穿过这条隧道去观看《爵士歌手》。该隧道始建于1920年，以总工程师克利福德·霍兰德（Clifford Holland）的名字命名，工程尚未完成，他便于1924年去世。该隧道是专门为汽车交通设计的，包括一个高效的通风系统，能排出2.5千米行程中产生的尾气。汽车是不断发展的美国城市的核心特征。从20世纪20年代起，市政、州和国家规划越来越倾向于公路建设，而不是其他交通方式。1925年，建筑师兼土地开发商阿瑟·海涅曼（Arthur S. Heineman）在加利福尼亚州的圣路易斯-奥比斯波（San Luis Obispo）开了第一家汽车旅馆，名为里程碑汽车旅馆（Milestone Mo-Tel）。这个名字合并了"汽车"（motor）和"旅馆"（hotel）两个词，每晚收费1.25美元。

随着战争结束，士兵返乡，许多人回到了农场，但世界已经变样。从表面上看，战争和流感都已过去，大家顿感巨大的宽慰。海涅曼的汽车旅馆很快就面临激烈的竞争，因为"锡罐"（tin-can）旅客开始驾车环游美国。20世纪20年代流行摩登女郎和派对，禁酒令约束下的美国则是地下酒吧和爵士乐的兴起。然而，在表面之下，战争的金钱和人力代价是巨大的。德国陷入了严重的经济萧条，而法国和比利时为了向德国索取赔款，在1923—1924年入侵鲁尔河谷，占领了工业区和资源丰富的地区。当时英国财政部重要成员、颇具影响力的经济学家约翰·梅纳德·凯恩斯（John Maynard Keynes）认为，如果听任德国崩溃，英国（事实上还有大部分西欧国家）也会被拖垮。这使英国和法国产生了分歧，再加上鲁尔地区的内乱，入侵不得不草草收场。

在空中创造纪录：林德伯格和技术的推广

1926年，理查德·伊夫林·伯德（Richard Evelyn Byrd）和弗洛伊德·贝内特（Floyd Bennet）成为首次飞越北极的人，登上了新闻头条。虽然伯德和贝内特很可能只完成了旅程的一部分（他们的福克F-VII型飞机不可能在他们所用的时间内飞完全程），但当时大众对创造纪录和无畏壮举有着强烈兴趣，他们在那个时代成为英雄般的冒险家。1927年，伯德还试图为自己首次从美国直飞法国申请奥泰格奖（Orteig Prize，价值2.5万美元，约合今天的34.5万美元）。一次试飞中的坠毁令他与奖项无缘，击败他的是查尔斯·林德伯格，后者于1927年5月21日完成了飞行。

正如他的绰号"幸运林迪"（Lucky Lindy），林德伯格驾驶"圣路易斯精神"号（Spirit of St. Louis）单人飞机在33.5个小时内飞越了大西洋，引发了全球媒体的狂热。返航后，他在美国、加拿大、墨西哥和其他12个国家巡回演讲。1929年，卡尔文·柯立芝（Calvin Coolidge）总统为他颁发了国会荣誉勋章。

此时飞艇也开始进入黄金时代。第一次世界大战期间，飞艇曾被用于轰炸和侦察，但它们很容易受到攻击。巨大的起重能力使其可以载运乘客和高端货物。1929年，史上最大的飞艇之一——"格拉夫·齐柏林"号飞艇（Graf Zeppelin），耗时21天完成了环球航行。1930—1936年，德国和巴西之间有定期的"齐柏林"飞艇航班。"兴登堡"号起火造成13名乘客、22名机组人员和1名地勤人员死亡，让飞艇旅行遭受严重打击。这一事件被广泛传播，因为4个新闻摄制组拍下了飞艇着陆及随后的灾难，电台记者赫伯特·莫里森（Herbert Morrison，1905—1989）录制了他目睹该事件的过程。

林德伯格在两次世界大战期间继续投身航空事业，当时他应德国空军的邀请去查看他们的新飞机。林德伯格确信，德国将赢得未来所有针对法、英的战争,因为德国飞机比其他国家的所有飞机都要优越,德国的军事指挥官了解战争的未来。他还建议国会,美国应该在未来的任何欧洲战争中保持中立。通过这种方式,林德伯格作为首批重要公众人物,评论了技术在更广泛世界中的角色,将技术与政治决策联系起来。1932 年,20 个月大的小查尔斯·林德伯格(Charles Lindbergh Jr.)被绑架并杀害,林德伯格的故事发生了悲剧性的转折。

像林德伯格飞行这样轰动的事件会在多大程度上推动公众信奉技术的力量尚难以衡量,但从让人们意识到技术正在给社会带来的变化而言,这些事件发挥了无与伦比的作用。现实生活中从未见过飞机的人,也能通过《英国机械师与科学世界》(The English Mechanic and World of Science,英国,创办于 1865 年)、《大众科学月刊》(Popular Science Monthly,美国,1872)、《大众机械》(Popular Mechanics,美国,1902)和《科学与生活》(La Science et la Vie,法国,1913)等杂志中的广泛新闻报道和文章来了解它们。这些杂志宣扬的正是林德伯格和其他冒险家所预示的世界:在一个充满机械奇迹的世界中征服时间和空间。

在战后欢欣鼓舞的岁月里,技术的胜利似乎在美国遍地开花,但经济却是由投机和宽松的货币政策支撑起来的。这导致了大萧条——它开始于 1929 年 10 月 29 日的美国股市暴跌。尽管大萧条的根源早于战争,但正如它被称为"黑色星期二"那样,波及全球的经济破坏浪潮开始了。导致股票市场崩溃的因素有很多,包括投机和以保证金购买股票[2]。技术在造成经济萧条和市场恐慌中也发挥了作用。工业大国,尤其是英国、德国和法国,试图从战争中恢复过来,它们生产过剩,但由于战争期间欠下的债务,根本不可能赢得市场,甚至维持现有市场都困难。工业品的实际市场在萎缩。阻止政府在下跌早期阶段进行干预的货币政策,市场萎缩后为保护本国制造而设置的反击性贸易壁垒(如征收高额关税),都让形势雪上加霜。

世界很快就了解到美国股市的崩溃,部分原因是市场获知股票信息的速度太快了。股票市场电报的想法来自 1867 年为美国电报公司(American Telegraph Company)工作的爱德华·卡拉汉(Edward A. Calahan)。托马斯·爱迪生第一个真正在财务上成功的发明是其改良的股票行情机,即"通用股票打印机"。这个设备本质上是一条连接到打印机的专用电报线,用以记录股票的交易情况。随着 10 月 29 日股票销售量暴增,股票行情机超载,越来越落后于市场动态。这加剧了恐慌，因为投资者无法跟踪市场形势，不得不等待信息，或者造成订单延误，在抛售订单交割前，股票持续下跌，又让他们损失了数百万美元。

陷入战争

大萧条在 1933 年达到最低点，到 1938 年有所缓解，但政治局面愈加紧张。日本侵略中国，欧洲的德国和意大利被法西斯分子控制。1936—1939 年，西班牙内战爆发，似乎是对意识形态的一次考验，共产主义者、社会主义者和自由民主党人抗击保守派民族主义者和法西斯分子。德国提供装甲车、飞机和武器，并通过帮助民族主义者赢得战争，而获得了一个重要的军事试验场地。杀伤技术已经越来越机械化。一方面由于自工业革命时代以来，工业技术被应用于战争物资的生产；另一方面，到第一次世界大战结束时，建立在工业效率和现代通信等概念上的指挥和控制系统得到越来越多的使用。虽然第一次世界大战是全球性的，因为来自世界各地的人都参与了战争，战争影响到全球商业，但大多数战斗仅限于欧洲和奥斯曼帝国。在大约 7000 万战斗人员中，有 6000 万是欧洲人。第二次世界大战则遍及全球，主要战役发生在三个大洲，有来自 30 个国家的一亿多士兵参战。

第一次世界大战并没有解决引发早期冲突的自然资源和国际关系等根本问题。经济形势让民众很容易轻信希特勒和世界其他独裁者提出的简单解决方案。德国做出筹划下一场战争的举动是由于德国军事领导人相信：一支现代化的具有技术优势的军队可以击败其他欧洲大国的军队，并获得上次战争中没有得到的东西——领土、自然资源及政治和文化上的霸权。

有一句古老的格言说，一场战争的胜利者计划以同样的方式打下一场战争，而失败者必须找到新的作战方式。面对德国重新武装的威胁，法国的反应是修建马其诺防线。这条防线以安德烈·马其诺（André Maginot）命名，他曾任退伍军人事务部长，后来又担任战争部长一职。马其诺防线是一组从瑞士到卢森堡的大纵深防御阵地，以及从卢森堡到英吉利海峡的小规模防御阵地（图 10.1）。它包括数百千米的战壕、碉堡、炮兵阵地和防御工事，相当于陆地上的战列舰，配有重炮、指挥中心、食堂和兵营。这项工程耗资30多亿法郎。

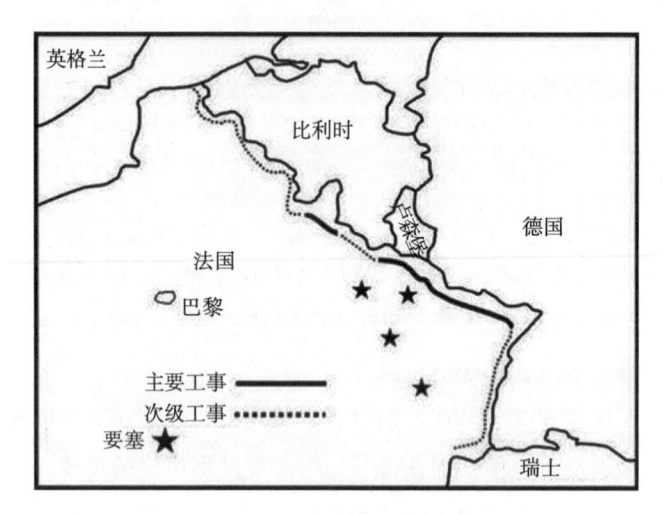

图10.1 马其诺防线示意图

第一次世界大战结束时，德国统帅部已被撤销，新任的军官中有许多人曾在战壕中战斗过，他们决心避免堑壕战中的僵局和消耗战。具有讽刺意味的是，新军事方案的最重要来源之一是富勒少将（J. F. C. Fuller，1878—1966），这位功勋卓著的英国军官提出了机械化战争的思想。富勒的想法在英国并不受欢迎，因为他批评过英军指挥官，并主张抛弃英国军队当时使用的军事学说。1926年，他出版了《战争科学的基础》（*The Foundations of the Science of War*）一书，概述了战争中他所认为的科学原则。尽管富勒颇受神秘主义的影响［他还写过有关瑜伽和神秘学者阿莱斯特·克劳利（Aleister Crowley）的文章］，但他的思想实际上是德国闪电战学说的模板。20世纪30年代，他参加了英国的法西斯主义运动，1939年，他应邀出席希特勒的50岁生日宴，并视察了纳粹德国的机械化军队。

德国军队采用的闪电战学说，很大程度上是因为它基于机械化战争的技术。进攻者会利用奇袭、快速和联合兵力来击溃敌人。他们的计划是迅速出击，使敌人措手不及，无法增援被攻击之处。通过前线某个点上的突破，而不是沿着前线作战，进攻部队可以切断或夺取敌方的通讯和补给线。如堡垒等敌军高度集中的地方，不应正面攻击，而应切断其补给和情报，这样更容易被紧随突击队的后续部队"荡平"。

为了实现这一目标，德国军方制定了一项协同军事行动计划，将空军、炮兵、装甲部队和步兵联合起来。德国空军实际上是一种远程炮兵，为快速穿过前线进入敌人后方的装甲部队提供支持；跟进的机械化炮兵和步兵则攻击据点并占领地盘。这使得前线的纵深从第一次世界大战时的几千米延展到数百千米，反映了轰炸机的有效航程。这些学说有许多都在西班牙内战期间经受了检验，当时德国向民族主义者提供了坦克和轰炸机。

在某种程度上，德国的战略是明智的。它确实将各军种的技术能力发挥到了极致。1939年，欧洲战场打响后，德军迅速战胜了波兰、比利时和法国，这些国家在快速进攻面前溃不成军，基本上没有防备装甲攻击，也无法对抗德国的空中优势。闪电战获得了超出德军预计的成功。

闪电战的成功实际上掩盖了德国军事理论的一些重大问题。高科技解决方案本身就是一个陷阱。维持高度机械化的军队运转，需要非常庞大的基础设施和巨量资源，尤其是石油和军火。1941年，希特勒撕毁《莫洛托夫－里宾特洛甫条约》（*Molotov-Ribbentrop Pact*，即《苏德互不侵犯条约》），向苏联发起进攻，开辟了必须补给的第二条战线，燃料、润滑油、炸药，以及工业生产的基本储备（如铁和硝酸）都成为愈加紧迫的问题。

德国未能迫使英国退出战争，这表明闪电战是有局限性的。尽管不列颠之战期间空战打到白热化，但预期的入侵从未发生。德国没有研发出远程轰炸机，使得不列颠群岛的大部分地区免受攻击，从而为防御者提供了安全作战区域。尽管在每一条战线上都取得了对盟军的重大胜利，但德国军队还是未能夺取苏联或中东的油田。

除了高度机械化军队的技术陷阱外，闪电战还存在功能上的问题。它是为侵略性攻击而设计的，特别是针对静态防御者。这种战略无助于德国顺理成章地守住所占的领土。残酷的压迫能控制大多数平民，但德国缺乏人力，无法有效利用所占领土，也没有政治手段来对付被征服的民众。即使第二次世界大战没有以堑壕战结束，它仍然变成了一场消耗战。库尔斯克战役就是一个很好的例子。德国在斯大林格勒战役（1942—1943）中失败后，他们撤退并等待补给，特别是等待能够对阵苏联T-34坦克的新型虎式坦克。1943年7—8月的库尔斯克战役是历史上规模最大的坦克会战，技术复杂的德国坦克与更简易但量产的苏联T-34坦克展开了较量。德军的进攻被层层防线削弱,而由于苏军宁愿承受巨大损失,所以他们只是消磨德军,迫使作战单位耗尽燃料、弹药和食物,坦克、卡车和飞机的数量慢慢减少。尽管库尔斯克设有静态防御,但闪电战失败的很大一部分原因在于敌军作为一个整体并非静态。苏联坦克持续行驶,且有意志坚定的空军提供空中掩护,即使空军在技术上不那么先进。

事后看来,到 1943 年,德国已明显无望巩固其胜利。新式飞机、坦克和 U 型潜艇开始服役,但一旦美国的工业产能开始为盟国提供补给,美国军队被动员起来,德国就陷入了困境。甚至在察觉到美国参战之前,1942 年德国就开始建造德国版的马其诺防线,称为大西洋壁垒,以保护欧洲西海岸免受英吉利海峡对岸的入侵。围绕大西洋壁垒的战斗远比沿马其诺防线的战斗要激烈,因而它最终也遭受了同样的命运:被快速移动的协同部队压制、分割和占领。夹在东部的苏军和西部的英美联军之间,德国军队被击溃了。

武器

技术史家曾经争论过战争对创新的影响。战斗过程肯定会受到新装备和战术的影响,但在战争期间,将资源花费在实验性和未经测试的武器上,风险极大。大多数情况下,即使在战争期间使用到新的武器和系统,这些装备也需要随后数年时间才能加以完善。例如,飞机在第一次世界大战期间已投入使用,但两次世界大战之间的航空学创新要比战时多得多。

在战争期间诉诸技术创新始于第一次世界大战,很大程度上是因为战争时间太长,从而有可能创造、测试并投产新武器,如芥子气和坦克。这场战争的后果之一是,德国、英国、法国和美国都创建了军事科学研究的体制机构。因此,到 1939 年,德国军队的许多新武器在技术上比对手的武器更胜一筹,但技术差距并没有大到仅仅凭借新武器就能让德国获胜。武器必须与新的战术相结合,事实证明这在战争初期是具有决定性的。然而,随着战争的拖延,盟军有时间创造新式武器和战术,以及指挥和控制系统,如雷达和远程轰炸机。尽管德国在战争期间也推出了一些新式"超级"武器,但缺乏资源和工人(甚至使用奴工)导致产量受限。此外，许多德国顶尖科学家已经逃亡（其中很多人会为盟军效力），以免被关押或处决。盟军的轰炸摧毁了基础设施，德国统帅部日益混乱，加剧了生产上的问题，德国虎 II 坦克的例子就是很好的佐证。直到战争快结束时，盟军的坦克威力都无法与之匹敌，但只有不到 500 辆投入使用，而美国则有 4 万辆谢尔曼坦克驶下装配线。

五项具体的技术创新值得特别提及：密码、飞机、雷达、火箭和核武器。每个军事研究领域都在战争中发挥了重要作用，并对战后的世界产生重大影响。

密码

德国闪电战的核心是情报。尽管德军实力强大，但闪电战需要各集群之间的紧密协作，它们的行军速度不同、出发地点不同、作战目标不同。实现这一要求的唯一方法是使用集中的指挥和控制系统介入战争，让指挥官能够掌握远处发生的事件，发布的命令能够立即得到执行。该系统的某些部分依赖于电报和电话系统，但与深入敌境穿插的部队保持联络，无线电是唯一的设备。

所有军队都会遇到的一个问题是，通过无线电广播的信息可能会被敌方拦截，因此必须有一种对信息进行编码的方法。德国人使用的是恩尼格玛密码机（Enigma），这是一种机电设备，通过键盘和一系列可移动的圆盘（称为转子）来编码和解码信息。每次按下一个键，就会产生一个替代的字母，然后转子就会转动。即使两次输入相同的字母，输出也会不同。要解码信息，你必须知道将编码字母转换成实际信息所需的旋转次序。

从理论上讲，恩尼格玛系统是非常安全的，因为有将近 159 百京（159×10^{18}）种可能的组合。但是从 1932 年开始，一支由波兰数学家组成的团队破译了一些早期的恩尼格玛信息，让盟军在与德军的对抗中占得上风。这些信息，加上一些缴获的设备，以及透彻了解德国军事单位遵循的程序（例如，单位名称会出现在每条信息中，给破译人员提供了一个共同的线索），使盟军破译人员能够破译数万条信息。盟军还破译了日本的一些密码。

破译恩尼格玛密码的主要中心是 X 站，即布莱切利园，位于英格兰白金汉郡的一处房产。该组织代号为"Ultra"，汇集了语言学家、数学家和密码分析师。阿兰·图灵（Alan Turing, 1912—1954）就是这些密码破解者中的一员，后来成为计算机的主要理论家和开发者之一。

在战争后期，德国军队改良了恩尼格玛密码机，密钥变更得更加频繁，因此无法再人工解码。作为回应，来自邮局研究站的电气工程师汤米·弗劳尔斯（Tommy Flowers，1905—1998）及其团队应邀制造了一台电子解码机。其成果就是"巨人"计算机（Colossus），即最早的数字电子计算机之一。直至战后很长时间，巨人计算机的存在仍对外保密，大多数战时机器都被下令销毁[3]。

盟军的密码机在原理上与恩尼格玛密码机相似，使用电子和物理的转子，但无论是英国的 X 型密码机还是美国的 SIGABA 密码机，都未曾被轴心国的密码破译员破解。盟军密码机的问题在于它们庞大又复杂，不能在任何可能落入敌手的地方使用。在很多情况下，技术含量更低的一种解决方案是雇佣"密语者"，例如说纳瓦霍语、阿西尼博因语和巴斯克语等稀有语言的人。

飞机

第一次世界大战期间，飞机在其中扮演着微不足道的角色，尽管人们对空战有相当浪漫的看法——像比利·毕晓普（Billy Bishop）这样的英雄人物大战曼弗雷德·冯·里希特霍芬（Manfred von Richthofen，更广为人知的名号是红色男爵）。德国飞艇轰炸了英国和波兰的目标，但盟军的损失很小，飞艇也很容易被速度更快、机动性更强的飞机击落。飞行器，包括固定翼飞机和飞艇，在侦察和观测方面发挥更重要的作用，承担反击海军进攻、发现海上 U 型潜艇、观察部队动向、指挥陆地炮兵等任务。

尽管存在局限因素，许多飞机制造商和军事指挥官相信，飞机将在未来的战斗中发挥越来越大的作用。在两次世界大战之间，发动机、控制系统和武器装备都有了重大发展，但最重要的创新是单翼设计的完善，这使得飞机速度更快，机动性更强。结合更强大的发动机，新型飞机可以用更重的材料制造，载运重量更高，飞行更快，航程更远。1935 年，德国推出了梅塞施米特 BF 109（Messerschmitt BF 109）战斗机，英国的超级马林喷火战斗机（Supermarine Spitfire）也于 1936 年飞上天。在被更新设计型号取代之前，这两种战前飞机的用途都很广泛。

另一项重大进展是战略轰炸机的出现。在 20 世纪 30 年代，人们担心战略轰炸（包括使用毒气弹）会摧毁工业，恐吓平民，以致国家无法继续战斗。在德国，轻型或地面支援轰炸机和中型轰炸机是重头戏。容克 Ju 87（Junkers Ju 87），即人们更熟知的"斯图卡"（Stuka，德语中俯冲轰炸机的缩写，Sturzkampf flugzeug）和容克 Ju 88A 被用于近距离地面支援和战术轰炸。海因克尔 He 111（Heinkel He 111）是一架双引擎中型轰炸机，用于战略轰炸。这些飞机在战争的头几年非常有效，帮助德国军队摧毁了它所入侵国家的防御。德国空军确实也制造了一些重型轰炸机，特别是四引擎的海因克尔 He 177，但闪电战学说强调兵力协同，即空军与地面部队联合作战，而不是作为一个独立的作战单位。成功机型一直需要大规模生产，从而限制了远程和重载飞机的发展。

与此相反，盟国空军推出了多种远程轰炸机，如英国的汉德利-佩吉-哈利法克斯（Handley Page Halifax）和阿夫罗－兰卡斯特（Avro Lancaster），以及美国的波音 B-17"空中堡垒"和波音 B-29"超级空中堡垒"。有了这些飞机，盟军就可以深入敌境进行打击。事实上，轰炸机可以飞到很远的地方，因此必须创造新一代战斗机来为轰炸机护航。最著名的远程战斗机是北美航空的 P-51 野马（P-51 Mustang），其续航距离为 2755 千米。相比之下，梅塞施密特 BF 109 的续航距离只有 850 千米（表 10.1）。

表 10.1　轰炸机续航距离

国家	飞机型号	里程（千米）
英国	哈利法克斯（Halifax）	3000
英国	兰卡斯特（Lancaster）	4070
美国	B-17"空中堡垒"（B-17 Flying Fortress）	3220
美国	B-29"超级空中堡垒"（B-29 Superfortress）	5230
德国	He 111	2200
德国	He 177	5000

随着战争进行，战斗机变得越来越复杂。新的电气控制系统取代了早期飞机简单的电线和机械系统，加装了无线电和后来的雷达，安装了更多仪器和导航辅助设备，可以进行盲飞或仪表飞行，还为轰炸机开发了精密的炸弹瞄准装置。此外，提升了运载能力的大型飞机为伞兵的出现创造了条件。在战争进程中，盟军和轴心国军队都使用了伞兵。

为寻求速度更快的飞机，人们尝试了新的推进系统。早在1928年，火箭动力的原型飞机就进行过试验，而实用的涡轮喷气式飞机——德国海因克尔He 178于1939年飞上天。到1941年，意大利、英国和美国都已经试飞了喷气式飞机的原型机，但第一架服役的量产喷气式飞机是梅塞施密特Me 262（Messerschmitt Me 262）。它于1944年问世，是第二次世界大战中飞行速度最快的量产飞机，最高时速达900千米。Me 262问世较晚、数量又少，这限制了它对空战的影响，但它在战斗中的成功鼓舞了盟国空军喷气式飞机的发展，喷气式推进器成为战后现代战斗机和轰炸机的基础。

由于第二次世界大战期间空中力量的重要性，空中优势的概念成为战争的重要组成部分。战争结束后，发动机和航空电子设备的新技术不断涌现，使得飞机越来越复杂。今天，最先进战斗机的制造和维护费用高达数百万美元。它们还需要性能强大的计算机进行操作，因为其系统和性能的参数超出了人类的反应时间。尽管事实证明空中优势理论在常规战争中至关重要，例如1967年以色列和埃及之间的战争，但越南战争和阿富汗的一系列冲突表明，空中优势本身并不能保证军事上的胜利。

新飞机的开发也应用于商业。商业航班开始于第一次世界大战之后，到1926年，越来越多的航班量使得美国出台了《航空商业法案》（*Air Commerce Act*），但客运和货运航班成为全球商业的重要组成部分，大概是第二次世界大战之后的事了。

雷达

1904年，克里斯蒂安·侯斯美尔（Christian Hülsmeyer，1881—1957）发现无线电波可以从远处物体上反射回来。他发明了电动镜，利用火花间隙产生无线电波，然后用一对天线检测反射的信号。他可以接收到3千米外的信号，但该系统无法判断到目标的距离，只能得到大致的接近程度。侯斯美尔希望海军当局能购买他的装置，以保证船只在夜间和雾天的安全。

在二十世纪二三十年代，包括美国海军研究实验室（US Naval Research Laboratory）和法国无线电报总公司（Compagnie Générale de Télégraphie Sans Fil）在内的许多机构都在研究雷达，但首次成功将雷达用作战时装备的是英国空军部（British Air Ministry）。1934 年，罗伯特·沃森－瓦特（Robert Watson-Watt，1892—1973）[4] 时任迪顿公园无线电研究站（Radio Research Station at Ditton Park）的负责人，空军部要求他评估将无线电波用作一种致死射线的可能性，因为此前德国方面声称德国拥有这种装置。沃森-瓦特回信说，这种装置不太可能，但无线电波可以用来探测飞机。1935 年，沃森-瓦特证明他可以探测到 13 千米外飞行的轰炸机。达文特里实验说服了政府和军方官员开发无线电探测，到 1940 年，沃森-瓦特和电信科学研究院的研究人员已经制造出了一套实用的雷达系统。它在英国被称为无线电探测仪（radio detection finder，RDF），1940 年《纽约时报》将之称为雷达（RAdio Detecting And Ranging，RADAR），这个名称沿用了下来。

空军部在英格兰的东部和南部海岸建造了几个雷达站，称为本土链（Chain Home），该系统最终包括了大约 60 个雷达站。虽然雷达并不完美，但它让英国防御者相对德国空军有了优势，在不列颠战役期间和之后，通过引导战斗机拦截来袭的轰炸机，让皇家空军可以集中力量进行防御。

德国科学家也开发了一种名为"弗莱雅"（Freya）的雷达供战时使用。它在技术上优于本土链的系统，但初始的机器太少，也缺乏训练有素的操作人员，从而难以充分发挥作用。随着战争的进行，德国的雷达有所改进，但其性能仍不尽人意，因为盟国空军迅速学会了干扰信号或利用德国雷达系统的弱点。

其他国家也研发过雷达系统，包括日本、美国、苏联和加拿大。英国共享的微波技术，特别是 1940 年蒂泽德委员会（Tizard Mission）向美国透露了空腔磁控管（一种为雷达产生微波的真空管），为进一步的改进开辟了道路。战后，雷达成为军事和民用领域指挥和控制系统的一个组成部分，它控制空中交通、引导导弹、跟踪海上船只。随着雷达技术的小型化和紧凑化，它甚至开始出现在汽车工业中，首先是警察将之用于抓捕超速人员，接着用于汽车本身，成为碰撞预警系统、自动刹车控制系统和自动驾驶汽车的一部分。

火箭

火箭用于战争可以追溯到古代中国，但在大多数情况下，火箭不过是诸多军事武器中的无名之辈，主要原因在于火炮更易使用，也更精准。第二次世界大战中火箭的使用也没有真正改变这种状况，但它确实促成了新装备的发明，使火箭在战后变得更加重要。1926 年 3 月 16 日，罗伯特·戈达德（Robert Goddard，1882—1945）首次成功发射了试验火箭，使用了液体推进剂而不是火药等固体燃料。直到 1941 年，戈达德仍继续研究液体燃料火箭，但部分由于缺乏设备的支持，他的火箭最高只能达到 2700 米，而当时飞机的飞行高度可以超过 1500 米。

在德国，对火箭技术有兴趣的人主要集中在太空旅行协会（Verein für Raumschiffahrt，VfR）。许多人，包括赫尔曼·奥伯特（Hermann Oberth，1894—1989）、沃尔特·多恩伯格（Walter Dornberger，1895—1980）和维尔纳·冯·布劳恩（Wernher von Braun，1912—1977），都与太空旅行协会有联系，后来他们在乌瑟多姆岛的佩讷明德（Peenemünde）为德国军事火箭计划工作。1937 年冯·布劳恩成为陆军火箭中心的技术主管，但在战争的大部分时间里，火箭计划的优先级并不高。1942 年 12 月，希特勒批准研发 A-4（集合 4）火箭，后来将其更名为 V-2（复仇武器 2），但直到 1944 年 9 月 7 日才向英国发射。

V-2 是液体燃料的弹道导弹。它的射程为 320 千米，最大高度为 88 千米。它是一种无法拦截的武器，撞击时飞行速度可超过 800 米/秒，携带 980 千克有效载荷。德国发射了 3000 多枚 V-2 型导弹，造成 7000 多人死亡。而这些火箭是由奴工制造的，有 9000 多名工人在制造过程中丧生，因此具有讽刺意味的是，制造过程比战场使用杀死的人还多。V-2 是一种恐怖武器，因为它无法瞄准。它只能简单地指向目标的大致区域然后发射。尽管 V-2 代表的瞬间死亡令人恐惧，但它对战争没有产生实际影响。

战争结束时，佩讷明德团队面临被苏军俘虏的危险，所以冯·布劳恩和手下大多数工程师、科学家横穿德国，向美军投降。他及其团队加入了美国陆军，研制一系列火箭项目，结果发明了军用导弹，包括"红石"（Redstone）和"木星–C"（Jupiter-C）弹道导弹。1960 年，冯·布劳恩被调往美国国家航空航天局（NASA），担任亚拉巴马州亨茨维尔的马歇尔航天飞行中心（Marshall Space Flight Center）主任。

随着火箭技术的改进，火箭的军事用途愈加重大，特别是足以携带核武器的火箭被成功制造出来。1957 年，随着第一颗人造卫星"伴侣"1 号（SputnikⅠ），以及大到足以将莱卡犬带入轨道的"伴侣"2 号（SputnikⅡ）的发射，公众才真正意识到太空时代的到来。"伴侣"2号载重量约500千克，能够将一枚核武器送入轨道。

核武器

人们普遍认为阿尔伯特·爱因斯坦（Albert Einstein）促成了核武器的诞生。这是一种误解。虽然爱因斯坦1905年的方程 $E = mc^2$ 可以算出给定质量物质中含有多少能量，但并没有讲清物质如何释放出能量。核武器的真正起源来自另外的两个出处，一是奥托·哈恩（Otto Hahn）、莉泽·迈特纳（Lise Meitner）和奥托·罗伯特·弗里希（Otto Robert Frisch）的工作，二是利奥·齐拉（Leo Szilard）的贡献。哈恩、迈特纳和弗里希提出了核裂变的概念，从原子核中发射的中子可以撞击铀等重元素的原子核，使其分裂，产生两种较轻的元素，并释放出能量和更多的中子。齐拉提出了核链式反应的想法，即一个中子撞击原子核会释放出两个中子，这两个中子会引发四个，然后八个，十六个，以此类推。这两项发现结合起来，使核能和核武器在理论上成为可能，尽管在现实世界中要控制这种反应对技术有着极高的要求。

最终，制造核武器需要三项条件（至今仍然如此）：①物理学家和工程师等人才资源；②能够生产核材料和核弹部件的工业基地；③获取大量的铀。

利奥·齐拉担心德国已拥有核武器的前两个必要因素，当比利时投降德国时，比属刚果就落入了德国之手。1940年，比属刚果是世界上最大的铀产地。齐拉在包括爱因斯坦在内的其他科学家帮助下，努力说服美国政府认识到这种武器的危险性。作为回应，罗斯福总统批准了研发核武器的曼哈顿计划（Manhattan Project）。虽然有关曼哈顿计划的流行故事大多集中于罗伯特·奥本海默（Robert Oppenheimer）领导下科学家的研究工作，但从矿工到水管工，整个计划雇用了13多万人。大多数人不知道他们在制造一种超级武器。

芝加哥大学的恩里科·费米（Enrico Fermi）及其团队一旦从科学上确定了受控裂变可行，且连锁反应能够持续，那么工业上最大的问题就是获得足够的浓缩铀和钚来制造核弹。1940年，全世界的铀供应是以克为单位的，但制造武器需要数千克。技术上的挑战非常艰巨，因为在天然铀矿中，只有0.7%是武器级的铀-235，其余都是铀-238。人们尝试了多种提炼（或浓缩）铀的方法。最后采用的是一种相当粗暴的方法——让六氟化铀气体通过分离膜，其中稍轻的铀-235会较快地通过。然后部分浓缩的铀-235将进入同位素分离器，通过电磁装置完成浓缩过程。另一方面，钚并非天然存在的元素，必须在核反应堆中通过中子轰击铀来制造，本质上是用较轻的元素制造较重的元素。

1945年7月16日，第一枚核武器在新墨西哥州阿拉莫戈多的"三位一体"（Trinity）试验中炸响。该项目的首席科学家罗伯特·奥本海默引用《薄伽梵歌》（*Bhagavad Gita*）的话说道："这一刻，我成了死神，诸世界的毁灭者。"从科学的角度来看，这次试验是核武器可行的最终证明；但从政治的角度来看，尚存在一个问题。德国人已于1945年5月7日投降。战后对德国科学家的审讯水落石出，尽管他们已充分了解核弹这一想法，但德国在研究或制造这种武器方面的投入十分有限。由于核武器的研发是为了对抗德国的科学技术，一旦德国退出战争，许多科学家认为失去了使用核武器的理由。但另一方面，美国军方则将核武器视为军火库中的一种新武器。

核武器通往战争之路始于1941年12月7日，当时日本海军对美国夏威夷的海军基地珍珠港发动了偷袭。这次攻击主要是一场空袭，从短期看是一场战术上的成功，击沉或击伤了15艘主要舰艇，摧毁了188架飞机，有2402名美军丧生。然而，这是一次战略上的失败，因为它使美国全力投入到太平洋战场中。即使在战术上，其实也没有取得应有的成功。在珍珠港被击沉的军舰中，只有3艘是永久损坏，而且在袭击发生时，舰队的航空母舰都不在港口。

经过横跨太平洋的漫长浴血奋战，盟军即将进攻日本本土。美国军事策划人员认为，日本军队会为保卫本土而拼死抵抗。进攻的策划者预计盟军的伤亡人数可能高达100万，而日本的伤亡人数更多。与其入侵，不如下定决心对日本使用核武器。1945年8月6日，铀弹"小男孩"被投放到广岛，1945年8月9日，钚弹"胖子"被投放到长崎。1945年8月15日，日本无条件投降。致死技术已经达到了前所未有的破坏力。

第二次世界大战结束时，有四个国家具备了制造核武器的三项条件：美国、英国、苏联和加拿大。1949年，苏联引爆了其首枚核武器，震惊了所有西方国家。这开启了一场军备竞赛，许多国家都掌握或试图掌握核武器，并导致美国和苏联大规模生产和更新杀伤力更大的核弹。20世纪50年代，制造裂变武器基本上不再有科学上的困难，因为其基本原理都已研究清楚，但新一代更具破坏性的聚变武器（被称为氢弹或热核武器）已经诞生。1952年，美国试验了第一个真正的热核装置（它过于庞大复杂，无法用作武器），产生的爆炸威力是投放到日本核武器的450倍（表10.2）。

表10.2 掌握核武器的国家和时间

国家	年份	国家	年份
美国	1945	以色列	1966（未公开承认）
苏联	1949	印度	1974
英国	1952	巴基斯坦	1998
法国	1960	朝鲜	2006
中国	1964		

通过使用无线电，战场日益由远离前线的指挥官控制，再加上闪电战，这些都让现代战争发生了变化，不再那么依靠蛮力而更注重信息。破解密码、通过雷达追踪敌人，可能会比建造巨炮更能改变战局。随着飞机可以将武器、士兵和物资运送到离基地数百甚至数千米的地方，前线变得越来越广阔。机械化军队一天行驶的路程比19世纪军队一周的行军还要远。

科学家在第一次世界大战时就开始从事军事项目的研究，在第二次世界大战中，他们更紧密地融入到战备研发中。科学战争的发展导致了许多意想不到的后果。在战胜国，参与军事项目的科学家和工程师数量巨大，尤其是在制造核武器、飞机和导弹等方面。高校中最优秀、最聪明的人被招募到军队、政府和工业机构，以及各种公司，制造包括更快的喷气机、更大的轰炸机、核武器，以及如雷达、无线电通信、火箭和制导系统等相关的所有系统。由于条约的限制，日本不能拥有常备军队或开展军事研究（至少不能直接进行），日本便将其最优秀、最聪明的工程师和科学家指引到消费性电子产品、电信和交通领域。

战争和工业相结合，旅行和通讯相结合，世界以前所未见的方式联结起来。为解决局部问题而开发的技术，如对铁路列车的控制，已经发展成为真正横跨全球的巨大网络，甚至已经开始形成环绕地球的轨道。地方性问题可以转化为国际事件，如世界博览会、奥运会等几乎可以让任何人参加，世界上每个角落的人都可以观看。在许多方面，第二次世界大战后的技术世界正是19世纪末20世纪初的新技术先驱曾希望创造的——至少在工业化国家——人们控制技术力量以提升舒适与富足的文明。战争转变为一场先进技术的对决，它的阴影仍然笼罩着技术的全球化，除此之外，技术全球化似乎能为每个人提供一个光明的未来。

论述题

1. 如果说第一次世界大战是首场工业战争，为什么可以说第二次世界大战是首次使用先进技术的战争？
2. 为什么教育被称为有史以来最强大的无形技术？
3. 工业自动化的悖论是什么？

注释

1. 在战后婴儿潮期间，澳大利亚、加拿大和美国的出生率曾短暂激增，但只持续了大约十年。
2. 用保证金购买股票意味着买家只需支付股票市场价值的一小部分，其余部分则从代理人或银行借款。它允许一个人仅用10美元的价格购买价值100美元的股票。如果股票涨到200美元，买家可以卖出股票，以10美元的投资获得100美元的利润（200美元减去代理人的90美元贷款和10美元的初始投资）。如果股票价值跌至50美元，买家仍然欠下90美元，必须支付差额，即价值50美元的股票实际支付100美元（10美元加上90美元的贷款）。
3. 保密的部分原因可能是因为英国在战后向一些国家宣传或出售恩尼格玛型号的密码机，当时能够破解密码。
4. 罗伯特·沃森－瓦特是蒸汽机先驱詹姆斯·瓦特的远亲。

拓展阅读

到了20世纪中叶，技术已日益成为一个国家性问题，仅靠专利法的一般推动已不能满足需要。公共教育是其中最大的投入之一，系列短纪录片《教育史》(*A History of Education*, 2006) 对此进行过考察。更直接地审视工业化时代教育的是劳伦斯·布罗克里斯 (Laurence Brockliss) 和尼古拉·谢尔登 (Nicola Sheldon) 的《大众教育和国家建设的极限，约1870—1930年》(*Mass Education and the Limits of State Building, c. 1870—1930*, 2012)。第二次世界大战深刻影响着这一时期，威廉·哈德·麦克尼尔 (William Hard McNeill) 在《竞逐富强：公元1000年以来的技术、军事与社会》(*The Pursuit of Power: Technology, Armed Force, and Society Since A.D. 1000*, 1984) 一书作了有趣的综述。具体的发展方面，卡梅隆·里德 (Cameron Reed) 的《从国库到曼哈顿计划》(*From Treasury Vault to the Manhattan Project*, 2011) 一文（暂不论其标题）优雅简洁地概述了曼哈顿计划，而肖恩·达什 (Sean Dash) 的《曼哈顿计划》(*Manhattan Project*, 2002) 则提供了数字影像，格罗夫斯 (L. R. Groves) 的自传体小说《现在可以说了：曼哈顿计划的故事》(*Now It Can Be Told: The Story of The Manhattan Project*, 1962) 展现了更人性化的面貌（尽管略去了一些在他写作时仍属于机密的材料）。

第十一章时间线

公元前 150—前 100 年	安提凯希拉装置
1823 年	查尔斯·巴贝奇开始研制差分机，但未能完成
1850 年	维克多·迈尔·阿梅德·曼海姆发明了第一个对数计算尺
约 1870 年	阴极射线管成功研制
1876 年	亚历山大·格雷厄姆·贝尔获得电话专利
1887 年	赫尔曼·霍勒瑞斯发明制表机
1900 年	首次无线电广播试验
1902 年	古列尔莫·马可尼发出首个跨大西洋无线电信号
1906 年	李·德·福雷斯特发明用于放大信号的三极管
1918 年	触发器电路使真空管能够存储信息
1943 年	"绿色革命"的开始
1945 年	第一台可编程电子计算机埃尼阿克问世
1948 年	第一个晶体管电路问世
1952 年	客运喷气式航班开通
1954 年	俄罗斯奥布宁斯克核电站建成
1955 年	斯塔夫洛斯·斯比洛斯·尼亚科斯转向超级油轮事业
	第一艘核动力潜艇美国海军"鹦鹉螺"号问世
1970 年	波音 747 投入使用
1977 年	苹果电脑公司成立
1986 年	切尔诺贝利核事故
1989 年	"埃克森·瓦尔迪兹"号超级邮轮漏油事件
1992 年	互联网的商业发展

第十一章

数字化时代

第十一章　数字化时代

在技术史乃至世界史上，电力的出现是一个重大的转折点。从通信到娱乐，它改变了一切。电报和电话都是基于电力，通过它们延伸出了遍及全球的有线网络。为了实现长途通信，放大器应运而生，从加强电话信号的真空管开始，人们发明了大量电子设备。其中有许多新型的设备，如收音机以及最终的计算机，这种机器能够操控其他机器。人们无法直接观察电子机器的运作方式，这让技术变得难以理解。计算机与全球运输的结合，将世界上几乎所有地方都连成了一个技术的网络。

随着计算机控制的网络使全球化世界成为可能，数字时代从根本上重塑了现代世界。"计算机"（computer）一词最初指的是从事计算工作的人。从遥远的古代到 20 世纪 70 年代中期，这种计算者乃至计算团队一直存在，但往往不为人所知，从税收到太空飞行，他们的计算业务无所不包。随着设备日益复杂，我们对知识的精确性要求更高，这些计算的用途随之增长。例如，在克里斯托弗·哥伦布（Christopher Columbus）生活的时代，基础几何学和肉眼观测的天文学就可以满足航海的需要。但如果要运行一个全球性帝国，英国人就需要利用望远镜制作高度精确的星图，并掌握只有使用海军天文钟才能达到的计时能力。

作为一种机器，计算机扭转了往常技术发展的方向，即随着时间的推移越来越通用而非更加专门化。这并不是说计算设备的发明不是为了完成特定任务。开合电梯门的电子设备也是由计算机控制的，但是那些通用的机器，无论是个人电脑还是实验室中的超级计算机，能够完成各种事情。计算机也是第一台专门设计用于控制其他机器以至机器网络的机器。

从工业机器人到智能手机，如今我们身边充斥着各种数字设备，但它们的源头可以追溯到远古时代。数字时代的出现，其故事由三条主线交织而成：用数学诠释物理系统的努力，作为商品的电力开发，以及远距离的信息交流。这三条发展主线的每项事情本身都具有重大意义，而将其综合起来看，它们改变了人与技术、人与人之间，以及人与自然界的关系。

数字设备的起源

从最基础的层面上讲，数字设备就是将数学概念转化为机器。数学之美正在于人们可以利用它做很多事情，从计算（如会计）到对自然进行描述和测绘（如几何学、三角学、制图学和微积分）。我们认为和"数字时代"相关的机器都是电子设备，其实并不一定，事实上最初的数字技术是机械的。在某种意义上，史前时代的记数棒（tally sticks）就体现了人们用实物形式进行演算的愿望。通过早期的计算表（calculation tables）就可以看到一种可重复使用的计算工具的发展，它实际上就是刻在平板、石头和桌面上的网格。人们在亚洲、印度、新月沃地的古城、罗马帝国和印加世界，都发现过计算表。其使用方法与算盘基本相同，即通过使用标志物或小石子来记录加减法。

然而，正如安提凯希拉装置（Antikythera mechanism）所展示的那样（图11.1），计算的机械化远远超出了基础数学的范畴。该装置是目前发现的最古老的机械计算器，时间可以追溯到公元前150—前100年。

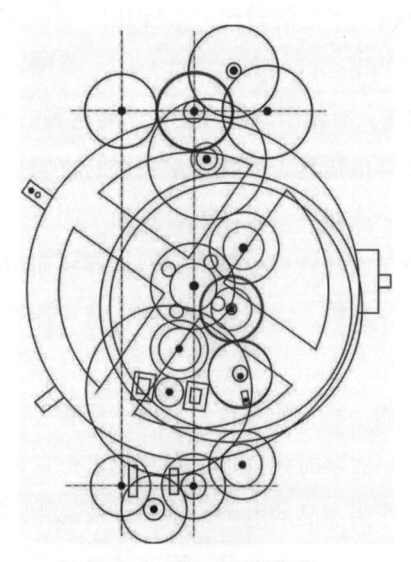

图 11.1 安提凯希拉装置

1901 年，人们在一艘古代沉船中发现了安提凯希拉装置，但直到几十年后人们才确认了它的实际功能。1971 年，科学史家德里克·德·索拉·普赖斯（Derek de Solla Price）和物理学家查拉姆波斯·卡拉卡洛斯（Charalampos Karakalos）对其拍摄了伽马射线和 X 射线照片，揭示了已经锈成一团的装置内部工作原理。他们发现这是一组复杂的、制造精良的青铜齿轮，其中包括一个差速齿轮（可将旋转传递给两个或更多齿轮，这些齿轮的间距不同）。2005 年，X-Tek 公司、惠普公司与天文学家、数学家和考古学家联手，创建了安提凯希拉装置的计算机模型，并破译了零件上的文字。研究表明，该装置是一个精密的天体计算机，可以标定已知行星的位置，预测日月食，还能用作日历，甚至能够推算奥林匹克运动会的日期。这是数学和天文学应用于机器上的杰出体现。它的完善性表明，这不是一项单独的成就，而是长期发展的结果，也证明了希腊机械技术要比从前预想的先进得多。直到 18 世纪，差速齿轮才从欧洲的器械中消失。

苏格兰数学家约翰·纳皮尔（John Napier，1550—1617）推出了一种超级算盘，发明了"纳皮尔棒"（后来称"纳皮尔骨"）。它们使用扁平的棒，后来用四个面的棍或"骨"，上面刻有数字。它们被置于一个底座内，通过移动位置来进行乘除法运算，用途类似于常规的算盘，但它直接使用印度－阿拉伯数字而不是算珠，并且可以计算非常大的数字。之后纳皮尔又发明了一个更重要的计算工具——对数。对数是表示指数的算术函数（针对数字的换算），必须设定某个固定数字，以查找给出的数值。对数可以计算对数表中列出的任何范围的数字。例如，两个大数的乘法，可以简化为它们的对数的加法，然后在表中查找结果。通过推广这种函数，使其可以用于各种类型的数字，从而实现快速计算。对数表由纳皮尔发明，又被后人拓展，为数学、天文学、工程学和物理学的进步都做出了重大贡献。对数表的概念被威廉·奥特雷德（William Oughtred，1575—1660）转化为一种计算设备，他意识到对数可以转变为一种图形，两张对数图如果互相滑动以对齐需要计算的部分，就可以用来模仿数学函数。这就发明出了一台模拟计算器。

对数计算器的想法被许多人进一步发展，但现代形式的计算尺，带有滑动中心（游标）的紧凑构架是 1850 年前后由法国炮兵中尉维克多·迈尔·阿梅德·曼海姆（Victor Mayer Amédée Mannheim，1831—1906）发明的。炮兵军官对计算感兴趣不足为奇，因为炮兵是军队中技术性最强的部门，军官们必须具备化学、数学和仪器使用方面的知识。能否快速计算可能意味着生与死的区别。计算尺代代相传，成为科学家和工程师的常备工具，直到20世纪70年代才被电子计算器取代。

法国数学家布莱士·帕斯卡（Blaise Pascal，1623—1662）发明了一个由齿轮组成的机械计算器，部分是为了协助其父亲做些会计。然而，尽管他后来制造了多达50台计算器，但在很大程度上，计算器仍然是数学上的一个新事物。帕斯卡发明的计算器有时会发生故障，而且人们做些简单的心算和笔算要比把数字输入机器的速度快。

关联阅读

查尔斯·巴贝奇

工业革命时代最伟大的机械计算装置是一些从未完成的作品。这就是查尔斯·巴贝奇（Charles Babbage，1791—1871，图11.2）设计的差分机（Difference Engine）和分析机（Analytical Engine）。巴贝奇被称作"计算之父"，并且成为数字时代的传奇人物。尽管有充分的历史原因纪念巴贝奇，但他在计算领域的声誉必然受到如下事实的影响：他从未实际造出过任何一台可以运行的计算器。

巴贝奇出身名门世家，就读于剑桥大学。他数学水平高超，1828—1839年被聘为卢卡斯数学教授。在17世纪，该席位曾由艾萨克·牛顿爵士担任，现当代则由像保罗·狄拉克（Paul Dirac）和史蒂芬·霍金（Stephen Hawking）这样的数学巨擘继任。尽管巴贝奇觉得他没能实现自

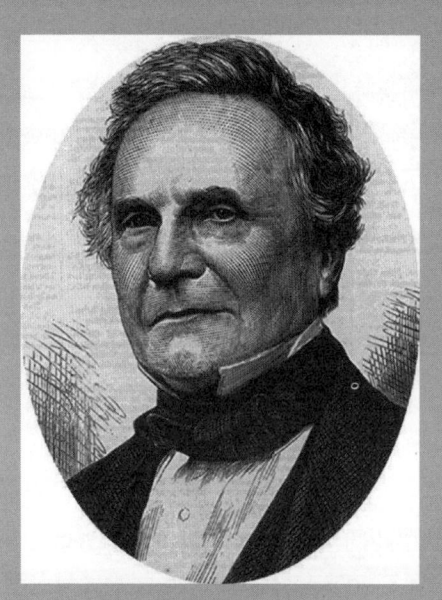

图11.2 查尔斯·巴贝奇

己的诸多构想，但在工业时代的英国，他有力推动了科学与技术兴趣团体的建立。1812年，他和朋友及同事创办了分析学会；1816年，他当选英国皇家学会会员；1820年，他又协助创办了英国皇家天文学会。在尝试改革英国皇家学会失败后，巴贝奇和其他进步人士认为科学应该更加开放并面向更广泛的听众，于是又于1832年创立了英国科学促进会。他致力于阐释数学的力量与重要性，为此，他在1864年还协助创立了伦敦统计学会。

巴贝奇是第一批认真思考工业化诸多后果的人之一。1833年，他出版了《论机械和制造业的经济》(*On the Economy of Machinery and Manufactures*)，对英国工业情况做出了细致并带有批判性的评价。他在引言中陈述了他的写作目的："本卷的目标是指出使用工具和机器带来的效果和优点，同时探寻以机器取代人类双手的技能和力量有哪些缘由和后果。"（Babbage, 1835: 1）

无论机器是否会取代人力或人脑，机器的优势都不胜枚举：它们永远不会疲惫、不会无聊、不会走神，不需要培训也不会索要更高的薪酬。巴贝奇致力于发明机械计算机的一大动力就是人工计算者（computer，本意是做数学计算的人）犯了太多错误，尤其是在做像编写对数表这样的重复性工作时。差分机使用了有史以来最复杂的精密齿轮系统之一，它能够准确无误地计算并打印出对数和三角函数表（图11.3）。

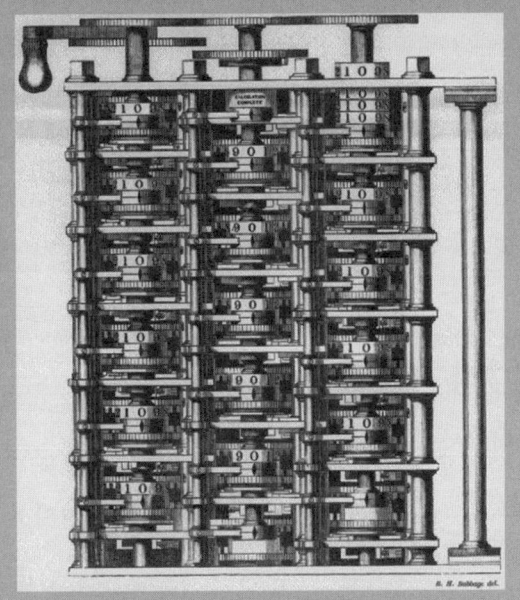

图11.3 差分机局部

巴贝奇先生的1号差分机的局部图像。该机器为政府所有，现存放于萨默塞特宫国王学院博物馆。该机器开始建造于1823年；图上部分组装于1833年；建造中止于1842年；此图版印刷于1853年6月。

巴贝奇完成了差分机的设计，并运用其与政府和科学界的诸多关系，获得了差分机的建造资金。他向英国政府保证，精确的对数表将有助于航海事业，从而成功拿到拨款。因不满于第一版设计的局限，巴贝奇又构想了第二版更大的差分机。但就在他准备建造这台机器时，一项更大的工程又掠过他的脑海——这种被他称为分析机的新机器，不仅能计算一套标准的数学函数，而且可以设置用来计算其他任何函数。差分机是只能做一件事的专用机器——生成多项式函数表，而分析机可以通过编程进行各种数学运算。巴贝奇借鉴了纺织工业发明的一套控制系统——提花卡（Jacquard cards）。他的想法是，穿孔卡片中包含了机器将要执行的操作及其顺序，机器按此进行计算并"存储"结果（表示为齿轮的物理位置），以便用于下一步操作，或作为答案读出。

不幸的是，巴贝奇的想法并没有真正超越理论和设计阶段。尽管英国政府提供了几笔巨额资金，差分机还是没能成功制造出来，研究更先进设备的资助请求也因此遭到拒绝。巴贝奇的故事给我们留下了教训，即完美与完成之间存在冲突。尽管巴贝奇在兼具影响力和财富的社会网络中长袖善舞，但他对设备设计不断修改的做法，意味着他永远无法展示设备的实用性。

计算机 I：机电时代的源头

拜伦勋爵的女儿——阿达·洛芙莱斯 [Ada Lovelace，原名奥古斯塔·阿达·金（Augusta Ada King），洛芙莱斯伯爵夫人，1815—1852] 的参与，为巴贝奇的机器故事增添了一丝浪漫和摩登情调。在那个时代，女性通常被排除在智识圈子之外，而洛芙莱斯却精通数学。她被巴贝奇关于机械计算机的想法深深吸引，愿意提供帮助。19世纪40年代，在一篇关于分析机的意大利数学论文的译文后面，她附上了一个详细的注释，提出了一套计算伯努利数的系统。该系统被称作第一个计算机程序，而洛芙莱斯就成了第一位计算机程序员。尽管这两个称号都不完全正确，因为巴贝奇在洛芙莱斯之前就已构想过编程系统并且写出了"程序"，但她的贡献仍然十分重要，因为这表明编程的概念可以独立于设备而存在。

巴贝奇的工作值得详细论述，部分原因在于他的设备本来是可以运行的。耶奥里·朔伊茨（Pehr Georg Scheutz，1785—1873）部分基于巴贝奇的思想，造出了几台差分机。1859年，他还将其中一台卖给了英国政府，颇具讽刺意味。1991年，伦敦科学博物馆完成了一台可运行的巴贝奇差分机2号样机。它由25000多个独立部件组成，重达13600千克，高约2.5米，功能正如巴贝奇所言。

工业革命提升了机械加工技能，从而可以制造初级的计算设备，例如机械收款机和加法机，但它们并没有真正比算盘先进多少，而且在高等数学方面，它们的用处往往还不如对数表或计算尺。下一个取得进展的领域是信息，推动力是跟踪人口动向的需求。19世纪出现了历史上规模最大的移民之一，当时人们从世界各地涌入美国。政府需要追踪人口的变化，但十年一度的人口普查日益成为一项繁重的工作，因为每个人的所有信息都必须手工记录和填表。

赫尔曼·何乐礼（Herman Hollerith，1860—1929）毕业于哥伦比亚大学工程学专业，他与约翰·肖·比林斯（John Shaw Billings，1838—1913）有些交情。比林斯曾在美国陆军担任外科医生，率先运用到医学统计学。凭借统计学的背景，比林斯被任命为美国人口普查局人口动态统计部门的负责人，他建议，人口普查信息可以存储在类似提花卡的卡片上。何乐礼采纳了这个想法，并发明了卡片打孔系统和电子读卡器，读卡器通过探针来接通电路，这样电子机械就可以将打孔卡片制成表格，无须手填。何乐礼当时在专利局工作，他为自己的制表机申请了专利，并在1887年用其将巴尔的摩、新泽西和纽约市的死亡统计数据制成了表格。1890年的人口普查中，何乐礼为人口普查局建造了制表机，他的机器将制表耗时缩短到了3个月，而人口普查局预计的老方法手工制表耗时则长达两年。在人口显著增加的情况下，1890年人口普查的完整分析花了6年时间，比1880年的人口普查耗时少了两年。

何乐礼的设备之所以能发挥奇效，不仅仅因为他运用了提花卡的信息存储技术，还得益于电子设备，从而可以将存储在卡片上的信息自动制成表格。使用电磁铁和简单的开闭电路，他的设备已处于电气技术的前沿，仅仅在几年前，它还根本不可能被制造出来。

尽管制表机大获成功，但何乐礼拒绝创新，和许多发明家一样，他花费数年时间在法庭上捍卫其专利权。最终他于1912年卖掉了公司，不过他继续担任该公司的首席顾问工程师，直到 1921 年退休。1924 年，公司更名为国际商业机器公司（International Business Machines Corporation，IBM）。众所周知，国际商业机器公司后来成为世界上举足轻重的计算机公司，在它的引领下，计算实现了从机械时代到电子时代的转变。

电话 I：电气之声

19 世纪 60 年代以来，随着电报技术的出现，形形色色的发明家开始寻找通过电脉冲传输声音的方法。发明电话的故事一直饱含争议，来自不同国家的许多发明家都声称自己首先制造了实用的电话。最早的实验模型可能是 1857 年由安东尼奥·梅奇（Antonio Meucci，1808—1889）制造的。1871 年，他提交了一份专利预告（文件中对其发明进行了描述，也即宣告专利申请将在稍后提交），但此后没有继续提交专利申请，所以其他人可以自由地为各自的发明申请专利。1860 年，约翰·菲利普·赖斯（Johann Philipp Reis，1834—1874）在德国造出一部电话，但他的发明没能在科学界或电报企业间激起波澜。

在美国，亚历山大·格雷厄姆·贝尔（Alexander Graham Bell，1847—1922）和以利沙·格雷（Elisha Gray，1835—1901）都按照类似的方法制造出了电话。1876 年，格雷提交了专利预告，但贝尔提交的则是一项完整的专利申请，并成功击败了格雷。这项专利是存在争议的，因为专利审查员泽纳斯·菲斯克·威尔伯（Zenas Fisk Wilber）欠了贝尔的律师一些钱。威尔伯曾向贝尔的律师和贝尔展示过格雷提交的专利预告，贝尔后来制作出一部与格雷的设计非常相似的原型电话。在贝尔的辩护中，他谈到自己是在提交了完整的专利申请后才得知格雷的设计，所以无论如何他还是很可能会获得这项专利。

早期电话的基本系统通过变化的电阻转换为电脉冲来传输声音。最早的模型机使用液体来改变电阻，从而变化的电流经过导线传输到电磁铁，再借助振动膜片复现声音。贝尔的工作得到了托马斯·沃森（Thomas A. Watson，1854—1934）的帮助。据贝尔回忆，他们用电话说的第一句话是："沃森先生，上我这来，我想见你。"

电话是一项重要的发明，但将其转变为大众通信系统还需要另一项发明，那就是电话交换机,它是一种可以连接不同电话线路的设备。首台成功运作的交换机是蒂瓦达·普斯卡斯(Tivadar Puskás,1844—1893)发明的,当时他正和托马斯·爱迪生共事。1877年,波士顿安装了他的电话交换机。1879年,普斯卡斯建成了巴黎电话交换机。他还率先通过电话进行大规模广播,让民众都能收听到同样的信息。他借此来播报新闻和其他节目,和后来出现的商业广播异曲同工。

控制电力

电报机、机电制表机和电话都是围绕着机电设备建立的,这些设备对电力的应用都非常简单,要么是开关电流,要么是振幅的轻微变化而影响电磁铁中的电量。从机电系统到电子系统,需要更强的能力来控制电力和操纵电磁波谱。为了理解这一点,我们有必要先离开发明家的工作台,进入海因里希·盖斯勒(Heinrich Geissler,1814—1879)的物理学实验室。盖斯勒正在研究电的性质。他制造了一个性能非常良好的真空管,将电荷从它的阴极输送到阳极,并注意到在真空管靠近阳极的一端出现了怪异的蓝色辉光。这表明有东西从阴极喷射出来,并向阳极移动。在英格兰,威廉·克鲁克斯(William Crookes,1832—1919)也想到了同样的基本零件。它们后来被命名为"阴极射线"(cathode rays),推动了进一步的研究。在欧洲大陆,人们普遍认为这种效应是一种波,而英国则一般认为这种现象是由粒子流引起的。尽管它明显与电有关,而且很快就被证明带有负电荷,但这种辉光到底意味着什么,仍是一个谜。1894年,物理学家乔治·约翰斯通·斯托尼(George Johnstone Stoney,1826—1911)将这种神秘粒子命名为电子,而在1897年,J.J.汤姆森(J. J. Thomson,1856—1940)测定了电子的质量。汤姆森随后提出了一个原子模型,描绘了一个带有正电荷的球体,内部镶嵌着带负电荷的电子,有时被称为"葡萄干-布丁"模型。这个模型首先在1903年受到长冈半太郎(Hantaro Hagaoka,1865—1950)及其土星模型的挑战;然后又在1911年受到欧内斯特·卢瑟福(Ernest Rutherford,1871—1937)的挑战,他的"太阳系模型"将一个带正电的核放在原子中心,电子围绕它运行。因为电子可以通过真空管产生和控制,研究电子的特性成为可能。这促成威廉·康拉德·伦琴(Wilhelm Konrad Roentgen,

1845—1932)在 1895 年发现了 X 射线,并且间接地发现了放射性。

从长远来看,随着物理学家对原子核的研究越来越深入,电子的性质和原子的模型变得越来越复杂。但那些为研究电而发明的设备所产生的技术影响,被转化为科学家几乎难以预料的设备。1906 年,李·德·福雷斯特(Lee de Forest, 1873—1961)在真空管内的阳极和阴极之间放置了由一根细线构成的第三极,他发现,微弱的信号(电子脉冲)能够被放大。该装置被称为三极真空管、德·福雷斯特电子管或三极管,让非常微弱的电子流增大功率。尽管德·福雷斯特没有获得专利(他的装置类似于弗莱明电子管或二极管),但他与专利所有人古列尔莫·马可尼(1874—1937)合作,生产出了新装置。德·福雷斯特曾研究过无线电信号,但三极管可用于任何电脉冲,包括电报或电话的电脉冲。1913 年,无线电发射器采用三极管作为放大器,电话线也用上了它,这使长途电话成为可能。

电话Ⅱ:电子时代

使用电话进行本地通话相对简单,但要远距离输送信号却很困难,因为铜线的天然电阻会使电脉冲衰减。电话信号可发送的最远距离约为 2600 千米,相当于纽约到丹佛的距离。三极管加强了电话线的信号。1915 年 1 月 25 日,亚历山大·格雷厄姆·贝尔借助这项发明,仪式性地从纽约向旧金山拨打了第一个跨州电话。1956 年,英国邮政局(British Post Office)、美国电话电报公司(American Telephone and Telegraph Company)和加拿大海外电信公司(Canadian Overseas Telecommunications Corporation)组成的联合体在北美和欧洲之间架设了第一条跨大西洋电话电缆。1957 年,夏威夷能与美国大陆通话,1964 年,夏威夷与日本和其他太平洋地区也实现了通话。

电话对全球信息流动产生了巨大影响。企业可以与远方的客户和供应商进行沟通,这导致商业利益更加集中化。已通过电报实现全球化的新闻报道业进一步扩张,由于记者可以直接向誊写员口述事件,从而提升了新闻即时性。电话还使控制系统集中化,无论是在商业、政府还是军事领域都更有效率。人们可以交流思想、提出和回答问题、下达命令,就像面对面交流一样即时。虽然私人电话价格昂贵，但它们比电报更私密。电话重现了熟悉的人声及其所有的细微情感，消除了通话者之间的物理距离。

无线电

约瑟夫·亨利（Joseph Henry）为电子设备的发展做出了巨大贡献，也为下一阶段的电子通信奠定了坚实基础。1832年，亨利通过实验探测了电磁的远距作用，并推断有电磁波存在。这一猜想由詹姆斯·克拉克·麦克斯韦（James Clerk Maxwell，1831—1879）在1864年用数学方法证实，并在论文《电磁场的动力学理论》（*A Dynamical Theory of the Electromagnetic Field*）中系统阐述。但真正演示电磁信号传输的人，是当时在麦克斯韦实验室工作的海因里希·鲁道夫·赫兹（Heinrich Rudolf Hertz，1857—1894）。赫兹设计了一个电火花检波器，证明是电磁波（导致的感应电压）让附近铜线圈上的小缺口产生电火花。然而赫兹觉得他的发现不会有什么实际效用，大大低估了这项研究成果的用途。

接着，尼古拉·特斯拉（Nikola Tesla）、贾格迪什·钱德拉·博斯（Jagadish Chandra Bose，1858—1937）和托马斯·爱迪生都对"赫兹波"开展了重要研究。这些发明家都致力于研究如何控制赫兹波的产生，或研制探测赫兹波的设备。他们都相信赫兹波——即我们今天所谓的"无线电波"——能够应用于无线电报。俄国发明家亚历山大·波波夫（Alexander Popov，1859—1905）建造了世界最早的无线电基站之一。1900年，他在距离俄国海岸不远的霍格兰岛上架设了一台发射机，并成功地从40千米外的一艘战舰上向此地传送和接收信号。

1900年，正在美国气象局工作的雷金纳德·范信达（Reginald Fessenden，1866—1932）完成了首次语音传输。这次语音传输试验在马里兰州的科布岛进行，传输距离为1.6千米。后来，范信达与其上级因专利权发生了争执，于是转到通用电气公司继续自己的研究。在通用电气的工程师和科学家的帮助下，范信达发明了高频交流发射器，它可以通过调幅（AM）来传输声音。1906年12月24日，范信达从马萨诸塞州布兰特罗克播发了一个短小的节目，内容包括他演奏小提琴和一段《圣经》朗读。

尽管范信达的贡献非常重要，但是古列尔莫·马可尼（Guglielmo Marconi）实现了突破，让收音机成为一种商品。马可尼在了解了特斯拉和赫兹的工作之后，于 1895 年制造出一台无线电发射机，能够向周边约 1.6 千米播送。1901 年，马可尼声称接收到了一段跨大西洋的信号，但是人们对他的装备能否做到这一点还存在争议。然而可以肯定的是，1902 年马可尼确实将信号从新斯科舍省的格拉斯湾传送到了爱尔兰。1904 年，马可尼开始向海上船只提供商业性新闻广播（通过莫尔斯电码）和无线电报服务。1909 年，马可尼因无线电方面的贡献与卡尔·费迪南德·布劳恩（Karl Ferdinand Braun）分享了诺贝尔物理学奖。此后，马可尼的公司开始制造无线电设备，并最终开始声音传输，1920 年在英国建成了广播电台。

电子管技术的发明也改变了无线电。凭借这项技术，埃德温·阿姆斯特朗（Edwin H. Armstrong，1890—1954）申请了一种新型的无线电传输专利，基于调频（FM）而不是调幅。调频有助于最大限度地减少空气中静电和其他电力设备的干扰。1937 年，马萨诸塞州波士顿附近的第一个调频电台 W1XOJ 开始播音。调频广播的另一个优势是能够使用两种载波传输立体声信号——即主频道的和信号（L+R，左和右）以及差信号（L–R）。这使得声音可以用两个话筒（代表左右耳会听到的声音差异）来录制，然后用左右扬声器更真实地再现声音。这种系统在 20 世纪 60 年代开始商业化。

电视

电视的发明是阴极射线管的另一项重要用途。早期用于图像传输的电机系统出现在 19 世纪，特别是阿瑟·科恩（Arthur Korn，1870—1945）和保罗·戈特利布·尼普可夫（Paul Gottlieb Nipkow，1860—1940）的一些工作，可惜并未真正做出实用的产品。用电信号传送图像的设想，有无数人曾开展过研究，因此这个想法广为人知。早在第一台实用的电视问世之前的 25 年，"电视"（Television）一词就已出现。1900 年，巴黎国际世界博览会期间举办的首届国际电力大会上，康斯坦丁·德米特里耶维奇·佩尔斯基（Constantin Dmitrievich Perskyi，1854—1906）就用到了"电视"一词，但直到 1925 年，约翰·洛吉·贝尔德（John

Logie Baird，1888—1946）才在伦敦塞尔弗里奇百货公司第一次公开展示了电视机。1928年，贝尔德利用硒光电管触发电信号，再转换成无线电波，从而成功地将电视信号从伦敦发送至纽约，这些信号又可通过氖管再转换回光影。

许多发明家参与研制了全面的电子电视系统及其部件，包括卡尔曼·蒂哈尼（Kálmán Tihanyi，1897—1947）、菲洛·法恩斯沃思（Philo Farnsworth，1906—1971）和弗拉基米尔·兹沃里金（Vladimir Zworykin，1888—1982）等。所有这些进展都得益于相机功能的进步，采用光敏真空管的新型相机能够将光信号转换成电脉冲，然后再由接收的电视转换回光信号。1936年是电视发展的关键一年，英国广播公司（BBC）展示了一套电视播放系统，德国海曼公司则在柏林奥运会上播放电视。

到了1940年，电视开始商业化生产，但因第二次世界大战而中断，直到战后才恢复。在工业化国家，电视销售量出现过激增。在美国，1950年仅9%的家庭拥有电视，但到1965年，这一比例已达92%。虽然电视并没有完全替代商业电台，但它已经成为获取新闻和娱乐的主要渠道。1960年，约翰·肯尼迪和理查德·尼克松举行第一次美国总统候选人辩论，通过电视向全国转播。人们普遍认为肯尼迪赢得了首场电视辩论，尽管没有确凿的证据。可以肯定的是，电视改变了政客与选民的沟通方式。

计算机Ⅱ：从电机到电子管

人们为了更有效地利用电力和电话而发明了一些设备，这些设备后来又有了其他用途。特别是最初用于放大无线电和电话信号的三极管，它能够控制电荷是否传输，在开和关之间迅速振荡。这意味着无论三极管是否带电，都会处于某种特定的状态。1918年，物理学家威廉·埃克尔斯（William Eccles，1875—1966）和弗兰克·威尔弗雷德·乔丹（Frank Wilfred Jordan，1881—1941）利用三极管的这一特性，设计了"双稳触发"电路，这意味着二元状态（开/关，0/1）可以用电子信号来表示和控制。

到1938年，许多人都开始研究基于电子信号的计算机器，如艾伦·图灵和约翰·冯·诺依曼（John von Neumann，1903—1957）。计算机背后数学的重要性，将在第二次世界大战期间的实际应用中得到充分体现,因为此时同盟国和轴心国的密码学家都在努力破解对方的密码。由于现代密码的复杂性和截获的信息数量庞大,最初使用机电设备解码,后来又使用电子设备,而这些工作在战前都是依靠人工完成的(表11.1)。

表11.1　晶体管发明前的电脑

年份	机型	制造者
1940	复杂数字计数机(Complex Number Calculator)	贝尔电话公司(Bell Telephone)
1941	Z3	康拉德·楚泽(Konrad Zuse)
1941	甜点(Bombe)破译机	英国情报处
1942	阿塔纳索夫-贝瑞计算机(Atanasoff–Berry Computer)	爱荷华州立大学的约翰·文森特·阿塔纳索夫(John Vincent Atanasoff)
1943	使用模拟计算机的旋风计划(Project Whirlwind)飞行模拟器	麻省理工学院
1943	继电器插入器	贝尔实验室(Bell Laboratories)
1944	"哈佛马克"1号(Harvard Mark-1)	哈佛大学的霍华德·艾肯(Howard Aiken)
1944	巨人计算机(Colossus,实际运行)	汤米·弗劳尔斯(Tommy Flowers)
1946	ENIAC	约翰·莫切利和约翰·普雷斯珀·埃克特
1948	顺序电子计算器(Selective Sequence Electronic Calculator)	国际商业机器公司的华莱士·埃克特(Wallace Eckert)
1949	EDVAC	剑桥大学的莫里斯·威尔克斯(Maurice Wilkes)
1949	"曼彻斯特马克"1号(Manchester Mark Ⅰ)	曼彻斯特大学的弗雷德里克·威廉姆斯(Frederick Williams and)和汤姆·基尔伯恩(Tom Kilburn)
1950	ERA 1101	工程研究部(Engineering Research Associates)
1950	SEAC(东部标准自动计算机,Standard Eastern Automatic Computer)	美国国家标准局(US National Bureau of Standards)
1950	SWAC(西部标准自动计算机,Standard Western Automatic Computer)	美国国家标准局
1950	飞行者自动计算机(Pilot ACE)	英国国家物理实验室(UK National Physical Laboratory)

续表

年份	机型	制造者
1951	旋风（Whirlwind）	麻省理工学院的杰·福雷斯特（Jay Forrester）
	莱昂电子办公室（Lyons Electronic Office）	莱昂茶公司（Lyons Tea Company）
	UNIVAC I	美国人口普查局（US Census Bureau）的雷明顿·兰德（Remington Rand）
1952	IAS 计算机（仿制为 MANIAC, ILLIAC, SILLIAC 等）	普林斯顿高等研究院（Institute for Advanced Studies）的约翰·冯·诺依曼

图灵推断，任何可以解决的数学问题都能够用非常简单的机器计算出来。这就是他构想的一种使用规则表的抽象"机器"。图灵机不是某种实体的机器，而是能够体现于实体系统的有关数学运算的理念。我们可以设想最简单的图灵机，一张分成多个单元格的长纸条，一只瓢虫可以遵循一组简单的指令，例如"向前移动 x 个空格"，这些指令可以写在每个单元格中。通过遵照指令做简单的移动，就可以解决 "2+2=?" 这个问题，即指令为："向前移动两个空格，再向前移动两个空格，并说出单元格的编号。"如果有充足的时间，瓢虫就可以解决更复杂的问题。电子计算机不是图灵机，但能够体现在实体机器上的指令表的理论原理，以及计算的概念，都促进了电子计算机的发明。电力为我们提供了利用最快速的（电流速度）信息转换系统的能力，以执行计算指令。

1945 年，另一组在哈佛的科学家致力于研究更为通用的电子计算机。约翰·普雷斯伯·埃克特（John Presper Eckert, 1919—1995）、约翰·莫切利（John W. Mauchly, 1907—1980）及其助手正着手开发 ENIAC，即电子数字积分计算机（Electronic Numerical Integrator and Calculator）。它能够运行编程，并以电子形式存储信息。太平洋战争推动了同盟国的技术发展，尤其是催生了 ENIAC 的发明，这是最早的可编程电子计算机之一。ENIAC 由美国陆军军械部出资，为美国陆军的弹道研究实验室而研制。它原本的用途是为火炮制作火力表，但由于直到 1946 年它才完全投入使用，没能服务于战时工作。

虽然 ENIAC 位于马里兰州阿伯丁试验场的弹道研究实验室，但它引起了约翰·冯·诺依曼的注意，他当时正在洛斯阿拉莫斯国家实验室从事氢弹研究。科学家需要计算中子在不同材料内与该种原子核发生碰撞前所移动的距离。要解决这个问题，需要庞大的被称为"计算人员"（computer）的团队进行反复的计算。冯·诺依曼认识到 ENIAC 可以更快且更准确地完成那些计算。因此，ENIAC 问世后的首个主要用途就是服务于美国和苏联冷战期间的军备竞赛。

ENIAC 是电子计算领域的一项重大突破，但它并非没有缺陷。它由大约 18000 个真空管和数万个其他电子元件组成，其中包括两台 20 马力的鼓风机，用以冷却电子设备。在它运行时需要不断进行维护。ENIAC 的冷却和运行，消耗的电力约高达每小时 160 千瓦。

其实早在 ENIAC 问世之前，人们就已经制订过建造更复杂计算机的计划。这就是 1949 年完成的 EDVAC（Electronic Discrete Variable Automatic Computer，电子离散变量自动计算机）。冯·诺依曼曾为 EDVAC 项目提供咨询服务，他于 1945 年撰写了关于 EDVAC 的报告初稿，使得任何具有一定技术知识并足以理解报告的人都能领会电子计算的基本思想。

尽管该报告本应是机密文件，但它被传抄多份，甚至流传至英国。英国密码破译机巨人计算机（Colossus）的首席工程师汤米·弗劳尔斯为电路设计提供了建议。冯·诺依曼的报告引发了严厉批评，因为它破坏了正在研发的电子产品申请专利的可能性。而且由于它以冯·诺依曼的名义发表，其他科学家的思想创造没有得到承认。尽管存在争议，这份初稿的长远影响还是显著的，它改变了计算机的设计。

ENIAC 之后出现了许多其他的计算机，但它们一般是个别制造，而且更像是科学仪器，而不是面向商业市场的通用型机器。它们也遇到了所有电子管技术都会遭遇的难题，即高耗电、产生大量的热，以及电子管的频繁故障。战后电子管技术的最大商业用户是诸如贝尔电话公司（Bell Telephone）等的电信公司，它们使用放大器管来保持电话线上的信号强度。他们需要整批的技术人员来监控和更换电子管。电子管一旦出现故障，通话就会中断，或者线路不可用。虽然电子管的大规模生产使其降低了成本，但维护工作仍然非常艰巨。

固态电子学

第二次世界大战前，物理学家威廉·肖克利（William Shockley, 1910—1989）一直致力于研究硅等晶体的电学特性，希望能生产出固态版①的德·福雷斯特三极管。当时人们已经发现，含有微量锗的晶体能够传递电流。战后，肖克利回到贝尔实验室继续他的晶体研究，他虽然掌握物理原理，但仍无法实现固态材料的功能。于是他聘用了两名助手——约翰·巴丁（John Bardeen, 1908—1991）和沃尔特·布拉顿（Walter Brattain, 1902—1987）来解决这个问题，1948年12月，他们成功制造出了第一个固态放大器。肖克利、巴丁和布拉顿凭借这项发明，共同获得了1956年诺贝尔物理学奖。他们的同事约翰·皮尔斯（John R. Pierce, 1910—2002）将该装置称作"晶体管"（transistor），即其特性"跨电阻"（transresistance）一词的缩写形式。肖克利团队向贝尔公司的高管展示了他们的实验成果，然而高管们对眼前的事物缺乏充分的理解[1]。他们的原型装置由一堆塑料块、几根电线、一条箔纸和少量晶体组成，由回形针固定起来，它可以用作放大器，从而淘汰电子管技术。但贝尔的高管没能意识到，晶体管用途极为广泛，绝不仅仅是放大器。

这种晶体管可应用于助听器，但它的首个重大商业成功，是日本的一家小公司——东京电信工程公司（Tokyo Telecommunications Engineering Corporation）——将晶体管安装在便携式收音机中，收音机小到可以装入衬衫口袋。但它不是首台晶体管收音机——早期的晶体管收音机是由摄政公司（Regency Company）和德州仪器公司（Texas Instruments）制造的，而真正打入国际市场的是1955年上市的索尼TR-72。1958年，该公司更名为索尼株式会社（Sonī Kabushiki Kaisha），即我们通常所称的索尼公司。算上所有型号，到1968年，仅在美国就售出了500多万台索尼晶体管收音机。这款袖珍收音机的上市恰逢其时，因为它正好赶上了婴儿潮一代，这代人拥有较高的可支配收入，着迷于新事物，并渴望着娱乐活动。

---

① "Solid-state"直译为"固态"，也可译为"半导体"，相对于电子管而言，它没有机械部件、不经过空气介质。——译者注

电话Ⅲ：融合无线电与电话

早在人们设想发明电话的时候，就产生了发明移动电话的想法，但直到无线电的出现，移动电话才具有了技术上的可能性。马可尼开创了站对站的双向无线电通信，但便携式的双向无线电通信系统直到20世纪30年代末才出现。1937年，唐纳德·辛斯（Donald Hings，1907—2004）为丛林飞行员创建了一个双向系统，阿尔弗雷德·格罗斯（Alfred J. Gross，1918—2000）则于1938—1941年提出了若干设计。后来，格罗斯继续钻研民用波段电台和电话寻呼机。第一批商业移动电话是为美国军方开发的。加尔文制造公司（Galvin Manufacturing Company，即日后的摩托罗拉）1940年生产出一种背包式移动电话并供给美国军方使用，1941年造出了手持型号，最初被称为"手提式步谈机"（handie talkie）[2]。与此同时，英国、德国和法国的发明家也在制造类似的设备。

从许多方面看，无线电和电话的结合是一项市场广阔的发明。战时的无线电设备采用电子管技术，又大又笨重，但随着固态电子技术的引入，它们变得小巧轻便。移动电话的第一个商用系统是1956年爱立信公司在瑞典发布的移动电话系统A（Mobile Telephone system A，MTA）。由于它属于特殊商品，且重达40千克，其用户最多时也不超过600人。1971年，芬兰启用公共移动电话网络ARP，1973年，摩托罗拉CynaTAC手机在纽约首次亮相，但直到20世纪90年代，在实现微型化、达成可用于移动电话的无线电频率协议后，移动电话才不再仅仅是富人的奢侈品。所谓的第二代（2G）手机更加轻便，并开始添加包括短信在内的其他服务，以作为语音系统的补充。1993年，世界上第一条人与人之间的短信在芬兰发送。据生产商称，到2007年，移动手机已更迭至第四代（4G），实际上成了掌上电脑，能够与无线频道的网络保持随时连接，无缝地（在用户可感知的范围内）融入现有电话固网和互联网的数字系统中。尽管移动电话的发展并不依赖于互联网（这一点后文将提到），但这些设备所依赖的组件是密切相关的，因此，大众通信与计算机系统之间的整合顺理成章。

交通运输

在 19 世纪，运河和铁路先后改变了交通运输方式，促进了工业化进程。由于人员和物资的运输成本降低，工业中心的规模可以更大，供应原材料的腹地范围也愈发扩张。如今的交通运输是一个集水运、空运和陆运于一体的全球融合系统。对世界上大部分地区来说，这一系统高度整合，在运输方式上不存在特殊的商业区别。货物和人员的异地流动，也在物流运输和供应链管理方面创造了新的就业机会。

进入 20 世纪，海军技术的革新意味着海洋运输的持续发展。第二次世界大战后，雷达和无线电通信普遍应用于远洋船只，使得航行更加安全快捷。虽然油轮自 19 世纪末便已出现，但超级油轮的时代始于 1956 年。那一年，埃及政府将苏伊士运河收归国有之后，以色列、法国和英国入侵埃及，控制了具有战略意义的苏伊士运河。作为沟通中东、非洲和亚洲到欧洲和大西洋地区的枢纽，苏伊士运河因苏伊士危机而关闭。在此之前，油轮的大小被限制在可以安全通过运河的尺寸，但没有了苏伊士运河航线，油轮只能在公海中航行更长的距离。1955 年，"斯比洛斯·尼亚科斯"号（SS Spyros Niarchos）是当时世界上最大的油轮，总载重量达 47500 吨（船舶和货物的总重量）。由于其他西方国家及苏联的谴责，入侵苏伊士运河的行动失败了。但出于对运河可能随时被切断的担忧，油轮设计理念发生了变革。1958 年，"宇宙阿波罗"号（SS Universe Apollo）成功下水，总载重量为 126850 吨。到了 20 世纪 70 年代，人们已经可以建造出 25 万吨的超级巨轮。目前最大的油轮是 2002 年下水的 T1 级巨轮，总载重量达到了 441500 吨，可以装载 300 万桶原油并以 16 节（每小时 30 千米）的速度航行。

远洋运输的规模经济效应意味着船只越大越有利可图，但船舶的尺寸受到工程设计和现实情况的限制。大多数港口无法停靠巨型油轮，它们的装卸需要专门的设备。它们还对环境构成严重的威胁。虽然油轮泄漏事件时有发生，但其中最著名的当属"埃克森·瓦尔迪兹"号（Exxon Valdez）油轮泄漏事故。1989 年 3 月 24 日，"埃克森·瓦尔迪兹"号（214800 吨载重）在阿拉斯加海岸触礁，导致 26 万桶原油泄漏。石油覆盖了 2000 多千米的海岸线，造成大量海洋生物与海岸生物的死亡。泄漏事件促使美国加强对本国水域油轮的监管，但随着油轮运输的增多，出现新漏油事件的风险也相应升高。2010 年 4 月 20 日，一场更严重的灾难发生了，深水地平线（Deepwater Horizon）钻井平台向墨西哥湾泄漏了约 500 万桶原油，石油泄漏的持续风险再一次被推上风口浪尖。全球对石油的需求几乎是个无底洞，这使得石油运输成为最难管控的技术之一。

油轮还推动了另一场远洋运输革命。第一艘现代集装箱货船是 1956 年建成的"理想 X"号（SS Ideal X），它由一艘油轮改装而成。尽管用木箱或者更大箱体运输货物的想法由来已久，（但一家卡车运输公司的老板马尔科姆·麦克莱恩（Malcolm McLean, 1913—2001）提出了"集装箱装运"货物的方法。）集装箱可由卡车运送，然后转移到船上，这就是联合运输的开端——钢制运输集装箱可以用卡车、火车和船只运送。集装箱尺寸各异，但两种最常见的尺寸是 20 英尺和 40 英尺。40 英尺的集装箱正好适配半挂车，一个 40 英尺的集装箱能够装载 26500 千克的货物。

起初人们不太能接受集装箱货船，因为其专用的起重机和装卸设备非常昂贵，码头工人也担心随之而来的失业问题。但集装箱运输凭借其经济优势和灵活性，最终还是成为全球贸易的主要选择。最大的集装箱货船可以装载超过 1.4 万个集装箱，而小型的"支线"货轮也可以装载多达 3000 个集装箱并将货物运送到较小的港口。一些集装箱货船甚至配备了起重机，这样货物就可以运送到没有配备集装箱系统的地方。除大宗运输（如煤炭、谷物或矿物）外，目前全球 90% 的货物都是通过集装箱来运输的。将一个 20 英尺的集装箱从亚洲运往欧洲的平均价格约为 1500 美元，即每吨约 14 美元[3]。新的货物运送方法大幅降低了运输成本，使其不再是影响制成品价格的主要因素，从而有力推动了制造业的全球化。

全球对交通运输的需求急剧增长，还促进了航空业的发展。第二次世界大战期间发展起来的航空技术，例如涡轮螺旋桨发动机、增压技术、雷达、无线电和喷气发动机，为战后发展更大更高效的航空运输奠定了基础。1952 年，喷气式飞机开始投入商业运营，最早的是哈维兰彗星（de Havilland Comet）客机，之后南方航空快帆客机（Sud Aviation Caravelle，法国）、图波列夫设计的图 –104（Tupolev Tu-104，苏联）、波音 707（Boeing 707，美国）、道格拉斯 DC–8（Douglas DC–8，美国）和康维尔 880（Convair 880，美国）相继出现。这些飞机应用于货运和客运领域，尽管客运市场因价格昂贵而受限。

1970 年问世的波音 747 标志着航空运输的一次重大转变。绰号"珍宝客机"

的波音 747，最常见的配置是以 920 千米 / 小时的巡航速度飞行，同时搭载 400 名乘客。作为运输机，它可以运载 140 吨货物[4]。波音 747 引发了航空运输的变革，降低了货物空运的成本。数年后，空运逐渐普及，运费的下降令数百万人能够乘坐飞机。现在天空中随时都有 9000—10000 架商用飞机在飞行，载有 60 万—100 万名乘客。1974—2015 年，全球客运总量从每年 4 亿人次增长到近 40 亿人次。尽管载客总量令人瞩目，但航空货运的增长量更胜一筹。1974 年的航空货运量为 169.55 亿吨，到 2015 年，航空货运量已经达到 1951.62 亿吨，联邦快递公司（FedEx）经营着世界第五大商用机队。

交通运输日益稳定可靠，使得当前许多行业推行"准时制生产"（也被称为"连续流"或精益生产）。在该系统中，原材料被按需交付工厂进行加工，而不是工厂囤积大量库存。相应地，制成品的零部件就不是批量运输而是连续不断地发送到装配工厂。例如，一家汽车工厂库存的方向盘可能只够其一天的生产需求，但新的方向盘将在次日前运达。这就削减了大部分库存所需的存储空间，减少了库存管理工作（包装、拆箱、储存和出仓）。反过来，这让更多的"按需"生产成为可能，即产品依据订单的数量进行生产，不必再提前生产过多产品。

交通运输的变革，改变了我们对时间、距离、人际联系和季节的认识。隆冬时节可以买到新鲜的热带水果；数百万人都可以负担得起到世界上任意地方度假的费用，而前往一个遥远的国度工作也变得司空见惯。从军事层面来看，几小时之内军事力量就可以被投放到地球上的任何地方。按工业革命期间和之后建立起来的世界秩序，制造业分布于相对富裕的欧洲和北美国家，然而交通运输打破了这种秩序，将制造业转移到亚洲和南美等低劳动力成本的地区。18—19 世纪，工业化国家发展起来的工会代表着工人的利益，一些公司却通过工作外包的方式绕过工会，低廉的劳动力成本和运输成本便可带来巨大的利润。经济学家和关注全球劳动者公平的人一直在争论全球化是否是一件好事。一方面，中国和印度的中产阶层不断壮大，而在美国和英国的重工业衰退地区，却出现了"铁锈地带"。

廉价的交通运输也造成了"物品"的大量囤积。与一个世纪前相比，如今将商品推向市场的成本已经下降了很多，以至于世界到处都充斥着制成品。特别是在工业化国家，人们拥有不计其数的各类物品，原因就在于生产成本的下降和运输成本的低廉。所有这些实物都消耗了资源，其中大多数在未来都会变成"垃圾"。讽刺的是，富裕国家经常用廉价的运输船再把他们的"垃圾"运往贫困国家。鉴于这一问题的严重性，联合国环境规划署发布了一份题为《废弃物罪》（*Waste Crimes*，2015）的报告，着眼于国际贸易中有害的废品和电子产品。

机器人

数字设备最重要的应用之一就是创造了新一代工业机器人。机器人或自动机械设备（通常为人形但也有例外）的概念自古便有流传，如泥人偶、活雕像和发条机器的故事。亚历山大里亚的希罗（Hero of Alexandria，公元10—70）设计过一种蒸汽驱动的鸟，艾尔·加扎里（al-Jazari，1136—1206）制造过机械人，列奥纳多·达·芬奇曾绘制"机械骑士"的图纸，田中久重（Hisashige Tanaka，1799—1881）制作过奉茶人偶。

"机器人"（robot）一词是1920年由捷克艺术家约瑟夫·恰佩克（Josef Čapek，1887—1945）创造的，接着被他兄弟卡雷尔·恰佩克（Karel Čapek）用到戏剧《罗素姆万能机器人》（*Rossum's Universal Robots*）中。这些装置，虽然旨在娱乐而非工具，但对于解决机器人的许多基本机械细节还是有帮助。第一个数字化且可编程的机器人是乔治·德沃尔（George Devol，1912—2011）发明的，1961年由通用汽车公司收购，它被用来叠放热金属片。到2018年，全球有超过400万台可编程的工业机器人。

自主机器人，即可以独立移动并与不断变化的环境进行互动的装置，其相关实验始于1948年，当时威廉·格雷·沃尔特（William Grey Walter，1910—1977）在神经病学研究过程中，发明了机器人埃尔默和埃尔西（Elmer and Elsie）。当前，打乒乓球、探扫地雷、模仿人类（通常被称为"人形机器人"）或自动驾驶汽车的机器人，都仍处于发展阶段。人们对军用机器人，包括无人驾驶汽车在内的自动行驶车辆，以及外科手术机器人也兴趣浓厚，所有这些机器人都可能提升相应的精度和安全性。然而，伴随着对机器人的兴趣，自主设备的潜在危险也日益令人担忧——从弗兰肯斯坦的怪物到机械战警，这类情节设计在大众媒体中屡见不鲜。社会更多考虑用机器人陪伴老年人、残疾人和儿童的可能性。2014年，第一届国际机器人爱与性大会召开，尽管从严格意义上说这是一场学术会议，却吸引了国际媒体的关注。

计算机Ⅲ：固态计算机与个人计算机

大约在索尼收音机投放市场的同时，晶体管也开始应用到计算机的研发中。1953 年，曼彻斯特大学的理查德·格里姆斯代尔（Richard Grimsdale）开启了基于晶体管的计算机时代，并将其简称为晶体管计算机。许多实验就此展开，1962 年出现了功能更为强大的版本——阿特拉斯计算机（Atlas）。凭借这项新技术，计算机在商业上更具可行性，IBM 1401 就是首先取得成功的产品之一。1960—1964 年，国际商业机器公司生产了超过 10 万台该型号的计算机。

1958 年，晶体管与其他电子元件相结合，组成了集成电路。在德州仪器公司工作的杰克·圣克莱尔·基尔比（Jack St. Clair Kilby, 1923—2005）想出了一种利用固态材料的方法，使其发挥更多功能，而不仅仅是简单地放大电信号。特别是逻辑门使用开关电路理论来运行布尔代数，同时利用触发器电路存储二进制数据。一个二进制数据（用 1 或 0 来表示开或关状态）称为 1 个比特（bit），而 8 位二进制数通常称为 1 个字节（byte）。这些功能本来可以通过真空管实现，但固态版可以进行缩微，最终能将数百万个电路集成到一块芯片内。罗伯特·诺顿·诺伊斯（Robert Norton Noyce, 1927—1990）也独立发现了同样的方法。诺伊斯是仙童半导体的联合创始人，1968 年他与戈登·摩尔（Gordon E. Moore, 1929—2023）共同创立了英特尔公司。摩尔还以其观点而闻名——集成电路中的晶体管数量大约每两年翻一番（Moore, 1965）[5]，他声称这并非自然规律，而是对电子行业的一种观察。

越来越小的空间显示出越来越强的计算能力，使用集成电路来操控各种装置，包括从汽车发动机到自动门，就变得更为经济。再加上越来越多的设备经过设计或再设计，能够向计算机发送信号，如压力垫、红外和激光扫描仪、体重秤、线性测量仪器、温度计和计数设备，在工业世界中几乎所有事物都能用计算机来记录和控制。

数字系统使工业机器人成为现实，但将小型计算机应用于企业乃至个人，对社会产生的影响最为显著。这些微型计算机是 1975 年推出的，如牛郎星 8800（Altair 8800）和以姆赛 8080（IMSAI 8080），价格已不再让人望而却步，尽管它们还没有真正面向普通消费者。1977 年前后，苹果Ⅱ和康懋达 PET（Commodore

PET）等更适合消费者的计算机问世。然而只有少数计算机爱好者认为个人需要计算机，或者个人能够找到计算机的用途，因此个人计算机市场尚未开发。1977年，史蒂夫·乔布斯（Steve Jobs，1955—2011）、史蒂夫·沃兹尼亚克（Steve Wozniak，1950—）和罗纳德·韦恩（Ronald Wayne，1934—）三人在一个车库创立了苹果电脑公司（Apple Computers），通过将计算机带给个人消费者，苹果公司后来成为世界上最强大的计算机和电信公司之一。苹果挑战了国际商业机器公司的势力，试图击败这个"龙头老大"，将计算机向民众普及，同时实现公司的盈利。

国际商业机器公司进入个人计算机市场后，打算像它当初主导商务计算机那样主导个人机市场。1984年，有史以来最著名的电视广告之一在超级碗比赛期间播出。广告片借鉴了奥威尔《1984》的反乌托邦背景，一名健壮的金发女子被警卫追赶着，穿过一间坐满人类奴隶的会议厅。这名女子扔出一把大锤，砸向大屏幕中"龙头老大"的脸，将人们从奴役状态中解放出来。苹果电脑公司的这则广告，宣告了麦金塔电脑（Macintosh，简称Mac）的问世，对国际商业机器公司不啻一记重击，并且表明计算机等于自由。

苹果和国际商业机器公司都没有意识到的是这场战斗并不在于硬件，而更取决于软件。硬件固然重要，但让计算机成为如此强大的工具，靠的还是软件。文字处理、会计程序和数据库等应用使微机成为实用的工具，以满足商务、教育、研究和家庭的需要。虽然编程计算机的历史可以追溯到查尔斯·巴贝奇，但那些程序（也称为机器代码或低级编程语言）本质上是用数学术语编写的，即计算机能够执行的特定指令。直到COBOL、Fortran、BASIC和C++等高级语言出现，才让计算机走出实验室，因为它们使用的通用语言术语更加易于理解。格蕾丝·霍珀（Grace Hopper，1906—1992）是最著名的编程先驱，早在数字技术的黎明时代，她就已开始从事计算机的研发。

位于个人计算机软件市场最前沿的公司当属微软公司（Microsoft）。微软由比尔·盖茨（Bill Gates，1955—）和保罗·艾伦（Paul Allen，1953—）联合创立于1975年，专注研发软件而非硬件。1981年，微软将MS-DOS操作系统授权给刚刚进入个人计算机市场的国际商业机器公司使用，但该公司认为经济回报主要来自计算机硬件的销售，因此同意让微软保留操作系统的所有权。微软继而成为全球操作系统和商业软件的头部供应商。事实上，微软销售给消费者的是一套可以管理计算机运行的程序，然后再卖给他们一些在操作系统中占据首要位置的程序，如文字处理和电子制表软件。操作系统结合这些程序，便可以让电脑既能计算、存储信息，也能操作像打印机、扫描仪等任何可以连接到电脑上的设备。电脑还可以运行编程语言，从而允许用户创建他们自己的程序。

苹果和微软之间的关系非常复杂，起初是合作伙伴，接着成为残酷的竞争对手，后来又恢复伙伴关系。苹果公司致力改善用户体验，让其计算机大受欢迎。个人计算机的一项重大进展是图形用户界面（Graphical User Interface，GUI）的出现，有了它，用户就可以通过显示器设置菜单、鼠标和光标等指示设备以及"按键"。20世纪60年代末，这些想法首次由斯坦福研究所道格拉斯·恩格尔巴特（Douglas Engelbart，1925—2013）领导的研究团队付诸实施，并由施乐帕克研究中心（Xerox PARC，Palo Alto Research Center）加以改进。施乐公司并不清楚如何利用这些创新，于是让苹果公司使用这些创意，苹果立刻将其整合到自己的设备中。当微软推出视窗（Windows）操作系统时，因使用了图形用户界面，乔布斯便指责盖茨剽窃了苹果。据称盖茨这样回答："好吧，史蒂夫，我认为看待这个问题的方式不止一种。我觉得它更像是我们都有一位名叫施乐的富邻居，我闯入他家想要偷电视时，却发现你早已经偷走了它。"（Isaacson, 2011: 178）

关联阅读

格蕾丝·霍珀：为程序员编写程序

童年时期的格蕾丝（本名默里）·霍珀就爱好机械，是一名出类拔萃的学生（图11.4）。1934年，她获得耶鲁大学数学博士学位，当时的社会规范不支持女性接受高等教育，即使上了大学，她们也很少会选择科学、数学或工程专业。1940年，她试图加入美国海军，但因年龄超龄遭到拒绝。她被海军后备队录用，分配到哈佛大学的船舶计算项目局工作，从事"马克"1号计算机的研发工作，这是她计算事业的开端。战后，霍珀加入了埃克特-莫赫利计算机公司（Eckert-Mauchly Computer Corporation），参与

图11.4　宣传照片中的格蕾丝·霍珀和通用自动计算机（1961）

通用自动计算机（UNIVAC）项目。

霍珀的工作大都与编译程序有关，这套程序将已编写的指令转换为代码，计算机便可将其作为可执行程序来运行。她认识到，如果使用通用语言编程，并利用计算机自身的能力将编程语言转换为可执行形式，编程就会容易很多。这样做的另一个好处是降低了编程对特定计算机的依赖，因为编译程序可以完成所有将编程语言翻译为机器语言的工作。根据霍珀的思想，她所在的部门编写了MATH-MATIC和FLOW-MATIC两种早期编程语言。1959年，霍珀参与了编程语言COBOL（COmmon Business-Oriented Language，通用商业语言）的编写。由于美国国防部将COBOL选定为军方的主要编程语言，它很快成为该行业的标准。

霍珀继续倡导的分布式计算，预示了互联网的发展。在此期间，她留在海军预备队直到1966年退休，但她很快被召回担任现役。1986年再次退役时，她的军衔已经是海军少将。她孜孜不倦地倡导科学技术教育，广为人知的是，她在自己的计算机讲座上曾分发30厘米长的电线，以代表光在1纳秒内传播的距离。她荣获了诸多奖项和荣誉，其中包括国家技术奖章，以及去世后被授予的总统自由勋章。

> 生活在男性主导的时代，又从事着男性主导的职业，霍珀要面对并克服许多与工作无关的挑战，但她很少提及这方面的经历。她说过："人类反感改变。他们喜欢说'我们'一直这样做。我试着去对抗这一点。这就是为什么我在墙上挂了一个逆时针转动的钟表。"（Schieber，1987）

互联网

另一项改变计算机地位的重大创新是互联网。为连接世界各地的计算机，许多人参与开发了所需的软件和硬件。互联网先驱之一约瑟夫·利克莱德（J. C. R. Licklider，1915—1990）在其1960年发表的论文《人机共生》（*Man-Computer Symbiosis*）中提出了计算机网络的概念。那时利克莱德在美国国防部高级研究计划署工作，1962年，他将三台计算机终端连接在了一起，这三台终端分别位于加州圣莫尼卡的系统开发公司、加州大学伯克利分校和麻省理工学院。1965年，第一条文本消息，即最早版本的电子邮件成功发送。1969年，阿帕网（ARPANET）投入运行，主要连接大学和重要研究中心的计算机，到1981年，连接阿帕网的节点或主机已超过200个。通过互联，不仅计算机的计算时间实现了共享，而且还可以发送文件和通信。从某种意义上讲，互联网的发展就是将许多网络连接起来。互联网的实现，是因为采用了一种共同的通信语言，主要是TCP/IP（传输控制协议/网际协议）。从技术层面来讲，互联网诞生于1983年1月1日，这一天TCP/IP成为阿帕网许可的唯一协议，而任何使用共同协议的网络，都可以接入互联网系统。

1992年，美国国会批准可以利用网络从事商业活动。这件事饱受争议，因为最初的用户将互联网看作科学和学术工具，反对商业化，但随着越来越多的公司企业接入互联网，显然网络将不再是专家的自留地。门户网站通常已在经营电信业务，为商业用户和个人用户提供网络接入服务，一般按月收费。个人连接最初是通过电话线，但随着访问需求的增加和信息发送量的攀升，人们开始使用同轴电缆和光纤来实现更大容量的连接。通过电子邮件交流价格低廉，深受大众欢迎；随着图像信息增多和浏览器的发展，人们可以通过互联网发送的内容日益广泛；从商业管理到烹饪课程，互联网成为包罗万象的海量资源库。

三种相互关联的"语言"改变了互联网：超文本标记语言（Hypertext Markup Language，HTML）、层叠样式表（Cascading Style Sheets，CSS）和Java描述语言（JavaScript）。三者结合，任何能够运行这些语言的设备都可以传输、存储和显示信息。而要获取这些信息，则由超文本传输协议（Hypertext Transfer Protocol，HTTP）控制着请求和响应的过程。举例来说，在浏览器中输入一个网页地址就会向服务器发出请求，接着服务器作出响应提供HTML文件，网站就会显示到屏幕上。这一系统的复杂之处在于，它与直接连通的电话不同，发送方和接收方不仅要知道彼此在网络上的位置，还要知道如何通过诸多可能的路径发送信息。这些信息被分解成模块或数据包，通过网络从信息源发送到目的地，并非所有的数据包都需要走相同的路径，但它们要按正确的顺序组装并运行。这一问题涉及非常复杂的数学，但作为一种日益自我强化的技术，我们已经用上功能强大的计算机来计算和管理这些信息流。

随着网络汇聚无穷的信息，查找具体内容犹如大海捞针，因此搜索引擎的出现成为互联网发展的重要事件。第一个搜索引擎是阿奇（Archie），诞生于1990年的加拿大蒙特利尔麦吉尔大学，但很快就涌现出数十个通用和专门的搜索引擎。通用搜索方面，1996年拉里·佩奇（Larry Page，1973—）和谢尔盖·布林（Sergey Brin，1973—）创立了谷歌，大约到2000年，谷歌成为互联网上最流行的搜索网站。谷歌的成功很大程度上在于公司善于通过引擎盈利，这让公司可以进一步提升谷歌的实用性，通过在线门户网站添加诸如电子邮件、文本翻译和日历等新组件。

网络世界还改变了隐私的定义。与实体信件和老式电话不同，在线通信的内容和"元数据"（如发送者和接收者的地址、到访站点、购买记录，甚至使用词语的汇总信息）都可以被抓取和分析。举例来说，搜索引擎上的统计数据已被用于跟踪流感的传播，因为疫区的人们会使用互联网查找症状和治疗的相关信息。人们在社交媒体网站上发布的内容被用来选定他们将接收的广告。政府越来越多地利用大规模信息采集来搜寻恐怖分子和犯罪分子，这种做法通常很少或根本没有监管。不仅如此，各国政府还设法禁止加密，或要求加密软件供应商创建密钥或后门程序，以便让政府审查加密通信。相关法律问题仍在讨论中。

计算机和互联网创造出巨大的信息海洋，但它造成的一个奇怪结果是人与人之间共同体验的减少。一些理论家指出，兴趣相投正在取代亲近关系，成为社群的基础。社会学家和其他关注互联网影响的人士指出，尽管人们可以随时获取各种各样的信息，但往往只浏览少数几个网站，似乎编织了一个信息的"茧房"并身居其中。在茧房里，只会出现某种类型的新闻、政治观点、音乐和娱乐信息。就连现实世界中的约会交往也经历了数字化改造，因为人们会预先筛选出那些拥有相似的政治立场、生活方式和文化观点的人。尽管阴谋论一直伴随着人类的政治，但在互联网时代，按动按钮便可散布流言怪论。

互联网与移动电话技术相结合，让利用社交媒体成为现代生活的重要部分。从最基本的层面看，通过脸谱网（Facebook）、优兔（YouTube）和推特（Twitter，现更名为 X）等平台，人们几乎可以与全球各地的朋友、亲属和志同道合的人沟通交流。如今，社交媒体是政治话语的重要组成部分，无论是竞选还是政府，都能通过社交媒体将信息传递给民众。然而，这一切都是有代价的。社交平台通常免费向用户开放，为了盈利，用户的信息就会被收集并出售给广告商、政党和其他买家，他们乐意追踪大众的行为、购物方式或社交兴趣。

让问题更加令人困惑的是，互联网能够以政府或企业难以控制的方式披露信息。维基解密组织运营的网站最为著名，它公布了大量来自政府、情报机构和大型公司的秘密信息。对许多人来说，这让世界变得更加开放和可知，但也让虚假信息泛滥成灾。人们湮没在互联网提供的海量信息中，许多人已经难以分清哪些是关于世界的虚构想象，哪些是真实的信息。互联网让人们很容易就可以给自己创建信息茧房，只接收相同政治或社会观点的信息，而且用户还要面对算法为他们创建的茧房，算法基于用户以往的浏览偏好，如搜索内容或电影选择，来过滤用户所能接收的内容。

与此同时，"假新闻"也甚嚣尘上，这是一种伪装成传统新闻的宣传手段。互联网和社交媒体让假新闻的传播更加便捷，这些假新闻看似来源可靠，拥有设计精美的网站和高清的音频视频。在 20 多个国家，假新闻曾被用作影响公众舆论的工具。假新闻的概念还被用来诋毁真实的新闻。

能量：让人依赖的电网

现代世界的基础是建立在能源开发之上的，数字时代尤为如此。几千年来，木材及其烧制的木炭一直是人类主要的燃料来源，其他可用的有机燃料，如泥炭、干粪、柏油和煤，则视当地供应情况而定。19世纪，在工业化国家，煤炭取代了木材成为首要的能量来源，用于从家庭供暖到重工业（如炼钢）等一切场所。20世纪初，电力和石油产品又开始取代煤炭成为终端用户首选的能源，不过在没有水力发电的地方，石油和煤炭还被用于发电。

水力发电提供了一种成本极低的电力，因为其驱动力只是推动涡轮机的快速水流。在政府和企业眼中，河流成为一种尚未充分利用的动力资源，一种取之不尽用之不竭的发电和赚钱方式。全球首个大型水利工程是美国科罗拉多河上的胡佛大坝（Hoover Dam），它于1936年完工，兼具发电和防洪功能。自1957年起，水利工程进入黄金时代，这一年苏联伏尔加河上的萨马拉大坝（Samarskaya Dam）竣工。此后世界上几乎每年都有一座新水坝建成，直到20世纪80年代建设速度才逐渐放缓，速度下降的主要原因是欧洲和北美容易利用水力发电的河流都已投入使用。

埃及尼罗河上阿斯旺高坝（Aswan High Dam）的修建，让政治和电力相互纠缠。1952年，埃及革命推翻了埃及君主制，并让加迈勒·阿卜杜勒·纳赛尔（Gamal Abdel Nasser）上台掌权。新政府希望实现埃及的工业化，为此他们需要可靠而廉价的电力来源。尼罗河上原有一座小水坝，但它十分老旧且容量有限，因而埃及需要新建一座更大的水坝来发电和防洪。起初，英国和美国表示愿意提供资金并帮助修建，但要求埃及政府满足其政治和军事条件。纳赛尔转而接受了苏联的提议，水坝于1960年开始动工，1970年竣工。这座大坝代表了许多利益冲突，如冷战期间苏联与西方之间的对抗，但它同时也是一次大规模利用技术改造社会的尝试。阿斯旺高坝还将农业利益与工业利益对立起来，并促使人们追问：从文化和传统的损失来看，现代性的代价会是什么？建设工业国家是否就意味着成为资本主义或共产主义国家？

阿斯旺高坝也最早引起了人们对环境破坏问题的深切忧虑，首先是因为它淹没了一个满是古埃及文物的山谷，导致文物不得不搬迁；另外，由于水坝坝底积满淤泥，为保证大坝的正常运行，必须对淤泥进行疏浚和排放。从长远来看，尼罗河三角洲正受到海洋侵蚀，因为补充三角洲的淤泥已无法到达，埃及用上了人造化肥，以往每年洪水滋养土壤的情形也不复存在。颇具历史讽刺意味的是，尼罗河的特性曾使古埃及成为强大的帝国，而今却阻碍埃及成为现代工业国家。

从 2000 年开始，另一个国家的水力发电工程也在激增。中国已经建造了 21 座大型水坝。中国大规模的电气化战略主要是为了向工业和不断增长的国内市场提供电力，同时帮助中国摆脱煤炭依赖。

核能：曙光还是难题

核能是从第二次世界大战期间核武器研制中发展而来的一种新能源技术。尽管自 1896 年起科学家就已经获悉放射性材料会产生能量，但直到 1942 年，人们才弄清楚这种能量是否可控。这一年，作为曼哈顿计划的一部分，恩里科·费米（Enrico Fermi）及其团队在芝加哥大学建造了第一座核反应堆。这个反应堆的建成十分重要，因为它证实了核链式反应的可能性，并让科学家能够计算出核裂变产生的能量。这是建造核武器的第一步，同时它也证明了原子能可用于发电，因为原子反应堆产生的热能够被利用起来，正如烧煤或石油产生的热。

1954 年在苏联的奥布宁斯克，第一座用于发电的核电站投入运行。这是一座小型的实验反应堆，使用石墨作为慢化剂（用于控制中子与原子核相互作用的速率），用水冷却。它产生水蒸气来驱动涡轮机发电。1956 年，英国考尔德霍尔试验反应堆投入使用；1957 年，位于美国宾夕法尼亚州希平港的希平港核电站（Shippingport Atomic Power Station）开始运行，这是第一座完全以发电为目的的核电站。由于核能可以在不补充燃料的情况下长时间发电，因而成为海军舰艇的理想选择。1954 年，美国海军下水了"鹦鹉螺"号核动力潜艇；1958 年，它在海冰下一路航行到了北极点。

很多人将核能视为未来能源。任何地方都可以建核电厂，它们发电时不会造成空气污染，温室气体排放量极低，对环境造成的影响也小于煤电。核能技术的原理非常简单。通过铀或其他核材料衰变产生热，然后将水加热以产生水蒸气，蒸汽再推动涡轮机而发电。蒸汽通过冷却系统（通常是水冷却）又转化为水，然后循环回到反应堆（图 11.5）。

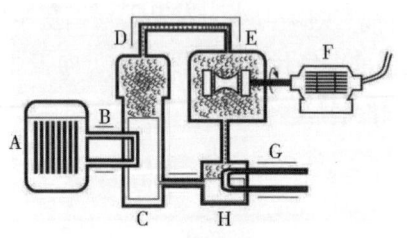

图 11.5　核能发电机示意图

A 反应堆槽加热经 B 流入的液体，在 C 容器中将水转化为水蒸气。水蒸气通过 D 后推动涡轮机 E。涡轮机驱动发电机 F 发电。冷却水 G 将 H 处的蒸汽转化为水，完成循环。

然而在实践中，限制核能应用的因素非常多。第一，核电站的机器非常复杂，投资成本极为高昂，并且需要训练有素的团队提供技术支持。第二，核能要持续发电才能运转良好，不可轻易地随着每天用电需求的变化而启动和关闭。第三，核电站会产生危险且持久的核废料。

这三大问题都有技术解决方案，但核能的最大限制并不是建造和运行核电站的技术问题，而是人们对灾难性故障的恐惧。多次事故的发生进一步加剧了这种担忧。一些早期事故，如 1957 年英国坎伯兰的温思乔火灾（Windscale fire）和 1969 年瑞士沃州的吕桑反应堆（Lucens reactor）熔毁，都受到了一定关注，但首次大规模的商业事故，且引发公众对该问题进行讨论的是 1979 年的三里岛核事故。三里岛核电站（TMI-2）位于宾夕法尼亚州，它的冷却系统出现了机械故障，加之简陋的监控设备和操作失误，让操作人员误认为系统中冷却剂过多，而实际上冷却剂已经泄漏。这最终导致放射性物质的泄露，政府随即发布了自愿疏散通知，有超过 14 万人从该地区撤离。

1986 年，苏联普里皮亚季附近的切尔诺贝利核电站发生了最严重的核电站灾难。设计缺陷（尤其是备用冷却系统启动时间过长）和操作失误共同导致堆芯过热，随后发生蒸汽爆炸和火灾。放射性物质释放到大气中，并沉降到欧洲各地。爆炸和救火直接导致 30 人死亡，预计约 9000 人因遭受核辐射而早逝。核电站周围的一大片区域已经被废弃，辐射泄漏的长期影响仍在监测中。

最近的一次核事故发生于2011年的日本福岛第一核电站。地震过后，海啸袭来，淹没了核电站。虽然由于地震，紧急程序已经关闭了核电站，但洪水摧毁了维持堆芯制冷的应急发电机。这导致三个反应堆的堆芯熔毁，并发生了一起氢气爆炸。事故没有直接导致人员丧生，但约有1600人在疏散过程中死亡，放射性物质目前仍在向地下渗透。

这些事件非常骇人听闻，但许多科学家和工程师都指出，即使发生了这些事故，核能造成的死亡人数也比其他非被动式能源少得多。煤炭是最致命的能源，每10亿千瓦时就会导致2.8—32.7人死亡（具体数字取决于只计算工业活动造成的直接死亡，还是也包括污染和疾病引发的死亡）。而每10亿千瓦时核能仅造成0.2—1.2人死亡。因此，核能作为一项技术，向人们提出了一个难以解答的问题，在一个急需能源又担心污染和辐射暴露的世界里，核电利弊参半。核电站是人类有史以来建造的最复杂的机器系统之一，这意味着其维护工作也是最复杂的。这三起最严重的事故都发生在拥有强大技术基础设施的国家，所以我们可以合理地发问，如果一个国家身处危机，或者缺乏维护技术基础设施的能力，那么它的核电站将何去何从？

关联阅读

人类世：在全球视野下理解技术

工业化已经在全球范围内展开，因为人们可以从有机燃料中获取能源。反过来，工业时代的技术也使人类有能力同样在全球范围内控制和开发环境。人类活动对所有生态位的入侵，被保罗·克鲁岑（Paul Crutzen）等人称为"人类世"（Anthropocene），以彰显人类对环境造成的影响。

人类世涵盖了人类活动带来的诸多环境变化，其中全球变暖导致的气候变化最为显著。与碳基燃料相关的污染及温室气体的其他工业排放源，已被确认为罪魁祸首，导致突发或可能灾难性的气候变化。1824年，法国物理学家兼数学家约瑟夫·傅立叶（Joseph Fourier，1768—1830）首次提出地球大气层可以捕获热量的观点。他的观点得到了许多科学家的验证。1896年，斯万特·阿伦尼乌斯（Svante Arrhenius，1859—1927）首次预测了地球变暖现象。1901年，尼尔斯·古斯塔夫·埃霍姆（Nils Gustaf Ekholm，1848—1923）将这一过程称为"温室效应"，它最初与地质气候研究有关，即试图解释数百万年来暖期和冰期的波动。到20世纪60年代，一小群科学家日益担忧，现代工业生产和运输过程中产生的大量二氧化碳，正在重现古代暖期的环境条件。从工业革命之初开始算起，同时考虑太阳辐射增强和火山喷发等蓄热的自然因素，结论不可避免地表明，人类活动，尤其是向大气中排放的数千兆吨二氧化碳，导致地球升温速度比任何自然过程都要快。

温度的升高意味着所有气候系统的物理性质发生变化，包括海洋洋流和盐度的变化、冰川和冰盖的消失、海平面上升、大气环流模式的改变，以及暴风雨强度的增加，因为更多的能量注入到天气系统中。

问题已一目了然，但解决方案并不明了。推动工业化和改善经济的相关技术却在全球范围内带来了意想不到的危险，控制这些技术的能力仅止于国家层面。而且，控制技术似乎违背了经济发展的初衷。让所有国家和工业利益集团达成任何行动计划，都是一个巨大的政治难题。尽管有压倒性的证据，但少数颇具影响力的反对气候变化论者让问题更为棘手。这种情况让许多人想到了拉帕努伊岛（亦称复活节岛）和加泰土丘，在这些文明中，人们掌握了充分利用当地环境的技术能力，但在这个过程中，他们首先破坏了环境中那些支撑其发展文明和技术的事物。

如果假设人类足够聪明，能够认识到问题的实际情况，那么问题就会变成：我们如何摆脱这个陷阱？似乎只有两条出路：抛弃大多数技术，或者运用技术来解决问题。

我们可以放弃现代技术，回到工业革命前的生活方式，但代价惨重，因为运输业、制造业和农业的庞大全球网络将不复存在。人口必然会下降到工业化前农业生产水平可以养活的数量。人们还必须达成国际协议并强制执行，以确保大家遵守这项计划，而这似乎不太可能。那些极为怀疑国际行动可能性的人预计，全球经济和环境的崩溃将迫使人们回到前工业化时代的生活。

气候变化的终极技术解决方案是地球工程（geo-engineering）。它需要一些全球规模的解决方案，比如在太空铺设反射罩、大规模封存工业温室气体，以及利用转基因植物捕获大气中的碳。结合了新型的低碳能源生产，地球工程在尽量不改变工业世界生活方式的情况下，为解决气候变化提供了可能性。这些计划的成本可能是天文数字，但尽管代价高昂，却有望维持工业的活力，可能让地球工程更具吸引力。然而，我们将要依赖的是未经证实的技术，它会带来未知后果，我们仍然必须达成全球协议。即便是地球工程的支持者也指出，自然资源是有限的，因此人口增长的问题亟待解决，而且人类必将最终解决如何从小行星或其他行星获取资源的问题。

人们更有可能采取的是一种合并的方案，既有新技术，又有生活方式（特别是工业化国家）的某些改变，再加上一定的适应。例如，全球可以共同努力限制人口增长，从而减少对资源的需求，同时提高来自非碳材料的能源产出，以降低碳排放。我们仍将面对严峻的全球性问题，比如沿海城市的消失、农业的转型及环境的破坏，但我们可以避免文明的彻底崩溃。随着时间的推移，我们可以学会更为公允地平衡人类活动与环境。

人类世的前景似乎很可怕，但我们拥有许多古代文明所没有的东西。第一，我们有识别问题的技术。第二，我们从遭遇环境问题的国家那里吸取了教训，将有助于我们理解技术陷阱。第三，这一点或许最重要，我们已经形成了全球的共同体。人们已经认识到，我们的问题不是局部的，地球另一边发生的事情也会影响到我们，仅仅这一点就让我们远胜先前时代的人们。例如，我们已经掌握了解决许多能源生产问题的技术，但我们可能缺乏为使用这种技术而付出代价的政治意愿。我们翻开《巴黎协定》，便可以看到应对气候变化的潜力和问题。2016年，174个国家和欧盟签署了该协议。签署者代表了世界全部工业大国和其他多数国家，表明全球行动是可能的。但消极的一面是，大多数签署国到目前为止都未能实现各自的减排目标，而美国作为仅次于中国的第二大温室气体排放国，已宣布有意退出该协定（2020年11月4日，美国已正式退出）。

电池驱动的世界

另一种动力输送系统是电池（表 11.2）。大量新型电子设备的发明，特别是晶体管收音机和笔记本电脑等便携式设备，使电池需求大大增加。电池可以分为两类，即无法充电的原电池和可以充电的蓄电池。那些用于汽车的大型电池，虽然能为电子设备提供充足的电，但体积过大。而在 19 世纪末发明的传统干电池，多用于手电筒和玩具等简单电器，因携带电量有限而不得不频繁更换。解决办法是使用更独特的材料（如锂）来制造可以充电的电池。这种新型蓄电池让许多电子设备无须再直接连接电源，但这种自由也是有代价的——电池价格昂贵，仍必须连接电源充电，而且还存在有毒废弃物的问题。在美国，每年丢弃的电池约达 18 万吨。

表 11.2　电池发展史

年份	发明者	发明	特点
1836	约翰·弗雷德里克·丹尼尔（John Frederic Daniell）	两极电解质	避免了放电时氢气的产生
1844	威廉·罗伯特·格罗夫（William Robert Grove）	铂阴极和两极电解质	更高的电压
1859	加斯顿·普兰特（Gaston Planté）	铅酸蓄电池	可再次充电
约 1860	卡卢得（Callaud）	使用硫酸锌和硫酸铜制造的重力电池	易于判断状态，可再生，电量大
1866	乔治·雷克兰士（Georges Leclanché）	锌作阳极；二氧化锰作阴极，密封后浸入氯化铵	方便使用，电量充足
1881	卡米尔·阿方斯·福尔（Camille Alphonse Faure）	铅栅和氧化铅糊	性能提升，更易于大规模生产
1887	卡尔·加斯纳（Carl Gassner）	用糊剂代替液体电解质制成干电池	便于携带，避免了酸泄漏
1899	瓦尔德马·琼格尔（Waldmar Jungner）	镍镉电池，首次使用碱性电解液（无酸）	便携，可充电，使用寿命长
1899	瓦尔德马·琼格尔 托马斯·爱迪生	镍铁电池	电量充足，用于早期的电动汽车
1959	路易斯·厄里（Lewis Urry）	锌碳电池	低成本的碱性电池
约 1970	美国海军	镍氢电池	高功率，充电寿命长，但价格高昂

续表

年份	发明者	发明	特点
约1970	G.N. 刘易斯（G. N. Lewis）	锂电池	轻便，放电持久，价格昂贵
约1980	约翰·B. 古德伊夫（John B. Goodenough）	锂离子电池	可充电，放电持久
1989	多公司合作	镍金属混合电池	成本低于镍氢电池
1996	多公司合作	锂离子聚合物电池	容量大，可制成任意形状
约2007	澳大利亚联邦科学与工业研究组织超级蓄电池（CSIRO UltraBattery）	铅酸超级电容混合电池	大蓄电量，供汽车使用
约2009	美国国防部高级研究计划局（DARPA）	硅空气电池	研发中

万物一体

电池让一些电子设备，如智能手机、平板电脑和笔记本电脑等，部分摆脱了电网，并有望改变我们在家庭、企业和旅途中的用电方式。虽然我们仍需要连接电网为电池充电，但可再生能源发电和本地化电力生产结合新一代蓄电池就将改变电网自身，实现一定程度的自给自足。

大规模的集成设备新系统的创建将世界上大部分人口联系起来，但似乎事与愿违的是，正是这些新设备开始瓦解既有的输电和通信网络。电话系统、手机、有线电视和互联网的融合，形成了有史以来最庞大的网络。人们将基于铜线的系统与同轴电缆、光纤、射频，以及连接卫星的微波发射器都集成起来，仅此能力就意味着要发明数以万计的设备和软件程序。集成除了解决技术问题之外，我们还要记住：包括发明家贡献在内的人力；竞争公司采用和生产的工具、机器和设备；以及多边的政府和商界领导人就某些标准达成的协议，如移动电话的可用频率范围，可识别的 URL 地址等。

集成的结果之一便是当你可以在同一设备上收听广播、看电视、打开厨房灯并给朋友打电话时，设备之间的区别逐渐消失了。这个设备可能看起来像电视、手机或笔记本电脑，但它们都只是提供了通信网络的接入点。

互联网通常被看作一个连接人与人的系统，但实际上，当有数十亿人都连接到这个全球通信系统上时，拥有连接数十亿台设备的能力才是互联网真正强大的地方。从射电望远镜到电子门锁，万物互联，有时它被称作"物联网"。人们正将越来越多的非电子物品连接到网络上，如跑鞋、足球、浴缸和冰箱。之所以能做到这一点，部分原因是诸如 HTML（超文本标记语言）和 Java 等计算机语言的创建，这些语言能够跨越多种平台，将网络功能（例如发送和接收信息的方式）与应用程序（特定设备可做的一切）融合起来。因此，Java 被广泛应用于台式计算机、蓝光播放器、汽车导航系统和 30 亿部移动电话上。

计算机和互联网的发明改变了通信和信息传播方式。不容否认，计算机革命不仅创造了更多工作岗位，而且创造了全新型的职业，但这点也给现代世界埋下一个隐患。如果世界的方方面面都被计算机及其运行的网络所控制，那么人们受益的同时又失去了什么？数字时代拉近了世界各地的距离，我们可以看到、听到、探索和购买来自远方的东西。这也意味着我们将愈发依赖这套系统，它在技术上如此复杂，以至于无人能够全面理解，于是我们还需要训练有素的人员来维持一切的正常运行。一个新卢德主义者可能会认为互联网就是现代版的罗马巴贝格尔磨坊。如果这个更大的共同体开始瓦解，那么维持计算机运行的技能就会消失。与巴贝格尔不同，人们无法通过观察设备本身来弄清楚计算机技术，因此从第二个黑暗时代中恢复可能需要相当长的时间。

另一方面，我们可能有望创建一个庞大的全球社区，团结大家形成一个更加和平繁荣的世界。互联网的惊人之处在于它包含了有关互联网自身的海量资源，所有的知识组件都是可用的，包括各种编程语言（多是开源的或免费使用的）、关于如何编写代码的教程，以及愿意分享知识的社区。人类历史上从未有过如此多的人可以访问如此多的信息，这为我们提供了机遇，也留下了待解的难题。

论述题

1. 电报和电话是如何导致经济和政府的权力集中化的？

2. 什么是"绿色革命"？

3. 技术史为什么可以分为前计算机史和后计算机史？

注释

1. 这个名字是由约翰·皮尔斯提出的，由"超导"（Transconductance）和"变阻器"（varistor）两个词拼合而成。变阻器是一种电器装置，它的电阻可根据所加的电压发生改变。
2. 1938年8月的《纽约时报》上最早提到了便携式野外无线电，称为"步谈机"。
3. 相比之下，1800年将1吨散装货物从纽约运到英国的花费，约相当于2010年的166美元。
4. 相比之下，波音707可以运载140—219名乘客或81吨的货物。
5. "摩尔定律"一词是1970年卡弗·米德（Carver Mead）创造的。

拓展阅读

在20世纪，发明的速度急剧增长，以至于成千上万的物件都成了研究对象。然而，从最广泛的角度来说，数字技术的发明改变了社会和物件之间的关系。通信方面，R.W.伯恩斯（R. W. Burns）的《通信：形成时期的国际史》(Communications: An International History of the Formative Years, IEE History of Technology, 卷32，2004)，以电子书的形式广泛传播，该书全面概述了从过去到电视时代的历程。针对最重要的发明之一，克里斯托弗·比彻姆（Christopher Beauchamp）在《谁发明了电话？律师、专利和历史评判》(Who Invented the Telephone? Lawyers, Patents, and the Judgments of History, 2010) 一文提出了有趣的编史学问题，即如何理解发明的过程。马丁·坎贝尔-凯利（Martin Campbell-Kelly）和威廉·阿斯普雷（William Aspray）合著的《计算机：信息机器的历史》(Computer: A History of the Information Machine, 2014) 介绍了通信领域的电子学先驱，并以此为基础放眼广泛的计算机历史。在线的信息资源，请访问计算机历史博物馆网站 www.computerhistory.org。丽莎·诺克斯（Lisa Nocks）在《机器人：技术的生命故事》(The Robot: The Life Story of a Technology, 2007) 中探讨了计算机和人的交集。

第十二章时间线

1895年　　康斯坦丁·齐奥尔科夫斯基提议建造太空塔，后来称作太空电梯
1957年　　"伴侣"1号和2号发射
1959年　　理查德·费曼提出纳米技术的概念
1962年　　第一颗通信卫星"电星"1号发射
1969年　　"阿波罗"号登月
1971年　　美国最高法院的判决开辟基因专利之路
1984年　　立体光刻或3D打印出现
1985年　　碳纳米科学的开端

第十二章

总结：技术的挑战

第十二章 总结：技术的挑战

科技赋予人类能力，让我们以祖先从未梦想过的方式控制周围的世界。在21世纪，新型的技术让我们可以制造非常微小的纳米机器人，甚至移民火星。有时我们似乎生活在科幻小说的世界里。特别是对于那些有幸生活在工业世界的人来说，包围和保护我们的是一些庞大的网络：食物供应、电力、交通和通讯。然而，技术也可能是一个陷阱。技术带来的好处并不是平均分配的，而且我们对能源尤其是不可再生能源的依赖，使我们所有人都容易受到能源供应中断的影响。污染、人口过剩、资源有限、气候变化和政治动荡都有技术根源。解决这些问题，需要我们具有一定的能力，理解技术带给我们的一切。

——克拉克第三定律：任何足够先进的技术都与魔法无异。

深刻点说，我们的技术成就了我们自身。人类的生存和繁荣是因为我们参与到实体技术和社会技术的网络。无论我们使用石器还是复杂的计算机，我们的设备决定了我们与世界互动的特定方式。然而，人工制品并不能涵盖全部的技术史；人类成为掌握技术的生物是因为我们积累知识并与他人分享，这点甚至超越设备本身。我们将自己组织起来，承担超出个人能力的任务，通过团结合力获得的回报也将分享给每一个人。我们的技术生活也会与一些危险相伴，如污染、工业化战争造成的毁灭、采用新技术对现有社会结构的破坏，以及支撑文明的自然资源始终存在枯竭的风险。然而，技术的历史，即使伴随着各种文明和文化的兴衰，也还是趋向于更复杂、更庞大的人类合作网络，以及更多更复杂的物质财富的生产。

技术引进

技术引进造成的影响曾是全球技术市场的问题之一。存在这样一种技术决定论,一些人相信,通过引进技术就能以一种特定的方式改变社会。这种技术转移是有好处的,比如引进其他地方已有的技术,便可以节约研发的时间和资金等成本;但也存在风险,引进的技术可能因为缺乏物质、智力或文化的基础设施而失灵,或产生意想不到的后果。

技术引进的一些著名尝试包括:欧洲各国领导人试图吸引工匠到本国,如威尼斯的慕拉诺玻璃工匠或佛兰德斯的蕾丝织工,以此来改善经济,招揽能工巧匠。1724年,彼得大帝(Emperor Peter the Great)想要通过创建圣彼得堡科学院(St. Petersburg Academy of Sciences)并引进大量外国学者,来开创俄罗斯的科学和工业。日本在明治时期(1868—1912),曾举国齐心协力复制欧洲或美国的工业体系。更近的时代,我们可以看到阿斯旺高坝的修建及核电站向工业化程度较低的国家推广,这些都是落后地区引进技术的案例,那些地区都没有独立创造技术的官僚系统或物质基础。

技术引进的结果各不相同。日本崛起成为区域乃至全球大国,可以溯因到引进技术方面的努力,但伴随着多次严重的社会动荡时期。圣彼得堡科学院花了一个多世纪才对俄罗斯科学产生显著影响,而预期的实际应用从未落到实处。阿斯旺高坝确实促进了埃及的工业化进程,但效果并不均衡,一部分人从中所获收益要远多于其他人。在许多工业化程度较低的国家,核电站经常需要外国政府和公司的长期援助才能维持运行。

博帕尔事件:必然与灾难

1969年,印度联合碳化物有限公司(Union Carbide India Limited,UCIL)在印度博帕尔开设了一家杀虫剂工厂。该公司是印度政府和美国联合碳化物公司(Union Carbide Corporation)的合资企业,是印度"绿色革命"致力于提高农业产量的举措之一。农业上的改变,部分基于印度科学家和农学家研发的新作物,但也依赖于从西方引进的工业化耕作方法，包括机械化、使用化肥和杀虫剂等。在1984年，超过50万人因印度联合碳化物有限公司工厂气体泄漏而接触到异氰酸甲酯和其他有毒物质。死亡人数存在很大争议，从至少的2300人到至多的16000人；成千上万人受伤，包括皮疹及至肺部的永久性损伤，等等。

印度联合碳化物有限公司的泄漏历史可以追溯到1976年，工人们因接触化学物质遭受各种伤害，其中一人死亡。灾害发生时，现场有许多安全系统，但它们或处于关闭状态，或操作失灵，或者不足以应对如此巨量的化学品。12月2日，一个装有异氰酸甲酯的容器过热，在两小时内向空气中排放了约40吨化学物质。工作人员关闭了用来提醒公众小心毒气的警报器，因为他们认为自己可以处理泄漏，不想引发公众恐慌。当警察接到关于毒气的投诉而向工厂打电话时，他们得到的答复是那里没有出现问题。直到毒气云已经飘进了城市，所有人才收到泄漏警告，但为时已晚。

人们对博帕尔事件进行了大量的分析，所有相关的人都曾作为问责的对象。印度政府对工厂的监管不力，母公司似乎没有意识到或不关心安全问题，工人数量太少且缺乏训练，工厂设计不尽合理，工厂位置太靠近人口密集区域，管理人员更关心产量而非安全，而且似乎也没有人了解这种工厂的预期寿命和维护周期。这些问题都关乎谁应该对这场灾难负责，但我们还可以问一个更基本的技术问题：这座工厂应该解决的现实世界问题究竟是什么？

这个问题的答案揭示了技术引进的复杂性。印度需要最大限度地提高粮食产量，就像20世纪初的德国一样，它转向了技术解决方案，包括机械化、改良的运输系统、化肥和杀虫剂。这一努力取得了成效。从1950年到2010年，印度的农作物产量从每年约5000万吨增加到每年约2.2亿吨（Cagliarini and Rush, 2011）。在德国和其他西方国家，技术发展从小规模运行到大规模应用需要花费几十年时间，但印度直接引进尖端技术，并将其强加于现有的农业系统。尽管贪婪和无能在博帕尔事件中的责任不可推卸，但缺乏应对这种技术的历史经验也同样难辞其咎。欧美化工生产企业大都发生过事故，但多数发生在产业成长阶段，事故规模较小。对这些问题的反应，催生了降低灾难事件的系统和规章制度，以及对违法行为法律上的严厉制裁。

印度和西方的另一个区别是，大多数在19世纪实现工业化的地区人口增长都已放缓，甚至一些地区到 21 世纪初人口有所减少。尽管印度拥有重要的工业部门，也是世界上最大的经济体之一，但其人口仍在增长，始终面临着维持粮食产量的压力。这就意味着不大可能只通过禁止化学杀虫剂来避免博帕尔之类的事件。更好的生产方法和更安全的产品能够降低风险，但人口压力将促使印度和其他国家不断寻找技术解决方案。

关联阅读

崩溃：当社会失去技术体系

技术发展的历史大部分都与人类的能力有关，即利用人类的创造性、合作手段和关于材料的知识，来解决现实世界问题。技术的成功运用，实现了人口的增长、生活水平的提高，以及教育在世界各地的普及。然而，技术也可能是一个陷阱。关于技术依赖的问题，历史可以告诉我们教训，特别是当技术变得对社会至关重要，而与此同时，内忧外患削弱或破坏了社会的功能，使其无法维持技术所依赖的深层系统。

社会崩溃最常见的外部因素是出乎意料的气候变化。干旱重创了约公元前 1900 年印度河流域的哈拉帕文明，以及约 900 年时的玛雅文明。这两个族群都依赖本地农业获取食物，两种文明都试图通过修建灌溉系统来应对干旱。技术解决方案在短时间内起到一些作用，但随着干旱的持续，饥荒和社会冲突导致人口减少，社会组织崩坏，从而无法采取任何系统措施应对这些问题。

在美国西南部阿纳萨齐人和土耳其加泰土丘人的例子中，大型聚居地的建立导致了崩溃的发生。人们擅长开发当地的资源，从而砍光了当地的森林，破坏了水资源，这反过来造成社会秩序的崩溃和暴力。拉帕努伊人也有类似的故事，他们拥有建造巨大石像的技能，但由于砍光了岛上的所有树木（老鼠还吃掉了种子，所以没有幼树长出），人们无法再建造船只或住所，只能烧草取火。原本是为了创造维生所需的工具（尤其是船只和住所），但实际上却毁灭了这些工具的资源。

罗马的衰落，即罗马文明在西欧的崩溃，由很多因素造成，包括气候变化、政府腐败，以及战争——既有内战也有入侵。然而，另一部分的崩溃体现在技术方面。罗马帝国依赖于长途运送的食物、人员和物资。要做到这一点，信息交流必须通畅，以协调和控制一切。通信系统一旦中断，原本大规模整合的系统就会分裂成各自为政的地区。这些较小的社会群体不再为帝国生产，而是自给自足，不出两代人的时间，维持帝国完整的相关技能就被遗忘了。人们花了800多年的时间才恢复了随罗马灭亡而消失的所有专业技能。

技术衰落也可能是传统上作为创新源头的区域和组织遭到破坏的直接结果。蒙古人冲出中亚，于1258年摧毁了巴格达和智慧宫。许多历史学家认为这是伊斯兰黄金时代的转折点，而黄金时代以其高超的艺术和工程创造力而闻名。尽管伊斯兰世界没有经历像罗马帝国那种程度的崩溃，但随之而来的是缓慢降低了对自然世界和新技术的兴趣。最终，奥斯曼帝国在创新方面落后于它的欧洲邻国，在整个19世纪不断丧权失地，并于1922年瓦解。

从始于1929年的大萧条可以看出复杂系统的脆弱性。大萧条的具体起点是股市的崩溃，但大萧条本身不可避免。第一次世界大战破坏了欧洲经济，复苏的唯一出路只能通过工业。工业化国家的经济建立在大规模生产的基础上，但供给远大于需求。为了保护国内产业不受廉价（通常低于成本）商品的冲击，许多国家征收高额关税，比如《1930年美国关税法》(*US Tariff Act of 1930*)，即《斯姆特－霍利关税法》(*The Smoot-Hawley Tariff*)。这些保护主义政策导致情况雪上加霜。没有市场，工人就会下岗，从而进一步加剧商品市场的萎缩。金融体系不足以掌控欧洲大陆和全球的金融活动，银行纷纷倒闭，政府在如何解决这些问题上常常束手无策。人们无法理解，为什么一个德国农民买不到肥料就意味着芝加哥普尔曼汽车公司（Pullman Car Company）装配线上的工人丢失工作，但其中存在着商业利益之间广泛的相互关联。当系统的一个环节失灵，它就会连累其他所有环节。

> 今天，我们的全球经济基于信息和实物在世界各地的流动，在复杂程度上超过1929年几个数量级。在某些方面，它比玛雅人或罗马人的体系，乃至大萧条时期的体系，都更具韧性。由于资源可以从外地输入，干旱之类的地方性问题已经不像过去那样具有破坏性，但我们技术社会的支撑仍有不少薄弱之处。特别是全球对能源的依赖，意味着化石燃料或电力（可由化石燃料产生）输送的任何中断，都将无法迅速弥补，我们通信系统的任何重大故障也将让世界陷入混乱。而且我们应该记住玛雅人、拉帕努伊人和哈拉帕文明，他们遭遇的当地气候变化，彻底改变了他们的生活方式，而我们正面临的一场全球气候变化，将关乎每一个人。

太空成为新的边境

1957年，随着"伴侣"1号和2号的发射，火箭和核武器的结合就已改变了战争。虽然1957年10月4日发射的"伴侣"1号是国际地球物理年多国研究计划的正式组成部分，但它其实是苏联有能力制造洲际弹道导弹的政治和技术声明。核导弹消除了全球战争中的前线概念，因为地球上没有任何地点能够超出它们的射程。这种让地球上所有生命彻底灭绝的技术，是大规模生产的工业体系发明和运用的，该体系同样制造出了福特T型汽车（Model–T Ford）。

苏联随后向太空发射了第一只动物，将小狗"莱卡"（Laika）送上轨道。1959年9月13日，苏联宇宙飞船"月球"2号（Luna 2）抵达月球。1961年4月12日，尤里·加加林（Yuri Gagarin）成为第一个进入太空轨道的人，并安全返回。约翰·格伦（John Glenn）于1962年2月20日成为首位环绕地球飞行的美国人，而作为回应，1963年苏联将首位女性瓦莲京娜·捷列什科娃（Valentina Tereshkova）送入太空，绕地球飞行48圈。

太空竞赛就此展开。

苏联和美国争夺首次完成太空飞行的壮举，部分是出于军事目的，部分是政治考量。在人造卫星出现之前，西方大国认为他们的技术比苏联更先进。太空飞行是个大新闻，它似乎展示了苏联是一个技术上先进的国家，超过了西方。事实证明这是苏联的一次宣传战，但也是关于军事力量的一种宣告。能够将人送入轨道的设备，同样使发射洲际弹道导弹（Inter-Continental Ballistic Missile，ICBM）也成为可能。

1961年5月25日，美国总统约翰·肯尼迪（John F. Kennedy）宣布：

> 我相信，在这个十年结束之前，美国应致力于实现人类登陆月球并安全返回地球的目标。在这一时期，没有任何一项太空计划会比它更让人印象深刻，而在长期的太空探索中，也没有更重要的计划、没有什么任务比它更艰难、更昂贵。（Kennedy, 1961）

美国国家航空航天局早已开始实施登月计划，但直到肯尼迪作此宣誓时，登月计划才成为国家的优先事项。1963年肯尼迪遇刺身亡，他没有看到自己倡议的最终成果。经过多年的研发和试验，以及一场导致"阿波罗"1号机组人员死亡的致命火灾，1969年7月20日，"阿波罗"11号机组人员终于抵达月球，尼尔·阿姆斯特朗（Neil Armstrong）成为第一个迈步月球的人。全世界数百万人观看了这一壮举的电视影像。当1973年该计划终止时，已成功完成六次登月任务，美国重新取得了技术上的优势。

然而，在阿波罗计划实施期间，人们对其效用仍有质疑。该计划有助于回答一些关于月球及太空飞行效应等科学问题，但当第一位也是唯一一位到访月球的科学家是地质学家哈里森·施密特（Harrison Schmitt），当他所乘坐的"阿波罗"17号登月时，已经是计划中的最后一次登月任务。对美国国家航空航天局来说，科学很重要，但太空竞赛更多要看技术实力。该局一直标榜自己是技术研发的发动机。自1976年，它开始出版技术方面的年度报告，名为《美国国家航空航天局军转民技术》（*Spinoff*）。这份报告列出了由它或与其合作开发的超过1920种产品，包括惰性海绵（更广为人知的名称是记忆海绵）、飞机除冰系统和太阳能电池板。虽然美国国家航空航天局确实是一个备受瞩目的技术研发中心，代表着有史以来最大的工程师和科学家组成的单独机构，但它的研发并不一定是实现那些技术进展的最佳方式。该局一直慎于讨论它对军事技术的贡献。其公众形象是研发民用技术，但它的存在及其核心业务都属于军方，包括运载火箭设计、雷达系统、制导系统和间谍卫星等。

导弹技术是太空竞赛的一个重要方面，但从长远来看，具有更大影响的实际上是由卫星技术所带来的指挥和控制系统。截至2017年，全球运行卫星共1738颗，美国有803颗，中国有204颗，俄罗斯142颗，其他国家则有589颗。与引人注目的载人航天任务相比，卫星很少登上新闻，但到1961年，绕地球运行的卫星已超过100颗。1962年，美国发射了第一颗通信卫星"电星"1号（Telstar I）。这是一个试验性项目，由美国、英国和法国联合投资。它能够转播电视信号，1962年7月23日，首次卫星电视广播播放了自由女神像、埃菲尔铁塔和部分棒球比赛的画面。这些影像在美国所有主要电视网播出，还通过欧洲电视网在西欧播放，加拿大也有播放。

为更好地发挥通信卫星的效用，它们需要被定位在地球同步轨道上，这样它们就会固定于空中的某个位置，实际上就是以与地球自转相同的速度绕地球运行。通常认为地球同步轨道的想法出自阿瑟·克拉克（Arthur C. Clarke, 1917—2008），他在1945年发表了一篇关于这个话题的文章，但他并没有参与实际的卫星研发。第一颗地球同步卫星是"同步"2号（Syncom 2），第一颗地球同步静止轨道卫星是"同步"3号（Syncom 3）。"同步"3号位于国际日期变更线上方，值得一提的是它曾向北美转播1964年东京奥运会，还在越南战争期间为美军提供了无线电通信连接。

航天飞机是美国国家航空航天局最具雄心的项目之一，它是一种近地轨道发射和返回的飞行器。第一架航天飞机"哥伦比亚"号（Columbia）于1981年4月12日升空。美国共建造了4架实际运行的航天飞机："哥伦比亚"号、"挑战者"号（Challenger）、"发现"号（Discovery）和"亚特兰蒂斯"号（Atlantis）。它们共计执行了135次任务，其中大多数与部署卫星有关。1983年4月4日，因一个O形环发生故障，"挑战者"号在起飞后不久解体；而"哥伦比亚"号在2003年2月1日重返大气层时因隔热材料破损而机毁人亡；2011年7月8日，"亚特兰蒂斯"号进行了最后一次航天飞行。

卫星对科学发现的贡献远远超过登月任务，如哈勃望远镜和费米伽马射线太空望远镜等太空观测器，而气象卫星和地球科学卫星则提供了大量数据。许多间谍卫星将观测设备指向地面，观测和监听地球的每个角落。对普通人来说，通信与地理定位（全球定位系统，GPS）的影响最大，包括全球通讯、谷歌地球图像，以及汽车内置的导航系统等。卫星对于追踪空中航运和集装箱船只、寻找湮没的古城和监控庄稼的收割，都是非常必要的。

人类成为技术

我们技术生活的范围正处于迈向更高层次复杂性的门槛上，因为我们已有可能将自己变成人工制品。2003年，人类基因组计划公布了完整的人类基因组图谱。这张"图谱"本质上是按顺序列出了构成人类DNA的所有碱基对（腺嘌呤与胸腺嘧啶，鸟嘌呤与胞嘧啶）。虽然詹姆斯·沃森（James Watson）和弗朗西斯·克里克（Francis Crick）在1953年就已识别出DNA的结构，但辨别其组分的过程极为庞杂，不得不等到生化工具和计算机系统的条件具备以后，这个计划才得以成行。确切地说，基因组图谱是对生物机器进行逆向设计的过程，它提供的信息可以实现在细胞水平上直接操纵生命。从细菌到蓝鲸，几十种基因组都在进行测序。尽管"一个基因，一个性状"的观念已经被更为复杂的基因活动模型所取代，但有机体作为机器的概念愈加显而易见。我们的技术和我们的生物学正交织在一起。在务实的层面上，我们开始把自己视为机器。这种机器并不像文艺复兴时期那种由杠杆、活塞和铰链组成的自动化装置，而是一个复杂的自我驱动的生物机电系统。

如果我们成为机器，意味着我们可以被修复、升级和改造。我们有可能长生不老，或者至少寿命很长，摆脱衰老和疾病的摧残，并克服我们现有身体的局限性。即使基因革命不会在下周或明年做出这些惊人的成果，仅仅是我们拥有直接操纵DNA的工具，这一事实就足以创造一个崭新的技术世界。

多起标志性的专利案件，推动了遗传学的"淘金热"。作为一般规则，生物体不能被授予专利，因为繁殖被看作一种自然过程，即使是为了获取特定性状的选择性繁殖。这种情况在1971年发生了改变，当时在通用电气工作的遗传学家阿南达·查克拉巴蒂（Ananda Chakrabarty）申请了一种细菌的专利，这种细菌经过了改造，可以吞噬和分解原油。这被推荐为清理泄漏石油的一种方法。美国专利与商标局（US Patent and Trademark Office，USPTO）驳回了这项专利，并引发了一场法律战，一直打到最高法院。在戴蒙德（Diamond，美国专利与商标局的负责人）诉查克拉巴蒂一案中，最高法院裁定查克拉巴蒂可以为一种改良的细菌申请专利。随后，专利局改写了专利规则，允许对基因材料申请专利。

首批获得专利权的动物之一是哈佛鼠，也被称为肿瘤鼠（OncoMouse）。这是一种转基因老鼠，因其容易患上癌症，故用于癌症研究。1988年，美国专利与商标局为哈佛鼠颁发了专利，但是关于更高等生物的专利有很大争议。欧洲专利局最终在2006年颁发了该项专利，但加拿大拒绝为这种老鼠授予专利。

从细菌到男性型秃顶，大学和私营公司的研究人员开始为一切基因申请专利。2013年，美国最高法院对分子病理学协会（Association for Molecular Pathology）诉麦利亚德基因公司（Myriad Genetics）一案做出裁决，对人类基因专利进行了限制。法院认为，仅仅分离出一个人类基因不足以获得该基因的专利，因为专利必须是一种新颖且自然界中尚不存在的东西。然而，人工合成的人类基因可以申请专利。

用我们发明电话或制造橡胶的方法来处理基因甚至整只动物，这样做的后果至今仍在探索中。许多人担心，我们创造新生物的能力发展得太快，以至于我们的道德和社会体系被抛在身后。

纳米世界

自从使用工具开始，我们就能够更好地利用物质世界。在未来，创造新材料很可能会成为新技术的核心。今天，冶金、陶瓷、超导体和新型固态电子元件等方面的进展仍在不断推进，但最伟大的研究领域或许是碳纤维材料的发明。碳是纳米技术的核心。纳米技术发端于19世纪后期开始的胶体研究（在5—200纳米范围内的材料），而现代研究通常追溯到1959年物理学家理查德·费曼（Richard Feynman，1918—1988）的一次演讲，题为《物质底层大有空间》（There's Plenty of Room at the Bottom）。他描述了如果能在原子或分子层面上操控材料，材料将会出现何种特性。1985 年，罗伯特·柯尔（Robert Curl）、哈罗德·克罗托（Harold Kroto）和理查德·斯莫利（Richard Smalley）发现了三维的 C_{60} 分子，现在称为巴克敏斯特富勒烯（Buckminster Fullerence），因为它与巴克敏斯特·富勒（Buckminster Fuller，1895—1983）创造的网格球形穹顶相似。这些球体可以转型为管道，从而为未来的材料提供了一些诱人的可能性，包括新型电池乃至超强材料。通过操纵碳链，可以添加其他原子，并在原子水平上控制属性。埃里克·德雷克斯勒（Eric Drexler，1955—）在《创造的引擎：即将到来的纳米技术时代》（*Engines of Creation: The Coming Era of Nanotechnology*，1986）一书中宣扬了纳米技术的重要性。2010 年，诺贝尔物理学奖授予安德烈·盖姆（Andre Geim，1958 年生）和康斯坦丁·诺沃谢洛夫（Konstantin Novoselov，1974 年生），以表彰他们对石墨烯的研究。石墨烯是一种二维碳材料，从新型电子元件到可控渗透膜，它具有许多潜在的应用价值。今天，工业化国家的企业和政府正投入数十亿美元用于纳米技术的研究。

新材料可能实现的最有趣想法之一是太空电梯。这个想法最早由康斯坦丁·齐奥尔科夫斯基（Konstantin Tsiolkovsky，1857—1935）提出，他在 1895 年设想建造一座像埃菲尔铁塔一样的高塔，可以到达 35790 千米外的绕地轨道。这种结构的优点是从地面向轨道运输材料的成本极低，而且这种方法基本上是将物资和运载工具弹射到太空。这个想法被讨论了很多年，有时是严肃的，有时是一种幽默的思想实验，并出现在一些科幻小说中，如亚瑟·克拉克（Arthur C. Clarke）的《天堂的喷泉》（*The Fountains of Paradise*，1979）和金·斯坦利·罗宾逊（Kim Stanley Robinson）的《红火星》（*Red Mars*，1993）。碳纳米管可能成为实际建造太空电梯所需的坚固材料，美国国家航空航天局和日本政府正在对其认真研究。这样的工程成就可能会改变人类文化，因为太空旅行将变得经济实惠，规模庞大。

打印未来

数字时代也促成了 3D 打印的发明。这项技术有可能大幅降低实物的成本。日本名古屋市工业研究所的小田秀夫（Hideo Kodama，1950—）发明了一种方法，使用一种经紫外光照射会变硬的液体塑料来建构物体，由此开创了3D打印技术。随后在1984年，查尔斯·赫尔（Charles Hull, 1939—）发明了立体光刻技术（stereolithography）。3D打印系统已经用于制造塑料、陶瓷、金属、食品、碳纤维和植物纤维。有了3D打印技术，或许人们将不再需要工业革命所创建的大部分工业基础设施，也不需要运输网络，物理位置几乎毫无意义。批量生产和完全定制的物品可以并行不悖。刚好合脚的鞋子，适合身材尺寸的自行车，做成著名跑车形状的巧克力，都可以在你家里或附近的打印店制造出来。这项技术还有可能用于太空移民。在火星上建立基地，不必再携带成千上万所需的工具、组件和机器，许多物品可以按需打印。

数字技术和3D打印会改变物质文化，可能性只受限于想象力和基础材料的物理性能。这在以前的人们看来简直就是魔法。

物联网：人类黄金时代的先声？

2014年，杰里米·里夫金（Jeremy Rifkin）在《零边际成本社会》（*The Zero Marginal Cost Society*）中提出，"物联网"（Internet of Things，IoT）正在降低生产的边际成本，引领我们在未来以极低的成本获得巨大的智识和物质财富。边际成本是指额外生产一件物品或提供一项服务的成本。换句话说，设计和制造一辆新汽车可能要花费数百万美元，但大规模生产所有后续车辆的成本要低得多，而且往往产量越高成本越低。音乐、电影、书籍和电脑应用程序等产品，已经受到向数字经济转型的影响，数字经济基于以几乎为零的边际成本向终端用户交付产品。例如数字音乐，无论是下载还是流媒体，都只不过是通过互联网发送到某些电子设备的一串数字。里夫金的低成本论点不仅包括基于信息的产品，而且包括实物。通过将信息技术与生产自动化相结合，实物的边际成本几乎降低到制造物品所需的材料成本。订单管理、库存、物流、销售和运送的数字系统也降低了间接成本、管理和运输成本。如今人们在订购如一次性剃须刀这样的商品时，直到快递员把它们送到你家之前，这些物品可能从未被人碰过。

这种关于商品和服务的想法与物联网结合起来了，因为我们正在把一切都连接到互联网上。交通信号灯、公共汽车、跑鞋、冰箱、门锁、衣服、家庭照明和足球,都已经与互联网相连。我们做过什么、看到什么,我们的兴趣、去过哪里、买了什么,都可以轻而易举地被追踪,因此个性化的商品和服务瞬间便可以创造出来。如果将 3D 打印技术应用到生产系统中,定制化程度将进一步提升。想象一下完全合身的鞋子和衣服,能为你订餐的冰箱,自动驾驶的汽车,为你指路的路标,以及能提示你是否有患心脏病危险的服装。

虽然这个科幻般的世界吸引了很多人,但也将造成一些社会后果。短期来看,跟踪人们的行迹,监控他们的行为、购物习惯和私人交往,都已经变得更加容易。网络暴力和身份盗窃是互联世界的严重问题。假新闻、网络操纵民众的思想、害怕政府和企业侵犯我们的隐私,这些并不只是某种卢德式的偏执。就业状况已发生转变,尤其是零售业岗位的消失和工厂岗位的减少。还有就是在联网与未联网之间可能出现日益扩大的技术鸿沟。物联网的推动者表示,它将像印刷术一样,令一些抄写员失业,但通过传播文字知识让数百万人得到提升。批评者想知道的是,在一个持续监控的奥威尔式世界里,人们是否会用自由换取物质财富?

人工智能:技术摆脱人类控制?

从长远来看,为了管理数字化的未来,我们将越来越多地依靠智能机器来运行复杂的系统及系统之内的系统,这些系统目前持续发展,并将在物联网时代变得更加复杂。我们可能还会担心技术对我们的社区、环境和贫富差距的影响,而且,考虑到基因技术的发展,我们甚至会担心我们有被人类 2.0 版取代的危险。我们既依赖于技术,但又对此感到不安。越来越多的人担心,我们的系统运行所需的人工智能实际上可能达到自我复制和设计的程度;数字设备不仅会变得过于复杂,以致我们无法控制或理解,而且这些机器可能会取代我们,就像人类取代或灭绝许多植物和动物一样。这一变化时刻被称为"奇点"(the Singularity,见下文)。物理学家斯蒂芬·霍金说:

> 人工智能的充分发展可能意味着人类的终结。一旦人类开发出人工智能，它将会独立发展，并以不断增长的速度重新自我设计。而人类则受限于缓慢的生物进化，无法与之竞争，遂将被取代。（Cellan-Jones，2014）

这不是一个新问题。至少可以追溯到柏拉图时代，那时的人们就恐惧科技带来的变化。关于科学技术的作用，最著名的探讨之一是玛丽·雪莱的《弗兰肯斯坦，现代普罗米修斯》（*Frankenstein, or the Modern Prometheus*，1818，又译《科学怪人》）。1859年，查尔斯·达尔文（Charles Darwin）出版《物种起源》（*On the Origin of Species by Means of Natural Selection*）之后，小说家塞缪尔·巴特勒（Samuel Butler）探讨了技术进化的思想，即机器通过达尔文式的进化而获得"机械意识"。他在《埃瑞璜》（*Erewhon*，1872）一书中沿用了这一观点，并提出如下看法：与生物进化相比，机器从古代到他所处时代的进化速度快得难以置信。早在计算机时代之前，巴特勒就已在考虑机器是否能够开始感知环境，对环境做出反应，并最终产生自我意识。

经济学家W.布莱恩·亚瑟（W. Brian Arthur）提出，技术是一个不断进化的系统，尽管它没有遵循达尔文的模式（Arthur，2009）。根据亚瑟的说法，技术是"自创生的"，即意味着自我创造，尽管在这一点上它还没有获得独立能力——它仍然需要一个外部的代理（人类）来指导或促成新的发展。亚瑟指出，新技术的出现主要继承了现有的技术，并遵循了一条合理的路径，即基于对子系统、组件和网络的优化。移动电话就是一个最好的例子，它是无线电技术、电话和计算机的交叉点。另一项技术——全球定位系统（GPS）的出现，则需要电子钟、无线电接收器和发射器、卫星和计算机。每一项技术先前早已存在（而且它们本身也是此前技术的组合），但它们的结合产生了一种新型技术，而不是任何现有设备的增量变化。GPS的实用性使它自然而然地融入移动电话技术，进一步结合其他系统就会制造出另一种新设备。

亚瑟的观点也有助于解释技术上的渐进主义问题和新技术的出现。例如，在螺旋桨飞机的活塞发动机技术上，再多的增量改进也无法使螺旋桨飞机的性能超越一定的物理限制；显然，螺旋桨飞机的增量改进也无法促成喷气飞机的诞生。

只有把涡轮机和火箭这两个想法结合起来，人们才能设想出喷气发动机。

极端点说，自创生技术的环境包括诸多因素，而亚瑟的分析仅仅把人看作这些因素之一。我们可以预料，在亚瑟的模型中，通过遗传学、生物电子学和电子学的增益，人类将遭受组合技术的改造，与其他形式的技术经历完全相同的过程。

技术日益自主，这种哲学本身包含了一种方向性——从简单设备到复杂设备，复杂性没有终点，直至自然的物理边界。既然大自然允许人类思维和意识这种复杂的"机器"存在，那我们就没有理由不期待巴特勒的"机器意识"能够、也将会被创造出来，除非有什么东西打断了自创生的进程。这已被称为"奇点"，指的是智能计算机系统变得自主，并引发技术发展失控的临界点，此时人类已经无能为力。现代计算机之父约翰·冯·诺依曼可能最早使用过这个词，而计算机科学教授兼科幻小说作家弗诺·文奇（Vernor Vinge，1944—）在其1993年的文章《即将到来的技术奇点》（*The Coming Technological Singularity*）中普及了这一词汇。发明家兼计算机科学家雷·库兹韦尔（Ray Kurzweil，1948—）是最坚定的支持者之一，认为奇点将在不久之后到来，他的信念部分基于摩尔定律中有关计算能力呈指数级上升的结论，以及脑图谱让我们将来能够仿真自我意识、创造力和其他人类特征。

奇点即将到来的信念是一种非常强烈的技术决定论，它要求我们接受这样一个前提，即处理能力最终将等于独立选择能力，或者对机器来说获得自我意识和自我指导的能力。批评者指出，奇点的论据存在许多缺陷，包括芯片结构的物理限制及资源（尤其是能源）的限制。"意识"没有实际的数学模型，因此也没有办法创建一种意识程序（本质上是一个数学过程）。摩尔定律并不是物理定律，而绘制大脑图谱能让我们效仿大脑的想法也未经证实。即使当前开展的技术研究只有一部分能够转化为可用的产品和服务，未来也将发生不可思议的变化；但是，未来学家预测人工智能即将到来已经50多年了。在更哲学的层面上，我们可能害怕未来世界类似于电影《终结者》（*Terminator*）和《黑客帝国》（*The Matrix*）中的反乌托邦，但我们同样可以假设，未来技术与过去大多数技术所做的并没什么不同——通过解决现实问题而让人类的生活更轻松。

损益的考量

关于技术奇点的可能性之争,引出了一个深刻的哲学问题,这个问题源于我们长期以来对技术的爱恨交加:技术对人类有益还是有害?当新技术发明后,总会出现赢家和输家,有时谁赢谁输并非高下立判。在卢德派的案例中,工厂主作为一个群体很明显从新的工业体系中受益,而吃亏的是纺织工人。从长远来看,英国的穷人比他们的祖辈要富裕很多,当然他们的生活也比世界上大多数其他国家的穷人好过得多。英国和其他早期工业国家的民众寿命更长、更健康,财产更有保障,受教育程度更高,选择也更多。尽管贵族至今仍是一个强大的群体,但他们的政治权力和地位经历了长期而缓慢的衰落,除非他们通过婚姻或谨慎投资的方式与工厂主或管理阶层结盟,否则他们的经济地位也会下降。

雅克·埃吕尔会说,技术带来的物质利益超过了一定程度,就无法抵消它对我们人性乃至可能对灵魂的损害。尼尔·波兹曼则认为技术有三个历史阶段:工业革命前的工具使用;计算机发明前的技术;以及一个技术垄断的新时代,这时系统是自动生成的,非常复杂,甚至只有专家才能勉强理解。前两个时代是可以由个人和社会掌控的,而最后一个时代——技术垄断——代表着人类对我们创造的系统丧失了自主权,这点应该避免。对柯克帕特里克·塞尔(Kirkpatrick Sale)来说,卢德派的失败象征着传统的以人为本的社会消亡了,那些在技术直接受控于人的时代发展起来的社会,再高的计算能力也无法恢复。

著名的肯尼斯·克拉克爵士(Sir Kenneth Clark)曾主持广受欢迎的系列电视纪录片《文明》(*Civilization*, 1969)。为捍卫现代世界,他主张,几乎所有我们视为人类美德的那些东西——同情心、人权,以及超越家庭、宗族或民族国家的人性意识——只有到了现代才成为共识,只有到工业革命之后才成为全球目标。对于克拉克和其他许多人来说,文明体现的是这样一种信念,即明天会比今天更美好。在最早的文明中,这意味着填补人们的匮乏:提供食物、住所、安全和精神支持。但随着我们凭借智慧更好地掌控自然,文明也为我们提供了挖掘自身才能的自由和机会,而不仅仅关乎基本的生存。这些才能包括艺术和娱乐、哲学、超越基本生存技能的教育,以及最重要的一点——拥有时间享受文明带来的益处,并思考和提出关于生命、宇宙和万事万物的宏大问题,恰如道格拉斯·亚当斯

（Douglas Adams）在《银河系漫游指南》(*Hitchhiker's Guide to the Galaxy*，1983）中的精妙描述。

本书主张，技术不仅仅是为解决现实问题而发明的实物，而是让我们能够创造和使用技术的系统。事实上，某些种类的技术虽没有实体，如政府或教育，却仍然是强大的技术形式，能让其他形式的技术得以发挥作用。我们创建了技术网络，以及支撑它们的知识网络。技术使我们成为地球上的主导物种，但也让我们的生存越来越依赖技术。最终，我们化身为我们的技术。作为个体，我们每个人或多或少要与工具和设备互动，但作为一个社会，我们创造并依赖于这些让我们生活和繁荣的系统。发明一项新技术，社会就会发生变化，即使这种变化是非常细微的。社会有充分的理由对采用新技术持谨慎态度，我们绝不能头脑简单地相信，当前对发明的高度重视将永远持续下去。如果以史为鉴，那就是既存在创新频繁出现的时期，也会看到创新备受冷落的时期。能否为现在和未来做出正确的选择，取决于我们以多大能力洞察技术带来的收益和难题。我们过去曾多次面对这些问题，了解历史将有助于我们做出决定。

论述题

1. 科技已经变得与魔法无异了吗？

2. 鉴于我们很快就能借助基因和数码技术来强化自身，你会进行这样的强化吗？你会强化自己的孩子吗？

3. 你是否同意尼尔·波兹曼的观点，即我们正在丧失对社会的控制权，而被技术取代？还是更认同肯尼斯·克拉克的观点，即现代社会最伟大的特征是人类美德的胜利？

拓展阅读

　　技术带来的难题和裨益往往被社会焦虑所掩盖，所以我们应该从最明晰和最具历史意义的角度来思考历史。这就是史蒂芬·平克（Steven Pinker）的《人性中的善良天使：暴力为什么会减少》(*The Better Angels of Our Nature: Why Violence Has Declined*, 2012)一书的主旨。这本书虽然不是专门讨论技术，但表明了世界的现状就是技术造成的。彼得·鲍勒（Peter J. Bowler）因其生物学史方面的工作而闻名，他在《未来的历史：从H.G.威尔斯到艾萨克·阿西莫夫的进步先知》(*A History of the Future: Prophets of Progress from H.G. Wells to Isaac Asimov*, 2017)中对人们期望在未来发生的事情进行了精彩的探讨，认为未来很大程度上基于更多和更好的技术。有些人对技术的益处持怀疑态度，他们对形势的观点参见柯克帕特里克·塞尔的《伊甸园之后：人类统治的演变》(*After Eden: The Evolution of Human Domination*, 2006)一书。气候变化是当今与技术相关的最重要问题。许多资源可以利用，但忧思科学家联盟（Union of Concerned Scientists）是一个很好的研究起点；联合国政府间气候变化专门委员会（Intergovernmental Panel on Climate Change, IPCC）提供了一个更近期气候变化数据的门户网站。

参考文献

［1］ *A History of Education* New York: Films Media Group, 2006.

［2］ Anthony, David W. *The Horse, the Wheel, and Language: How Bronze-Age Riders from the Eurasian Steppes Shaped the Modern World*. Princeton: Princeton University Press, 2007.

［3］ Arthur, W. Brian. *The Nature of Technology: What It Is and How It Evolves*. New York: Free Press, 2009.

［4］ Astill, Grenville G. and John Langdon. *Medieval Farming and Technology: The Impact of Agricultural Change in Northwest Europe*. Leiden: Brill, 1997.

［5］ Babbage, Charles. *Economy of Manufactures and Machinery*, 4th edn. London: Charles Knight, 1835.

［6］ Banerjee, Manabendu and Bijoya Goswami (eds.). *Science and Technology in Ancient India*. Calcutta: Sanskrit Pustak Bhandar, 1994.

［7］ Bar-Yosef, Ofer. "The Upper Paleolithic Revolution," *Annual Review of Anthropology* 31 (2002), 363–93.

［8］ Beauchamp, Christopher. "Who Invented the Telephone? Lawyers, Patents, and the Judgments of History," *Technology and Culture* 51.4 (2010), 854–78.

［9］ Bessemer, Henry. *Henry Bessemer F.R.S.: An Autobiography*. London: Offices of Engineering, 1905.

［10］ Blackman, Deane R. "The Volume of Water Delivered by the Four Great Aqueducts of Rome," *Papers of the British School of Rome* 46 (1978), 52–72.

［11］ Boot, Max. *War Made New*. New York: Gotham Books, 2006.

［12］ Bowler, Peter J. *A History of the Future: Prophets of Progress from H. G. Wells to Isaac Asimov*. Cambridge: Cambridge University Press, 2017.

［13］ Brewer, Priscilla J. *From Fireplace to Cookstove: Technology and the Domestic Ideal in America*. Syracuse, NY: Syracuse University Press, 2000.

［14］ Brockliss, Laurence and Nicola Sheldon. *Mass Education and the Limits of State*

Building, c. 1870–1930. New York: Palgrave Macmillan, 2012.

［15］Brunt, Liam. "New Technology and Labour Productivity in English and French Agriculture, 1700–1850," *European Review of Economic History* 6.2（2002）, 263–7.

［16］Bruun, Mette Birkedal. *The Cambridge Companion to the Cistercian Order*. Cambridge: Cambridge University Press, 2012.

［17］Burns, R. W. *Communications: An International History of the Formative Years*. IET History of Technology 32. London: Institution of Engineering and Technology, 2004.

［18］Cagliarini, Adam and Anthony Rush. "Economic Development and Agriculture in India," Reserve Bank of Australia, *Bulletin*（June 2011）. www.rba.gov.au/publications/bulletin/2011/jun/3.html.

［19］Campbell-Kelly, Martin and William Aspray. *Computer: A History of the Information Machine*. Boulder, CO: Westview Press, 2014.

［20］Cowan, Ruth Schwartz. "How We Get Our Daily Bread, or the History of Domestic Technology Revealed," *OAH Magazine of History* 12.2（1998）, 9–12.

［21］Cowan, Ruth Schwartz. *More Work for Mother: The Ironies of Household Technology from the Open Hearth to the Microwave*. New York: Basic Books, 1983.

［22］Cellan-Jones, Rory. "Stephen Hawking Warns Artificial Intelligence Could End Mankind," *BBC News* December 2, 2014. www.bbc.com/news/technology-30290540.

［23］Chandler, Tertius, Gerald Fox and H. H. Winsborough. *3000 Years of Urban Growth*. New York: Academic Press, 1974.

［24］"Charles Goodyear," *Scientific American Supplement* 787, January 31, 1891.

［25］Clarke, Arthur C. *Profiles of the Future*. SF Gateway, 1973.

［26］Conard, Nicholas J., Maria Mainat and Susanne C. Münzel. "New Flutes Document the Earliest Musical Tradition in Southwestern Germany," *Nature* 24（June 2009）,1–4.

［27］Crowell, Benedict and Robert Forrest Wilson. *The Armies of Industry*. New Haven, CT: Yale University Press, 1921.

［28］Dash, Sean. *The Manhattan Project*.Digital documentary. New York: A & E Television, 2002.

［29］Doyle, Peter. *World War I in 100 Objects*. New York: Plume, 2014.

［30］Drexler, Eric. *Engines of Creation: The Coming Era of Nanotechnology*. New York: Anchor Books, 1986.

［31］Easterbrook, Gregg. "Forgotten Benefactor of Humanity," *Atlantic Monthly*, January 1, 1997.

［32］Ebrey, Patricia Buckley. *The Cambridge Illustrated History of China*. Cambridge: Cambridge University Press, 1996.

［33］Edgerton, David. *The Shock of the Old: Technology and Global History since 1900*. Oxford: Oxford University Press, 2007.

［34］Eisenstein, Elizabeth L. *The Printing Press as an Agent of Change: Communications and Cultural Transformations in Early-Modern Europe*. Cambridge: Cambridge University Press, 2009.

［35］Ellul, Jacques. *The Technological Society*. New York: Vintage Books, 1964.

［36］Farey, John. *Treatise on the Steam Engine: Historical, Practical, and Descriptive*.

London: Longman, Rees, Orme, Brown and Green, 1827.

［37］Ferrer, Margaret Lundrigan and Tova Navarra. *Levittown: The First 50 Years*. Dover, NH: Arcadia, 1997.

［38］Films for the Humanities & Sciences. *The Luddites*. Digital video. New York: Films Media Group, 2007.

［39］Frader, Laura Levine. *The Industrial Revolution: A History in Documents*. Oxford: Oxford University Press, 2006.

［40］Franklin, Ursula M. *The Real World of Technology*. Toronto: Anansi, 1999.

［41］Franssen, Maarten, Gert-Jan Lokhorst and Ibo van de Poel. "Philosophy of Technology," in *Stanford Encyclopedia of Philosophy* (plato.stanford.edu).

［42］Gies, Frances and Joseph Gies. *Cathedral, Forge, and Waterwheel: Technology and Invention in the Middle Ages*. New York: HarperPerennial, 1995.

［43］Groves, L. R. *Now It Can Be Told: The Story of the Manhattan Project*. New York: Harper and Row, 1962.

［44］Hacker, Barton C. (ed.). *Astride Two Worlds: Technology and the American Civil War*. Washington, DC: Smithsonian Institution Scholarly Press, 2016.

［45］Hardin, Garrett. "The Tragedy of the Commons," *Ekistics* 27.160 (1969), 168–70.

［46］Harris, Richard and Peter Larkham. *Changing Suburbs: Foundation, Form and Function*. London: Routledge, 1999.

［47］Hartwell, R. M. "Was There an Industrial Revolution?" *Social Science History* 14.4 (1990), 567–76.

［48］Hasan, Ahmad Yusuf. *Islamic Technology: An Illustrated History*. Cambridge: Cambridge University Press, 1986.

［49］Hawthorne, Nathaniel. "Fire Worship," in *Hawthorne: Selected Tales and Sketches*, ed. Hyatt Wagganer. New York: Holt, Rinehart & Winston, 1970, 493–501.

［50］Hayden, Brian. "Models of Domestication," in Anne Birgitte Gebauer and T. Douglas Price (eds.), *Transitions to Agriculture in Prehistory*. Madison, WI: Prehistory Press, 1992.

［51］Headrick, Daniel R. *The Tools of Empire: Technology and European Imperialism in the Nineteenth Century*. Oxford: Oxford University Press, 1981.

［52］Heilbroner, Robert L. "Do Machines Make History?" *Technology and Culture* 8.3 (1967), 335–45.

［53］Hodder, Ian. "Women and Men at Çatalhöyük," *Scientific American* 290.1 (2004), 76–83.

［54］Hughes, Thomas P. *Networks of Power: Electrification in Western Society, 1880–1930*. Baltimore, MD: Johns Hopkins University Press, 1993.

［55］Humphrey, John W., John P. Oleson and Andrew N. Sherwood. *Greek and Roman Technology: A Sourcebook*. London: Routledge, 1998.

［56］Ihde, Don. "Has the Philosophy of Technology Arrived? A State-ofthe-Art Review," *Philosophy of Science* 71.1 (2004), 117–31.

［57］Innis, Harold. *Empire and Communication*. Victoria, BC: Press Porcepic, 1986.

［58］Isaacson, Walter. *Steve Jobs*. New York: Simon and Schuster, 2011.

［59］Jaques, R. Kevin. *Authority, Conflict, and the Transmission of Diversity in Medieval Islamic Law*. Leiden: Brill, 2006.

［60］Jewitt, Llewellynn.*The Wedgwoods: Being a Life of Josiah Wedgwood*. London: Virtue Brothers, 1865.

［61］Kennedy, John F. *Special Message to Congress on Urgent National Needs*. May 25, 1961.

［62］Landels, John G. *Engineering in the Ancient World*. Berkeley, CA: University of California Press, 2000.

［63］Le Corbusier. *Vers une architecture*. Paris: G. Crès et Cie, 1923.

［64］Ledeburg, Adolf. *Manuel de la métallurgie du fer*, vol. 1. Paris: Librairie Polytechnique Baudry et Cie, 1895.

［65］Licklider, J. C. R. "Man–Computer Symbiosis," *Transactions on Human Factors in Electronics*, HFE-1（1960）, 4–11.

［66］Lloyd, W. F. *Two Lectures on the Checks to Population*. Oxford: Oxford University Press, 1833.

［67］Martin, Colin and Geoffrey Parker. *The Spanish Armada*. Manchester: Manchester University Press, 1999.

［68］Mather, Ralph. *An Impartial Representation of the Case of the Poor Cotton Spinners in Lancashire &c: with a Mode Proposed to the Legislature for Their Relief*. 1780.

［69］Maxim, Hiram. *Letter to the editor, "How I Invented Maxim Gun,"New York Times*, November 1, 1914.

［70］McKenna, Phil "Fossil Fuels Are Far Deadlier than Nuclear Power," *New Scientist*, March 26, 2011.

［71］McNeill, William Hardy. *The Pursuit of Power: Technology, Armed Force, and Society Since A.D. 1000*. Chicago, IL: University of Chicago Press, 1984.

［72］Merwood-Salisbury, Joanna. *Chicago 1890: The Skyscraper and the Modern City*. Chicago, IL: University of Chicago Press, 2009.

［73］Moore, Gordon. "Cramming More Components onto Integrated Circuits," *Electronics* 38.8（1965）, 114–17.

［74］Moore, John. *Jane's Fighting Ships of World War I*. London: Studio Editions, 2001. www.naval-history.net/WW1NavalDreadnoughts.htm.

［75］Mumford, Lewis. *Technics and Civilization, with a New Introduction*. New York: Harcourt, Brace & World, 1963.

［76］Murdock, David and Bonnie Brennan. *Iceman Reborn*. Digital documentary. PBS Nova, 2016.

［77］Needham, Joseph（ed.）. *Science and Civilisation in China*, vols. 1–7. Cambridge: Cambridge University Press, 1954–86.

［78］*The New Cambridge History of India*. Cambridge: Cambridge University Press, 1987–2005.

［79］Nocks, Lisa. *The Robot: The Life Story of a Technology*. Westport, CT: Greenwood

Press, 2007.

［80］PBS American Experience. *Henry Ford*. Digital collection of images, film and articles. Pinker, Steven. *The Better Angels of Our Nature: Why Violence Has Declined*. New York: Penguin Books, 2012.

［81］Postman, Neil. *Technopoly: The Surrender of Culture to Technology*. New York: Vintage Books, 1993.

［82］Rawley, James A. and Stephen D. Behrendt. *The Transatlantic Slave Trade*. Lincoln: University of Nebraska Press, 2005.

［83］Reed, Cameron. "From Treasury Vault to the Manhattan Project," *American Scientist* 9.1（2011）, 40–7.

［84］Rees, Abraham. *The Cyclopædia*. 1820.

［85］Reynolds, Terry S. "Medieval Roots of the Industrial Revolution," *Scientific American* 251.1（1984）, 122–31.

［86］Riello, Giorgio. *The Spinning World: A Global History of Cotton Textiles, 1200–1850*. Oxford: Oxford University Press, 2009.

［87］Romer, John. *The Great Pyramid: Ancient Egypt Revisited*. Cambridge: Cambridge University Press, 2007.

［88］Ronalds, Francis. *Descriptions of an Electrical Telegraph and of Some Other Electrical Apparatus*. London: R. Hunter, 1823.

［89］Rybczynski, Witold. *One Good Turn: A Natural History of the Screwdriver and the Screw*. New York: Scribner, 2000.

［90］Sale, Kirkpatrick. *After Eden: The Evolution of Human Domination*. Durham, NC: Duke University Press, 2006.

［91］Sauer, Carl O. *Agricultural Origins and Dispersals*. New York: American Geographical Society, 1952.

［92］Schafer, Dagmar. *The Crafting of the 10,000 Things*. Chicago: University of Chicago Press, 2011.

［93］Schieber, Philip. "The Wit and Wisdom of Grace Hopper," *OCLC Newsletter* 167（March/April 1987）.

［94］Schmidt, Klaus. "Zuerst kam der Tempel, dann die Stadt," Vorläufiger Bericht zu den Grabungen am Göbekli Tepe und am Gürcütepe 1995–1999. *Istanbuler Mitteilungen* 50（2000）, 5–41.

［95］Sheffield, Gary. *The First World War in 100 Objects*. London: André Deutsch, 2013.

［96］Shubik, Martin. "The Dollar Auction Game: A Paradox in Noncooperative Behavior and Escalation," *Journal of Conflict Resolution* 15.1（1971）, 109–11.

［97］Steinberg, S. H. and John Trevitt. *500 Years of Printing*. London: British Library, 1996.

［98］Svizzero, Serge and Clement Tisdell. "Theories about the Commencement of Agriculture in Prehistoric Societies: A Critical Evaluation," *Economic Theory, Applications and Issues Working Papers*, August 2014, 1–28.

［99］ *Understanding Greek and Roman Technology*, by The Great Courses, 2013.

［100］ White, K. D. *Greek and Roman Technology*. Ithaca, NY: Cornell University Press, 1984.

［101］ White, Lynn. *Medieval Technology and Social Change*. Oxford: Oxford University Press, 1962.

［102］ Wrangham, Richard. *Catching Fire: How Cooking Made Us Human*.London: Profile Books, 2009.

［103］ Zimmer, Carl. *Smithsonian Intimate Guide to Human Origins*.Washington, DC: Smithsonian Books, 2005.

译后记

一部技术史就是一部人类社会的发展史。然而，相比脉络清晰群星闪耀的科学发展史，早期人类技术的进步大多来自猎人、农夫、工匠和方士，他们的名字往往被替换为传说中的人物。也有少数官宦和哲人的名字，但在他们自己心中，这些发明远比不上世俗功业和华丽辞章。即使航海技术将地球连成一体，凭借技术创新崭露头角的企业家也常常因卑微的学徒出身而遭受争议，且不论又有多少卷入官司和债务，倾家荡产的事例更让人扼腕叹息。如同求知是人类的天性，改变世界，哪怕只改变自身的境遇，也是一种推动人类社会进步的原始冲动，无论是出于利益还是梦想。他们的贡献应该得到认可、评价和彰显。而社会经历技术的冲击，不同群体的命运浮沉，无疑有助于我们对当今的技术做出判断。

埃德的这部《世界技术通史》延续了上部《科学通史——从哲学到功用》（简称《科学通史》）的简明写作风格，从人类社会的整体框架出发，源头上溯到石器时代和文明起源，下讫家用技术和数字化时代的技术奇点，是名副其实的"通史"。本书在显要的位置讲述中国古代，浓墨重彩地论说两次工业革命，这也是《科学通史》的留白之处。作为研究 20 世纪科学技术史的专家，埃德也许深感科学与技术的纠缠而有意尝试做出划分，所以两本书的大部分内容能够彼此交错，相映成趣。但对 20 世纪的处理，显然不可能真正做到泾渭分明。为了各自结构的完整，不得不再度提及航天、计算机、核能、电力等，好在作者同样保留了充足的篇幅，让我们领略到机器人、物联网和人工智能。

如果说"从哲学到功用"的思路可以用来描述科学，那么人们对技术的认识则经历了相反的路径。写作技术史，包括对传统技术的研究，改变了长期对技术"用而不知"的局面，如今人们看待技术的视角已更加多元。本书第一章即开宗明义地辨析了各种技术观点，给出了贯穿全书的技术定义：技术是一套系统，我们通过它来试图解决现实世界的问题。换句话说，技术呈现了一个知识、社会联系和行为的复杂网络，使我们有可能解决现实世界的问题。本书更进一步主张，并非所有的技术都需要实体的物件，政府或教育就是没有实体却无比强大的技术形式。辛格等主编的《技术史》在20世纪部分也专门提到"政府的作用"以及"工业化社会的教育"，埃德则直接将它们视为技术本身，中国的科举考试，以及曾经推动工业革命的银行和专利制度，都成了无形的技术。这样定义的好处是，超越具体发明创造的技术系统能够更好地反映当时的社会环境，巧妙地涵盖了影响技术创新和选择的个人和社会因素，从而让本书有别于先前的发明史或产业史。但技术边界的这种突破，让我们最终难免"化身为我们的技术"。无论如何，人们对技术本质的认识都在不断变化。

任何新技术的引入都会造就赢家和输家。在各种技术观点中，反技术的声音一直如影随形，从技术陷阱、公地悲剧，到卢德运动乃至文明的崩溃，埃德都作了深入的论述。同样，他对技术进步造成的弱势一方，包括女性、劳工、被殖民国家，乃至以人为本的社会，也表示出同情。

科学技术在知（哲学）与用（功用）两方面的分野，或许有助于理解西学东渐以及中国科技体制化的进程。中国自古有"知之非艰，行之惟艰"的说法，然而1607年《几何原本》汉译的前6卷，并没有迎来期望的"百年之后必人人习之"。直到300年后的清末，专业的科学家群体仍未出现。与之相比，19世纪后半叶洋务运动引入西方的军用和民用工业，招募和培训了大批技术从业者，清末派出的留学生，也基本上以工科为主。正是这种社会结构的变化，才真正促进了西方科学知识的译介和吸收。

呼唤"德先生"和"赛先生"的新文化运动也是中国的"科学主义"运动，这批知识分子接触过现代科学，但并非职业科学家。他们倡导科学，主要目的是为其推行变革的必要性提供客观的、"科学的"依据。此时成书的《孙文学说》一连列举了建屋、造船、筑城、开河、电学、化学、进化共七个例子，论证其"知难行易"观点。"凡真知特识，必从科学而来也"，孙中山先生认为，"故天下事惟患于不能知耳，倘能由科学之理则以求得其真知，则行之决无所难。"书中褒扬了留学法国的"吾友李石曾"，他在巴黎开办豆腐公司，以生物化学方法研究大豆，"远引化学诸家之理，近应素食卫生之需"。此后李石曾便以推动教育和研究事业为己任，与蔡元培一起推行教育改革，提议设立中央研究院，并亲自主持北平研究院。他认为理论研究和实际应用两方面并重，"研究院者，于学理为研究，于应用为设计"，还将"知难行易"四字放到院徽的中心。在研究所层面上，大多将工作划分为学理和应用两端。1949 年成立的中国科学院，早期研究所的设置也是沿袭了这种思想。旷日持久的抗日战争和社会主义建设的迫切需要，都格外强调科学技术的应用取向，因此许多科研机构和大学始终坚持基础研究，为科技创新蓄积源头活水。

中国古代长期受益于璀璨的技术发明，现代则成功建立了齐全的工业体系，然而，我们一方面要借助现代科技分析和保护古代的遗产，另一方面也亟待加强现代科技的应用伦理和原创能力。因此，我们需要了解乃至参与构建世界历史上技术发展的图景。中国科学院大学面向广大理工科研究生和本科生开展科技史教学，并培养科学技术史专业研究生。选用这部近年出版的技术史著作，框架新颖，观点明确，建议与《科学通史》相互参照，以获得更为全面的认识。

本书共计 12 章，其中 1—4 章由刘晓翻译，5—8 章由孙小淳翻译，9—12 章由郭晓雯翻译，刘晓统稿。承蒙张学渝、段海龙等多位专家提出宝贵修改意见。中国科学技术出版社重视教材出版工作，郭秋霞、李惠兴与关东东极为认真地审校文字，设计封面装帧。当然，本书的一些说法尚未成定论，翻译中的错漏之处亦将不少，欢迎读者批评指正。

刘晓

2025 年 1 月 24 日